北京理工大学"双一流"建设精品出版工程

Design and Analyze of Spacecraft Attitude Control System

航天器姿态控制系统设计与实践

张尧 盛超◎编

北京理工大学出版社
BEIJING INSTITUTE OF TECHNOLOGY PRESS

内 容 简 介

本书围绕航天器姿态控制系统的设计和数值仿真实践，重点分析了航天器动力学、运动学的建模思路，给出了姿态控制系统设计方法，介绍了常用的姿态敏感器及姿态确定方法，详细讲解了姿态控制执行机构的特点及数学模型，提供了每个模块的 MATLAB 仿真源代码及 GUI 界面设计方法，同时将控制系统稳定性判定、控制系统性能分析等控制理论知识有机融合到姿态控制系统设计流程中。通过对本书的学习，读者能提高关于航天器姿态控制的理论知识，更能增强其编程能力，进而快速有效地掌握航天器姿态控制系统设计与实践的相关专业知识。此外，读者可参考完整的设计流程和仿真源代码，自行设计其他控制系统进行数值仿真验证。

本书既可作为航空、宇航相关课程的参考教材，也可供有解决航天器姿态控制相关问题需求的读者自学。

图书在版编目（CIP）数据

航天器姿态控制系统设计与实践／张尧，盛超编
. －－北京：北京理工大学出版社，2023.4
　ISBN 978 - 7 - 5763 - 2275 - 0

Ⅰ. ①航… Ⅱ. ①张…②盛… Ⅲ. ①航天器—姿态飞行控制—研究 Ⅳ. ①V448.2

中国国家版本馆 CIP 数据核字（2023）第 064454 号

出版发行／北京理工大学出版社有限责任公司
社　　　址／北京市海淀区中关村南大街5号
邮　　　编／100081
电　　　话／（010）68914775（总编室）
　　　　　　（010）82562903（教材售后服务热线）
　　　　　　（010）68944723（其他图书服务热线）
网　　　址／http://www.bitpress.com.cn
经　　　销／全国各地新华书店
印　　　刷／保定市中画美凯印刷有限公司
开　　　本／787毫米×1092毫米　1/16
印　　　张／16
彩　　　插／2
字　　　数／379千字
版　　　次／2023年4月第1版　2023年4月第1次印刷
定　　　价／69.00元

责任编辑／曾　仙
文案编辑／曾　仙
责任校对／刘亚男
责任印制／李志强

随着航天技术的不断发展与航天任务的不断深化,航天器在资源勘测、导航通信、深空探测、在轨服务等领域起到了十分关键的作用。设计合适的姿态控制系统是航天器完成预定任务的关键前提,姿态控制的能力直接决定着航天器执行空间任务的品质。因此,一直以来长期发展航天技术的国家均十分注重对航天器姿态控制系统的设计与发展,更注重对航天人才的培养。国内外各相关高校均开设了与航天器姿态控制相关的课程,并编写了多种知识体系丰富的教材供科研学者参考。

笔者长期从事航天器姿态动力学与控制方面的研究,从 2012 年起在北京理工大学宇航学院负责"自动控制原理"课程的教学工作,在多年的教学过程中发现,学生很难将"自动控制原理"与"现代控制理论"课程中对控制系统的性能分析、校正方法、理论设计等知识,与航天专业课程"航天器姿态动力学与控制"的知识有机融合,做到学以致用。此外,高年级本科生和一部分新入学的研究生往往因为缺乏数学计算软件MATLAB 的编程能力,导致对所设计的控制系统难以通过数值仿真的形式验证其有效性和可行性,更无法解决航天器控制系统面临的实际工程问题。

为能解决以上问题,笔者在 2013 年起开设的"MATLAB 及其航空航天中的应用"实验选修课基础上,为航空航天工程等相关专业的学生增设了"航天器控制系统设计与实践"专业课程,并编写本书。本书围绕航天器姿态控制系统的设计和数值仿真实践,分析了航天器动力学、运动学的建模思路,给出了姿态控制系统设计方法,介绍了常用的姿态敏感器及姿态确定方法,详细讲解了姿态控制执行机构的特点及数学模型,提供了每个模块的 MATLAB 仿真源代码及 GUI 界面设计方法,同时将控制系统稳定性判定、控制系统性能分析等控制理论知识有机融合到姿态控制系统设计流程中。通过对本书的学习,读者能提高关于航天器姿态控制的理论知识,更能增强其编程能力,进而快速有效地掌握航天器姿态控制系统设计与实践的相关专业知识。此外,读者可参考完整的设计流程和仿真源代码,自行设计其他控制系统进行数值仿真验证。本书的各章知识结构安排如下:

第 1 章,介绍了数学计算软件 MATLAB 的基础操作及航天器姿态控制中的基本概念，主要包括 MATLAB 的基本语法与程序编写、Simulink 的基本建模流程、MATLAB–GUI 界面的编制流程与航天器姿态控制相关概念等内容。

第 2 章，介绍了航天器姿态动力学与运动学建模过程。首先，根据坐标转换关系给出姿态运动学方程；然后，基于角动量定理介绍了航天器动力学建模过程，并给出了航天器在轨运行过程中主要的空间环境摄动。

第 3 章，介绍了姿态控制器的设计方法。首先，给出了航天器姿态控制任务的相关概念；然后，分别使用 PID 控制器与滑模控制器实现航天器姿态控制过程，并就两类控制器的原理与性能进行了讨论。

第 4 章，介绍了常用的航天器姿态确定方法。首先，提供了常用的姿态敏感器，讨论了各敏感器的工作原理并给出了数学模型；然后，给出了扩展卡尔曼滤波过程，并将其应用到姿态控制回路中。

第 5 章，介绍了航天器姿态控制执行机构的特性。以推力器、动量轮与控制力矩陀螺为例，首先给出了各执行机构的原理与数学模型，然后针对各执行机构设计了相应的操纵律，并讨论了动量轮与控制力矩陀螺在工作时因转子静动不平衡所产生的扰动。

上述各章均包含可供读者复现的 MATLAB 源代码与 Simulink 模型，读者可依据书中的讲解自行完成航天器姿态控制系统的建模与分析，这是本书相较于其他航天器姿态控制领域教材的最大特点。本书既可作为航空宇航相关课程的参考教材，也可供有解决航天器姿态控制相关问题需求的读者自学。

本书的出版得到了北京理工大学"十四五"规划教材基金的资助。本书编写过程中，得到了北京控制工程研究所的汤亮研究员、李谋博士、郭子熙博士及中国空间技术研究院通信与导航卫星总体部的李新刚研究员的大力支持，他们从航天工程单位的实际应用角度为本书的编写提出了许多结合工程实际的建议；同时感谢藏悦、王鸿博、张昆鹏、卢少兆 4 位博士生和张祥瑞、张优、叶吉 3 位硕士生对本书的辛勤付出，他们全程参与了本书涉及的程序编写、文献调研等方面的工作。

因笔者水平有限，书中不足在所难免，请各位读者不吝赐教，笔者必当虚心采纳并完善。

2023 年 3 月

目　录
CONTENTS

第 5 章　姿态控制执行机构的原理及仿真 …………………… 184

第 1 章

MATLAB 基础操作及航天器控制基本概念

MATLAB 是美国 MathWorks 公司出品的商业数学软件，该名称由 matrix 和 laboratory 组合而成，意为矩阵实验室。20 世纪 70 年代，美国新墨西哥大学计算机科学系主任 Cleve Moler 为了减轻学生编程的负担，用 FORTRAN 编写了最早的 MATLAB。1984 年，MathWorks 公司成立，正式将 MATLAB 推向市场。20 世纪 90 年代，MATLAB 已成为国际控制界的标准计算软件。发展至今，MATLAB 在数值分析、数值和符号计算、工程与科学绘图、控制系统的设计与仿真、数字图像处理、数字信号处理、通信系统设计与仿真、财务与金融工程、管理与调度优化计算等领域具有广泛应用，而附加的工具箱拓展了 MATLAB 环境，以适应不同领域的应用需求。

1.1 MATLAB 基本语法与程序编写

1.1.1 MATLAB 的基本操作

打开 MATLAB 之后，界面如图 1.1 所示，图中上方为工具栏，其余部分由 4 个空白窗

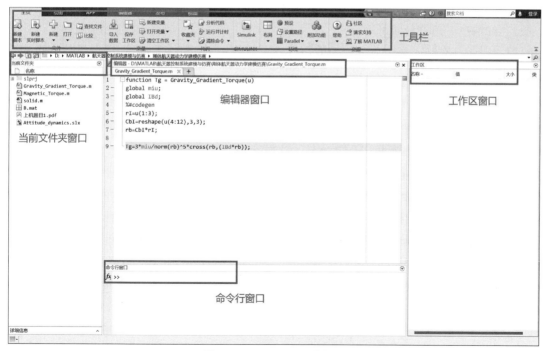

图 1.1 MATLAB 工作界面

口组成,分别为当前文件夹窗口(单击相应文件或文件夹会在下方显示详细信息)、编辑器窗口、命令行窗口和工作区窗口。在进行 MATLAB 编程时,可在命令行窗口编写程序,运行后的数据、变量将在工作区显示。命令行窗口适用于少量语句编写执行,一般一个完整的程序,需要采用编写 m 文件的方式在编辑器窗口中进行。具体方法:选择工具栏中的"主页"→"新建"→"脚本"命令。

m 文件命名的相应规则如下:

(1)文件命名要用英文字符,且首字符不能是数字或者下划线,但是文件存储路径可以为中文。

(2)文件名不可与 MATLAB 内部函数重复。

(3)m 文件名中不能有空格,若需要用两个(或两个以上)单词组合作为文件名,则可在单词之间使用下划线。

新建 m 文件后,此时命令行窗口上方会出现空白编辑器窗口,在"编辑器"窗口右侧显示当前文件的工作文件夹即工作路径,最上方工具栏中也会出现"编辑器"选项,单击后其中有编写 m 文件的便捷工具操作。

接下来,介绍 5 项基本操作技巧。

1. 语句的断行与续行

(1)对于长命令,可以使用连接符"…"将其从中断开,再按【Enter】键换行,避免在一行编写的命令过长。执行时,MATLAB 仍按照一个命令语句执行。命令示例如下:

```
s = 1 + 1/2 + 1/3 + 1/4 + ...
1/5 + 1/6 + 1/7
```

说明:若在 m 文件中,则单击顶部工具栏中的"编辑器"选项卡,再单击其中表示"运行"的绿色三角符号即可运行。

(2)对于一次输入多个命令语句的情况,可以使用【Shift + Enter】组合键将多个命令连成一个语句段,MATLAB 将一起执行。命令示例如下:

```
s = 1 + 1/2 + 1/3 + 1/4
s1 = 1/5 + 1/6 + 1/7
```

注意:如果在一个命令语句末尾加上";",则在命令行窗口中将不显示命令运行结果,但可在工作区窗口单击相应变量名查看。在进行完整的 m 文件程序编写时,按照规范,每条命令语句均以";"结尾。

2. 向 MATLAB 寻求帮助

通过在命令行窗口输入"help 关键字""lookfor 关键字"或"doc 关键字"的方式可获取帮助,推荐使用 doc 命令,其中"关键字"表示 MATLAB 英文函数名;而"open 关键字"则能直接查看关键字对应的源代码。例如,查看矩阵求逆函数 inv 的帮助及源码可通过以下两个命令实现:

```
open inv;
doc inv;
```

3. 清除变量以及清屏

用户在 MATLAB 中运行程序后，工作区会留存之前程序生成的变量数据，这时可使用"clear all"命令清除所有变量，当命令行窗口累积过多已执行的历史命令后，可用"clc"命令清屏。

4. 寻找以及替换变量名

选中要替换或者寻找的变量名，按【Ctrl + F】组合键弹出对话框，根据对话框的选项，用户可以自行选择相应操作。

5. 编辑器工具栏以及断点调试

编辑器工具栏中有多种快捷操作（如智能缩进、添加节等），合理采用这些快捷操作，可以提高编程效率和优化程序排版。调试程序时，可以在紧接每行行号之后单击，出现红色圆点即表示在该处添加断点，程序运行时会自动在该处暂停。

1.1.2　MATLAB 的数值运算与符号运算

1.1.2.1　数组与矩阵的基本操作

1. 数组与矩阵输入

MATLAB 中主要有 4 种方法生成矩阵[1]。

1）直接赋值输入矩阵或者数组

这种方式是最基本且直接的输入方式。在中括号"[ ]"里输入矩阵元素，一行元素输入完毕再输入下一行，同一行不同列之间的元素用空格（或逗号）隔开，输入下一行时在上一行数据末尾加入";"。行向量、列向量和普通矩阵的输入示例见程序 1.1。

程序 1.1　生成矩阵并赋值的主程序 matrix_assignment. m

```
%%%%%%% 该程序用于对矩阵或者数组进行直接赋值%%%%%%%
A = [1 3 4];          % 行向量1 * 3
B = [1;3;4];          % 列向量3 * 1
C = [1 2 3;4 5 6];     % 普通矩阵2 * 3
D = [1 2 3;4 5];       % 矩阵赋值维度不一致,报错
%% matrix_assignment. m 内容结束
```

其中，若在命令行窗口中同时输入上述 4 个矩阵，则以上四条命令末尾均以【Shift + Enter】实现命令的连接。D 矩阵运行时，会提示串联的数组维度不一致而报错。

2）快捷方式输入矩阵或数组

这种方式是指可通过给矩阵具体位置元素赋值或者矩阵的合并、提取等来输入，示例见程序 1.2。

程序 1.2　生成矩阵并快捷输入赋值主程序 matrix_quik_assignment. m

```
%%%%%%% 该程序用于对矩阵或者数组进行快捷方式输入%%%%%%%
A = 1:5;          % 表示默认步长为 1 的 1 - 5 数组
B(3,4) = 10;      % 将 B 矩阵的第三行第四列元素赋值为 10
```

```
C = [1;2;3];
CC = [C,C];    % 扩展为大矩阵[1 1;2 2;3 3]
CCC = [C;C];   % 扩展为大矩阵[1;2;3;4;5;6]
%% matrix_quik_assignment. m 内容结束
```

3）通过内建函数产生矩阵或数组

MATLAB 中提供了一系列函数可用来初始化矩阵，如表 1.1 所示。此外，还有生成对角矩阵的 diag 函数。

表 1.1　矩阵生成函数

函数示例	意义
B = zeros(n)	$n \times n$ 维的全 0 矩阵
B = zeros(m,n)	$m \times n$ 维的全 0 矩阵
B = zeros(size(A))	与矩阵 A 同维数的全 0 矩阵
Y = ones(n)	$n \times n$ 维的全 1 矩阵
Y = ones(m,n)	$m \times n$ 维的全 1 矩阵
Y = ones(size(A))	与矩阵 A 同维数的全 1 矩阵
Y = eye(n)	$n \times n$ 维的单位矩阵
Y = eye(m,n)	$m \times n$ 维的单位矩阵
Y = eye(size(A))	与矩阵 A 同维数的单位矩阵
Y = rand	一个在（0,1）取值范围内均匀分布的随机数
Y = rand(n)	$n \times n$ 维平均分布的随机矩阵
Y = rand(m,n)	$m \times n$ 维平均分布的随机矩阵
Y = rand(size(A))	与矩阵 A 同维数的平均分布随机矩阵
Y = randn()	生成一个服从标准正态分布（均值为 0，方差为 1）的随机数
M = magic(n)	$n \times n$ 维的魔方矩阵，要求 $n \geqslant 3$
y = linspace(a,b)	线性分布的向量，位于 $a \sim b$ 之间，共 100 个点值
y = linspace(a,b,n)	线性分布的向量，位于 $a \sim b$ 之间，共 n 个点值
y = logspace(a,b)	对数分布的向量，位于 $10^{a} \sim 10^{b}$ 之间，共 50 个点值
y = logspace(a,b,n)	对数分布的向量，位于 $10^{a} \sim 10^{b}$ 之间，共 n 个点值

4）通过加载外部数据文件产生矩阵或数组

对于大数据量的矩阵，通常将其存储在文件中，以便修改，由函数将其加载到工作空间，从而恢复以前保存过的变量。常用格式为：load('文件名.扩展名')。相对应的，要存储数据到文件时，可以使用 save 函数，常用格式为：save('文件名 . 扩展名')。示例见程序 1.3。

程序 1.3　数据保存与载入主程序 data_save_load. m

```
%%%%%%% 该程序用于保存工作区数据并重新根据数据文件加载到工作区 %%%%%%%
a = rand(1,10);              % 在(0,1)的取值范围内随机生成一个 1×10 的数组
save('test. mat');           % 将工作区变量全部保存至 test. mat 文件
clear all;                   % 可在此设置断点,步进形式运行程序,观察工作区变化
load('test. mat');           % 加载 test. mat 文件中的所有变量至工作区中
%% data_save_load. m 内容结束
```

2. 数组与矩阵的元素操作

数组或者矩阵元素的操作主要有提取（部分）元素、修改或赋值给（部分）元素值、删除（部分）元素及数组/矩阵的翻转等，MATLAB 中用于实现上述功能的函数如表 1.2 所示。

表 1.2　矩阵翻转函数

函数示例	意义	函数示例	意义
B = rot90(A)	矩阵 A 逆时针旋转 90°	B = shiftdim(A,n)	矩阵 A 的元素移位
B = flipud(A)	矩阵 A 上下翻转	B = triu(A)	矩阵 A 的上三角矩阵
B = fliplr(A)	矩阵 A 左右翻转	B = tril(A)	矩阵 A 的下三角矩阵
B = flipdim(A,dim)	矩阵 A 的某维元素翻转		

数组与矩阵的元素操作示例见程序 1.4。

程序 1.4　数组与矩阵的元素操作主程序 element_operator. m

```
%%%%%%% 该程序用于对数组与矩阵的元素进行操作(赋值、提取、替换和删除
等)%%%%%%%
A = magic(3);                % 生成 3*3 魔方矩阵
A22 = A(2,2);                % 提取矩阵 A 的第 2 行第 2 列元素,并赋值给 A22
A1 = A(1:2,[2,3]);          % 提取 A 中前 2 行对应的后 2 列元素
A2 = A(:,2:end);            % 提取 A 中第 2 列和第 3 列元素
A3 = A;
A3(1,2) = 0;                % 将 A3 中第 1 行第 2 列元素替换为 0
A3(:,3) = [];               % 删除 A3 中第 3 列
%% element_operator. m 内容结束
```

3. 数组与矩阵的输出

一般地，在命令行窗口输入的函数语句执行完毕后，即可在工作空间产生其运行结果，将来既可以在命令行窗口输入变量名查看该变量值，也可以直接在工作空间中打开对应的数据窗口进行查看或编辑。如果用户需要将其保存到文件中，则可以另存为 . mat 文件，这样

既可以保存整个工作空间，也可以将变量单独保存为数据文件供将来调用。

1.1.2.2 MATLAB 的基本数学运算

1. 算术运算

MATLAB 中矩阵的运算与单个数之间的运算有所不同。常规的算术运算符号中，加（+）、减（-）等一致；对于乘（*）与点乘（.*），前者表示矩阵乘法，后者表示两矩阵对应位置元素乘积之和；对于除（/）与点除（./），A/B 表示矩阵 B 的逆乘以矩阵 A，A./B 表示两矩阵各对应位置元素相除。同样地，乘方（^）与（.^）也有类似区别。矩阵相乘和点乘的示例见程序 1.5。

程序 1.5　矩阵算术运算（乘法与点乘）主程序 matrix_product. m

```
%%%%%%%该程序用于演示矩阵乘法与点乘的区别%%%%%%%
A = [1 3;5 7];B = [2 4;6 8];
C = A * B;        % 矩阵乘法
D = A. * B;       % 矩阵点乘(对应元素相乘)
%% matrix_product. m 内容结束
```

得到的结果：C = [20 28;52 76]，D = [2 12;30 56]。

注意：如果矩阵 A 中的元素均为实数，则在 MATLAB 中用 A′ 表示矩阵 A 的转置，如果 A 为复数矩阵，则 A′ 为共轭转置。A.′ 表示数组转置，无论该数组中的元素是否为实数，都不进行共轭转置。示例见程序 1.6。

程序 1.6　矩阵算术运算（转置与共轭转置）主程序 matrix_transpose. m

```
%%%%%%%该程序用于演示矩阵共轭转置与转置的区别%%%%%%%
A = magic(3);A';                % 生成实数魔方矩阵并转置
B = i * eye(3);                 % 生成复数矩阵
C1 = (A + B)';C2 = (A + B).'    % 分别进行共轭转置和转置
%% matrix_transpose. m 内容结束
```

2. 关系运算

关系运算符用来比较两个运算元之间的关系，如表 1.3 所示。

表 1.3　关系运算符

运算符	意义	运算符	意义
<	小于	<=	小于等于
>	大于	>=	大于等于
==	相等	~=	不相等

关系运算符对比较的两个数组 A 和 B 进行关系运算，返回值为一个与 A 和 B 的维数相同的数组。当数组 A 和 B 相应位置进行关系运算的结果为真时，结果数组的相应位置置 1，否则置 0。数组 A 和 B 可以为标量。示例见程序 1.7。

程序 1.7　关系运算符主程序 relational_operator. m

```
%%%%%%%该程序用于进行关系运算符用法展示%%%%%%%
A=[2 3 4;6 9 7;2 8 1];B=[3 4 5;6 9 7;1 8 2];
a=(A>=B);　% 判断 A 对应元素是否大于等于 B,返回逻辑值到数组 a 中
b=(A~=B);　% 判断 A 对应元素是否不等于 B,返回逻辑值到数组 b 中
%% relational_operator. m 内容结束
```

得到的结果：$a=[0\ 0\ 0;1\ 1\ 1;1\ 1\ 0]$；$b=[1\ 1\ 1;0\ 0\ 0;1\ 0\ 1]$。

3. 逻辑运算

逻辑运算符对进行比较的两个数组 A 和 B 进行逻辑运算。非零元素表示真（1），零元素表示假（0）。逻辑运算返回值为一个与 A 和 B 的维数相同的数组。当 A 和 B 相应位置进行逻辑运算的结果为真时，将结果数组的相同位置置 1，否则置 0。

逻辑运算符有与（&）、或（｜）、非（~）三种，更常用的是与、或的短路形式：&&、‖。接下来，以 && 和 & 为例介绍两者的区别。

● A&B：运算时，首先判断 A、B 的逻辑值，然后进行逻辑与的计算。其中，A 和 B 可以为矩阵。

● A&&B：运算时，首先判断 A 的逻辑值，如果 A 的值为假，就可以判断整个表达式的值为假，从而无须判断 B 的逻辑值。其中，A 和 B 不能是矩阵，只能是标量。

可以看出，& 需要判断全部条件，而 && 只要判断到一处为假，就停止对其余条件的判断，从而大大节省时间。

4. 运算优先级

MATLAB 中的各种运算符号有运算优先级区别，如表 1.4 所示。当用户不确定运算优先级时，简单的方法是直接在每层运算外加括号，但这样会使整个程序显得杂乱。

表 1.4　MATLAB 运算符优先级

优先级	运算符	优先级	运算符
1	圆括号（）	7	冒号运算符（:）
2	转置（.'）、幂（.^）、复共轭转置（'）、矩阵幂（^）	8	小于（<）、小于或等于（<=）、大于（>）、大于或等于（>=）、等于（==）、不等于（~=）
3	带一元减法（.^-）、一元加法（.^+）或逻辑求反（.^~）的幂；带一元减法（^-）、一元加法（^+）或逻辑求反（^~）的矩阵幂	9	按元素 AND（&）
4	一元加法（+）、一元减法（-）、逻辑求反（~）	10	按元素 OR（｜）
5	乘法（.*）、右除（./）、左除（.\）、矩阵乘法（*）、矩阵右除（/）、矩阵左除（\）	11	短路 AND（&&）
6	加法（+）、减法（-）	12	短路 OR（‖）

1.1.2.3 MATLAB 的基本符号运算

老版本 MATLAB 的符号数学工具箱是以 maple 软件内核为符号运算的引擎，当 MATLAB 进行符号运算时，就转入 maple 进行计算并将结果返回 MATLAB 的命令行窗口。不过新版本的 MATLAB 符号计算使用 mupad 内核，在多数情况下其计算结果和 maple 内核相同，部分情况下的两者结果有所差别，且计算速度也有差异。必要时，可以直接使用 maple 软件或者通过命令强行调用 maple 内核进行计算。

1. 符号运算基本函数

1）syms 函数

syms 函数是创建符号变量的专门函数，在具体创建一个符号表达式之前，需要用 syms 函数将表达式所包含的全部符号变量创建完毕。创建符号矩阵时，可以先定义符号变量，再定义符号矩阵；也可以直接定义符号矩阵，批量生成。示例见程序 1.8。

程序 1.8　符号运算的变量定义主程序 symbolic.m

```
%%%%%%% 该程序用于进行符号运算的变量定义%%%%%%%
% 方法一:先定义符号变量,再定义符号矩阵
syms a b c d x y;                       % 定义符号变量
C = [a b;c d];                          % 定义 2×2 符号矩阵
M = [1,2+x,1;2+x,1,3+y;1,3+y,0];% 定义 3×2 符号矩阵
% 方法二:直接定义符号矩阵,批量生成
A = sym('k',[3,3]);
% 结果为:A =
%[k1_1,k1_2,k1_3]
%[k2_1,k2_2,k2_3]
%[k3_1,k3_2,k3_3]
%% symbolic.m 内容结束
```

2）subs 函数

subs 函数可以用指定符号变量（或数值）替换符号表达式中的某一特定符号。采用数值类型数据替换时，得到的结果仍为 sym 型变量，需要用函数进行转换，如 double 函数。示例见程序 1.9。

程序 1.9　符号运算的 subs 替换用法主程序 symbolic_subs.m

```
%%%%%%% 该程序用于进行符号运算的 subs 替换函数用法演示%%%%%%%
syms x y a b;
f = x^2 + x * y + y^2;
F1 = subs(f,{'x','y'},{a,b});          % sym 变量 a,b 替换 x,y
F2 = subs(f,{'x','y'},{3,4});          % 数值变量3,4 替换 x,y,可进行运算,此时运算结果仍为 sym 变量
FF2 = double(F2);                       % 将运算结果 F2 从 sym 类型转换为双精度数值类型
%% symbolic_subs.m 内容结束
```

得到结果：FF2 = 37。

2. 符号代数方程求解

1）solve 函数

solve 函数用于对代数方程求解，求解的结果依然为 sym 类型。

例 1.1　求解方程组 $\begin{cases} x^2 + y^2 = a^2 \\ xy = b \end{cases}$，见程序 1.10。

程序 1.10　符号运算的符号代数方程求解主程序 symbolic_solve. m

```
％％％％％％该程序用于进行符号运算的符号代数方程求解％％％％％％
clear all;clc;　% 清除之前的变量和窗口命令
syms x y a b;
f1 = sym( x^2 + y^2 == a^2);　　　　　% 定义 sym 类型的方程
f2 = sym( x * y == b);　　　　　　　% 定义 sym 类型的方程
S = solve( f1,f2,x,y);
disp( S. x);　　　　　　　　　　% 获得结构体 S 中 x 成员的值 S. x,并打印
% % symbolic_solve. m 内容结束
```

得到的结果：x 与 y 的通解共有 4 组解，以结构体成员 $S.x$ 和 $S.y$ 的形式存储在结构体 S 中。其中，$S.x$ 和 $S.y$ 中包含的 x 和 y 通解为

$$\boldsymbol{x} = \begin{bmatrix} -\sigma_1 \\ -\sigma_2 \\ \sigma_1 \\ \sigma_2 \end{bmatrix}, \boldsymbol{y} = \begin{bmatrix} \varepsilon_1 \\ \varepsilon_2 \\ -\varepsilon_1 \\ -\varepsilon_2 \end{bmatrix}$$

$$\begin{cases} \sigma_1 = \dfrac{\left(\dfrac{a^2}{2} - \dfrac{\sqrt{-(2b - a^2)(a^2 + 2b)}}{2} \right)^{3/2} - a^2 \sqrt{\dfrac{a^2}{2} - \dfrac{\sqrt{-(2b - a^2)(a^2 + 2b)}}{2}}}{b} \\[4ex] \sigma_2 = \dfrac{\left(\dfrac{a^2}{2} + \dfrac{\sqrt{-(2b - a^2)(a^2 + 2b)}}{2} \right)^{3/2} - a^2 \sqrt{\dfrac{a^2}{2} + \dfrac{\sqrt{-(2b - a^2)(a^2 + 2b)}}{2}}}{b} \end{cases}$$

$$\begin{cases} \varepsilon_1 = \sqrt{\dfrac{a^2}{2} - \dfrac{\sqrt{-(2b - a^2)(a^2 + 2b)}}{2}} \\[3ex] \varepsilon_2 = \sqrt{\dfrac{a^2}{2} + \dfrac{\sqrt{-(2b - a^2)(a^2 + 2b)}}{2}} \end{cases}$$

2）dsolve 函数

dsolve 函数用于对符号常微分方程求解。

例 1.2　求解方程 $y' + ay = 0$，见程序 1.11，得到的结果为 $h = C_1 \mathrm{e}^{-at}$，其中 C_1 表示任意实数。

程序 1.11　符号运算的符号常微分方程求解主程序 symbolic_dsolve. m

```
%%%%%%%该程序用于进行符号运算的符号常微分方程求解%%%%%%%
clear;
syms a y(t);                    % 定义 y(t) 为 symfun 型变量
h = dsolve(diff(y) == -a * y);  % diff 为求导函数
%% symbolic_dsolve. m 内容结束
```

例 1.3　求方程 $y'' - 3y' + 2y = x$ 的通解和 $y(0) = 1$，$y(1) = 2$ 时的特解，见程序 1.12。

程序 1.12　符号运算的符号常微分方程通解与特解求解主程序 symbolic_dsolve2. m

```
%%%%%%%该程序用于进行符号运算的符号常微分方程求解%%%%%%%
clear;
y = dsolve('D2y - 3 * Dy + 2 * y = x','x');
y1 = dsolve('D2y - 3 * Dy + 2 * y = x','y(0) = 1,y(1) = 2','x');
pretty(simplify(y1));           % simplify 为简化合并函数,pretty 为显示格式调整函数
%% symbolic_dsolve2. m 内容结束
```

得通解为 $x/2 + C_3 e^x + C_2 e^{2x} + 3/4$，特解为 $x/2 + (e^{2x}(e-3) - e^x(e^2-3))/(4(e-e^2)) + 3/4$。

3. 符号微积分运算（表 1.5）

表 1.5　微积分函数

微分函数	说明	积分函数	说明
diff(S)	求 S 对自由变量的一阶微分	int(S)	对自由变量的不定积分
diff(S,'v')	求 S 对符号变量 v 的一阶微分	int(S,v)	对符号变量 v 的不定积分
diff(S,n)	求 S 对自由变量的 n 阶微分	int(S,a,b)	对自由变量的定积分，积分上下限为 a,b
diff(S,'v',n)	求 S 对符号变量 v 的 n 阶微分	int(S,v,a,b)	对符号变量 v 的定积分，积分上下限为 a,b

微积分运算示例见程序 1.13。

程序 1.13　符号运算的符号微积分运算主程序 symbolic_int_diff. m

```
%%%%%%%该程序用于进行符号运算的符号微积分运算%%%%%%%
clear;
syms x;
a = int(x * sin(2 * x));        % 对 x * sin(2 * x) 不定积分
b = diff(x * sin(2 * x));       % 对 x * sin(2 * x) 微分
%% symbolic_int_diff. m 内容结束
```

得到的结果：$a = \dfrac{1}{4}\sin(2x) + \dfrac{1}{2}x(2(\sin x)^2 - 1)$，$b = \sin(2x) + 2x\cos(2x)$。

4. Laplace 变换与反变换

Laplace 变换为 $F = F(t) \Rightarrow L = L(s)$，定义为：$L(s) = \int_0^\infty F(t) e^{-st} dt$；Laplace 反变换为 $L = L(s) \Rightarrow F = F(t)$，定义为：$F(t) = \int_{c-j\infty}^{c+j\infty} L(s) e^{st} ds$。在符号工具箱中，用函数 L = laplace(F) 和 F = ilaplace(L) 进行变换与反变换。示例见程序 1.14。

程序 1.14　符号运算的 Laplace 变换与反变换主程序 symbolic_laplace. m

```
％％％％％％该程序用于进行符号运算的 Laplace 变换与反变换％％％％％％％
clear;
syms a t s x;
laplace(exp( - a * t));％ 对 e^( - a * t)进行 Laplace 变换
L1 = laplace(sin(x * t + 2 * t)); ％ 对 sin(x * t + 2 * t)进行 Laplace 变换
F1 = ilaplace(1/(s - a)^2);％ 对 1/(s - a)^2 进行 Laplace 反变换
％％ symbolic_laplace. m 内容结束
```

得到的结果：$H1 = 1/(a + s)$，$L1 = (x + 2)/((x + 2)^2 + s^2)$，$F1 = te^{at}$。

5. Z 变换与反变换

Z 变换定义：

$$F(z) = \sum_{n=0}^\infty \frac{f(n)}{z^n}$$

Z 反变换定义：

$$f(n) = \frac{1}{2\pi i} \oint_{|z|=R} F(z) z^{n-1} dz, \quad n = 1, 2, \cdots$$

式中，R——函数 $F(z)$ 的环形解析域。

在符号工具箱中，可采用 F = ztrans(f) 和 f = iztrans(F) 进行 Z 变换和反变换。示例见程序 1.15。

程序 1.15　符号运算的 Z 变换主程序 symbolic_Z. m

```
％％％％％％该程序用于进行符号运算的 Z 变换与反变换％％％％％％
clear;
syms n a w k z T f1;
Z1 = ztrans(cos(w * a * T));
f1 = iztrans(Z1);
％％ symbolic_Z. m 内容结束
```

得到的结果：$Z1 = (z(z - \cos(aT)))/(z^2 - 2z\cos(aT) + 1)$，$f1 = \cos(naT)$。

1.1.3　MATLAB 语言的程序设计

1.1.3.1　MATLAB 语言的流程结构

1. 条件结构

条件结构的形式根据实际情况的不同而不同。在 MATLAB 中有三种分支结构：if - end；

if - else - end；if - elseif - else - end。

注意：

（1）关键字与 end 用于标识语句段的起止。语句段不需要像 C 语言中用"｛｝"包围。这一点在其他结构中类同，不再重复强调。

（2）注意 elseif 与 else if 的区别。else if 命令将引入一个嵌套的 if 结构，并且必须与 end 匹配使用；elseif 承接前一个 if 命令，是前一个 if 命令的条件分支，不要求独立的 end 匹配，只要有与初始 if 匹配的 end 即可。

例 1.4 对分段函数 $y = \begin{cases} -1, & x < 0 \\ 0, & x = 0 \\ 1, & x > 0 \end{cases}$ ，采用分支结构编写程序，输入一个 x 值，输出 y 值，见程序 1.16。

程序 1.16　条件分支 if - else 主程序 if_else. m

```
%%%%%%%该程序用于进行 if - else 条件分支用法展示%%%%%%%
clear;
x = input('enter x = ');
if x > 0
    y = 1;
elseif x == 0
    y = 0;
else
    y = -1;
end
disp(y);
%% if_else. m 内容结束
```

2. 开关结构

该结构主要以 switch - case - otherwise - end 语句组成，是具有多个分支结构的条件转移结构。其基本形式为：结构中的开关表达式依次与 case 表达式进行比较，当开关表达式的值等于某个 case 语句后面的条件时，程序将转移到该组语句中执行，执行完成后，程序转出整个开关体继续向下执行；如果条件都不满足，则转到 otherwise 的语句段并执行。

注意：

（1）该结构中的开关表达式只能是标量或字符串。

（2）case 后面的表达式可以是标量、字符串或单元数组。

（3）保证至少有一组指令将被执行。

该开关结构与 C 语言中此功能结构的主要区别：

（1）MATLAB 用 otherwise 语句表示不符合任何条件时默认执行的语句；C 语言中用 default 语句完成此功能。

（2）MATLAB 执行完某 case 语句段后即自动转出开关体而无须 break 指令；C 语言需要在下一个 case 语句段前加 break 语句才能跳出，否则将继续执行后面所有 case 的语句段。

例 1.5　按照考试成绩的等级输出百分制分数段，试用开关结构编写程序。说明：A 或 a 分数段为 85~100；B 或 b 分数段为 70~84；C 或 c 分数段为 60~69；D 或 d 分数段为 0~60。示例见程序 1.17。

程序 1.17　条件分支 switch 主程序 switch_case. m

```
%%%%%%% 该程序用于进行 switch - case 条件分支用法展示 %%%%%%%
clear;
e = input('input grade','s');
switch e
    case {'A','a'}
        disp('85'100');
    case {'B','b'}
        disp('70'84');
    case {'C','c'}
        disp('60'69');
    case {'D','d'}
        disp('0'60');
    otherwise
        disp('输入错误!');
end
%% switch_case. m 内容结束
```

3. 循环结构

循环结构由 for 语句或 while 语句引导，用 end 结束，这两个语句之间的部分称为循环体。

1）for 循环结构

for 循环结构的基本形式：

```
for 循环变量 = array 数
        语句段
end
```

关于 for 循环结构的 3 点说明：

（1）array 一般为行向量，循环变量每次从 array 向量中取一个数值，执行一次循环体的内容，如此下去，直至执行完 array 向量中的所有分量，就自动结束循环体的执行；循环次数即 array 的列数。

（2）array 的形式一般以快捷方式给出，形式主要有：array = initval:endval 或 array = initval:stepval:endval。

（3）array 也可以是矩阵，这时每次的循环变量值是当次列向量。

2）while 循环结构

while 循环结构的基本形式：

```
while 条件表达式
        语句段
end
```

while 语句循环结构的条件表达式是一个逻辑表达式。只要其值为真（非零），就自动执行语句段；一旦表达式为假，就结束循环。

在以上的循环结构中，可以加入 break 语句和 continue 语句进行程序流程的控制。其中，break 语句用于中断此次循环，并跳出本循环结构；continue 语句用于跳过此次循环到下次循环。

循环结构的注意事项：

（1）在 while 循环结构中，循环次数不确定；在 for 循环结构中，循环次数确定。

（2）循环结构的执行速度较慢，所以在实际编程时，如果能对整个矩阵进行运算，就尽量不要采用循环结构而采取向量化编程，以提高代码的执行效率。

例 1.6 设 x 的初始值为 1.2，迭代表达式 $f(x) = x^2 - 1$，计算 $f(f(f\cdots(f(x))))$ 共 10 次复合运算，即 $f^{10}(x)$ 的值，用循环结构编写，示例见程序 1.18。

程序 1.18 循环 for 与 while 主程序 for_circle. m 与 while_circle. m 对比

```
%% for 循环结构                      %% while 循环结构
%%% 用于进行 for 循环用法展示%%%      %%% 用于进行 while 循环用法展示%%%
clear;                              clear;
x = 1.2;                            x = 1.2;
for n = 1:10                        n = 1;
    y = x^2 - 1;                    while n <= 10
    x = y;                             y = x^2 - 1;
end                                    x = y;
disp(y);                               n = n + 1;
%% for_circle. m 内容结束             end
                                    disp(y);
                                    %% while_circle. m 内容结束
```

运行以上两个程序可知，两者结果均为 $f^{10}(x) = -0.999\,6$，不过从程序可以看出，对已知循环次数的情况，while 循环比 for 循环更烦琐。

为了比较循环与向量化编程的运行效率，示例见程序 1.19。

程序 1.19 循环编程与向量化编程对比主程序 circle1. m 与 vector1. m

```
%% 循环结构                          %% 向量化编程
%%% 用于进行循环编程时间展示%%%       %%% 用于进行向量化编程时间展示%%%
tic;      % 记录开始时间             tic;
x = 0.01;                           x = 0.01:0.01:100;
for k = 1:10000                     y = log10(x);
    y(k) = log10(x);               t2 = toc;
    x = x + 0.01;                  %% vector1. m 内容结束
end
t1 = toc;  % 程序运行时间
%% circle1. m 内容结束
```

两者用时分别为 0.027 3 s 与 0.017 4 s，通过比较 t1 与 t2 的时间长短即可知道向量化编程效率优于循环结构编程，因此编程时尽量使用向量化编程。

以 S 函数为例的向量化编程效率对比见程序 1.20。

程序 1.20　S 函数循环编程与向量化编程对比主程序 circle2. m 与 vector2. m

```
%% 循环结构
%%% 用于进行循环编程时间展示%%%
    tic;    % 记录开始时间
    x = [1 2 3 4 5 6 7 8 9]';
    y = zeros(size(x));
    n = size(x,1);
    for i = 1:n
        y(i) = (exp(x(i)) - exp(-x(i)))/
(exp(x(i)) + exp(-x(i)));
    end
    t1 = toc;
%% circle2. m 内容结束
```

```
%% 向量化编程
%%% 用于进行向量化编程时间展示%%%
    tic;    % 记录开始时间
    x = [1 2 3 4 5 6 7 8 9]';
    y = zeros(size(x));
    n = size(x,1);
    y = (exp(x) - exp(-x))./(exp(x) +
exp(-x));
    t2 = toc;
%% vector2. m 内容结束
```

两者用时分别为 0.001 1 s 与 5.643×10^{-4} s，这进一步展示了向量化编程的高效性与代码简洁性。

4. try 和 catch 组成的试探结构

试探结构基本形式：

try

　　语句段 1

catch

　　语句段 2

end

关于试探结构的两点说明：

（1）只有当 MATLAB 执行命令组 1 发生错误时，才执行命令组 2，try – catch 结构只提供两个可供选择的命令组。

（2）这一结构是 C 语言所没有的，不过在 C ++、Java 等语言中都具有这一结构。

试探结构具有以下优势：

（1）提供了一种异常捕获机制，其在 catch 语句段捕获错误并说明错误的原因。

（2）使程序更加可靠和高速运行，如将一段速度快但成熟可靠度不高的算法程序放到 try 语句段中，而将一段成熟可靠的算法程序放到 catch 语句段中，这样能保证原始问题的求解更加可靠，且可能使程序高速运行。

该结构具体示例见程序 1.21，根据用户输入的行数，试探去除 magic(4) 矩阵中的对应行数。

程序 1.21 try – catch 用法展示主程序 try_catch. m

```
%%%%%%%该程序用于进行 try – catch 用法展示%%%%%%%
clear all;
Mat = magic(4);
Num = input('输入矩阵行数:');
try
    Mat_Num = Mat(Num,:);
catch
    Mat_Num = Mat(end,:);
end
%% try_catch. m 内容结束
```

1.1.3.2 MATLAB 函数的编写

1. MATLAB 函数的基本结构

MATLAB 语言的程序以 . m 为扩展名的文件（m – file）保存。这样的 m 文件分为脚本文件（Scripts）和函数文件（Functions），实际中根据情况运用。MATLAB 程序可以在任何文本编辑器中编辑完成，但仅可在 MATLAB 环境中进行调试。

1）脚本文件

MATLAB 的脚本文件可以理解为一个程序的主程序，其没有输入和输出，对工作区中的变量进行操作，任何可执行的 MATLAB 命令都可以写入脚本文件。而当具有某项功能的代码需要被重复调用时，便可定义适当的输入与输出，将该部分代码改写为单独的函数文件，以此作为具备某项特定功能的整体。脚本文件代表的主程序利用某项特定功能时，仅利用函数名即可调用实现该功能，既免去重复编写该功能代码的烦琐，又让程序美观简洁。

MATLAB 中的脚本文件具有以下特点：

（1）执行简单。用户只要在 MATLAB 的命令行窗口中输入该文件的文件名，MATLAB 就会自动执行该 m 文件中的各条语句。

（2）m 文件只能对 MATLAB 工作区中的数据进行处理，文件中所有语句的执行结果也完全返回工作空间。

2）函数文件

对于函数文件，除了输入变量和输出变量外，其他在函数内部产生的变量都是局部变量。这些变量只有在调试过程中可以查看，在函数调用结束后均消失。

MATLAB 函数文件的基本结构：

（1）函数定义行：function[返回变量列表] = 函数名（输入变量列表）。

（2）帮助文本（可不含）：注释说明语句段，由%引导。

（3）函数主体：函数体语句段。

函数定义行定义了函数的名称，其规则如下：

（1）函数首行以关键字"function"开头，并在首行中列出全部输入、输出变量以及函数名；函数名应置于等号右侧，虽未作特殊要求，但一般函数名与对应的 m 文件名相同。

（2）输出变量紧跟在"function"之后，常用方括号括起来（若仅有一个输出变量则无须方括号）。

（3）输入变量紧跟在函数名之后，用圆括号括起来。如果函数有多个输入（或输出）变量，则输入变量之间用"，"分隔，返回变量用"，"或空格分隔。

（4）特殊变量是 varargin 和 varargout，它们都是单元数组，分别获取输入和输出的各元素内容。这两个变量对于可变输入（或输出）变量特别有用。

编写函数主体时，可适当进行注释，便于理解和调试程序。函数主体程序利用定义的输入变量和返回变量编写，其中输入变量即外部传递给该函数的数据（视为已知），函数主体编写结束后常以"end"结尾。

其他注意事项：

（1）函数结构中一般都应有正规的变量检测部分，如果输入或返回变量的格式不正确，则应该给出相应的提示。

（2）函数输入和返回变量的实际个数分别用内部的 nargin 和 nargout 两个 MATLAB 保留函数给出，只要进入函数，MATLAB 就将自动调用这两个函数检测输入和输出返回的变量个数，并提示错误或进行默认参数调用。例如，姿态角到坐标转换矩阵的计算函数 angle2dcm，默认参数为 4 个（3 个姿态角加 1 个转换顺序），但若只输入 3 个姿态角，内部的 nargin 函数则会判断输入变量个数为 3，并补齐默认的 zyx 转换顺序。具体可通过"open angle2dcm"命令查看。

（3）函数文件开头不要加"clear"命令。这是因为，函数是对输入变量的数据进行运算，而"clear"命令会将传入函数工作空间的数据全部清除，导致无法运行而报错。

（4）当调用自定义函数时，应使用函数文件名，并保证函数文件在当前工作路径或 m 文件同一文件夹中。若函数名和函数文件名不同，则调用时以函数文件名为准。

2. MATLAB 函数编写举例

矩阵的符号函数运算实现，将其编制为 asign 函数，示例见程序 1.22。

程序 1.22　符号函数 asign.m

```
function out = asign(u)
% 本函数将输入变量的每个值进行符号函数 sign 运算
% 输入为任意实数值或者矩阵,输出为输入的每个值进行符号函数 sign 运算后的值
% 符号函数 sign,对于单个数的输入 x,
% 若 x > 0,则 sign(x) = 1;
% 若 x = 0,则 sign(x) = 0;
% 若 x < 0,则 sign(x) = -1;
n = size(u);
for i = 1:n(1)
  for j = 1:n(2)
    if u(i,j) < 0
      u(i,j) = -1;
    elseif u(i,j) > 0
      u(i,j) = 1;
    else
      u(i,j) = 0;
```

```
            end
         end
     end
     out = u;
     %% asign. m 内容结束
```

在实际使用过程中，既可以在同一函数中实现全部功能，也可以通过建立函数并在函数中调用子函数来实现其全部功能；在有子函数的情况下（即文件中包含多个函数时），子函数既可以被主函数调用，也可以被其他子函数调用。

接下来，以矩阵的向量积为例展示该函数的调用方法，见程序 1.23。

程序 1.23　自编 asign 函数调用与 sign 函数对比主程序 sign_asign. m

```
%%%% 该程序展示自编符号函数 asign 与自带 sign 函数的调用方法与结果对比 %%%%
A = [1 -1 0;9 0 -4]';
B = sign(A);              % MATLAB 自带 sign 函数计算绝对值
C = asign(A);            % 调用自定义的 asign 函数计算矩阵 A 的绝对值
%% sign_asign. m 内容结束
```

程序得到的向量积结果矩阵 B 和 C 均为 $[1 -1 0; 1 0 -1]$。

1.1.3.3　MATLAB 程序设计的一些注意事项

1. 符合规范的函数名和程序文件名

虽然 MATLAB 没有要求函数名和程序文件名一定相同，但最好保持二者一致；函数名与程序文件名应能表明其实现功能，不要使用无意义的字符串进行命名。

2. 采用结构化的程序设计

在总体功能划分上，应尽可能模块化。通常采用函数调用的方式，这时要注意其函数的编写、子函数的调用等问题。

3. 做好程序中的注释

程序的注释有助于提高程序的可维护性，我们应养成按照规范添加注释的习惯。在功能前的注释通常包括程序功能描述、编写日期、编写者及版本信息，以及输入/输出参数、程序使用说明等，代码注释应注意对代码进行解释。

4. 采取一定措施提高运行效率

尽量避免使用循环结构，并尽可能使用向量化编程方法。

5. 预先定义数组（或矩阵）的维数

虽然在 MATLAB 中无须明确定义和指定维数，但在使用时每当数组（或矩阵）的维数超出现有维数，系统就会自动为该数组（或矩阵）扩维，从而降低了程序运行效率。预先指定维数并合理分配内存，就可避免每次临时扩充维数，从而提高程序运行效率。

1.1.4　MATLAB 语言的绘图基础

MATLAB 提供了功能强大、使用方便的绘图功能。用户只需指定绘图方式，并提供充足的绘图数据，就可以得到所需的图形；此外，用户还可根据需要，应用 MATLAB 的图形修饰功能对图形进行适当的修饰。本节主要介绍二维图形、三维图形、符号函数及特殊应用图形的绘制，也对图形修饰作初步介绍，并给出示例。

1.1.4.1　二维图形的绘制

1. 绘制二维图形的基本函数

绘制二维曲线的最基本函数是 plot，其基础使用形式为 plot(X,Y)，示例见程序 1.24。此外，使用 plot(X,Y,LineSpec)中的"LineSpec"参数可以设置图形的线型、颜色等参数。

程序 1.24　二维图形绘制示例主程序 sin_plot. m

```
%%%%%%该程序展示二维图形绘制的 plot 示例用法%%%%%%%
x = 0:pi/100:2 * pi;
y = sin(x);
plot(x,y);
%% sin_plot. m 内容结束
```

运行结果如图 1.2 所示。

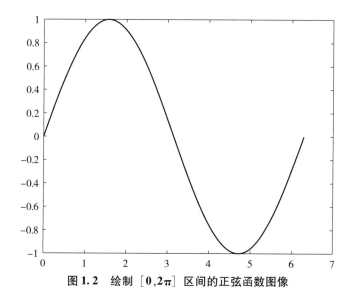

图 1.2　绘制 [0,2π] 区间的正弦函数图像

2. 图形的修饰及示例

MATLAB 提供了对图形属性进行设置的参数，便于修饰图形。这些修饰主要包括对线型的修饰、对点类型的设置、对曲线颜色的设置、特殊字符的添加、文字标注、对坐标的设置等。

1）格栅

当需要对图形的具体数值进行更加清楚的展示时，在图形中添加格栅是十分有效的方法。在 MATLAB 中，"grid on"命令可以在当前图形的单位标记处添加格栅，"grid off"命令可以取消格栅的显示；单独使用"grid"命令可以在 on 与 off 状态下交替转换，即起到触发的作用。示例见程序 1.25。

程序 1.25　二维图形绘制的格栅与多图示例主程序 sin_subplot. m

```
%%%%%%该程序展示二维图形绘制的格栅 grid 与多图 subplot 的用法%%%%%%%
X = (0:1800) * pi/180;
Y = cos(X/2);
subplot(1,3,1);
plot(X,Y,'linewidth',2);xlim([0 30]);grid on;
% 设置线宽为2,横坐标轴范围[0,30]
subplot(1,3,2);
plot(X,Y,'linewidth',2);xlim([0 30]);grid on;grid;
subplot(1,3,3);
plot(X,Y,'linewidth',2);xlim([0 30]);grid;grid off;
%% sin_subplot. m 内容结束
```

运行结果如图 1.3 所示。

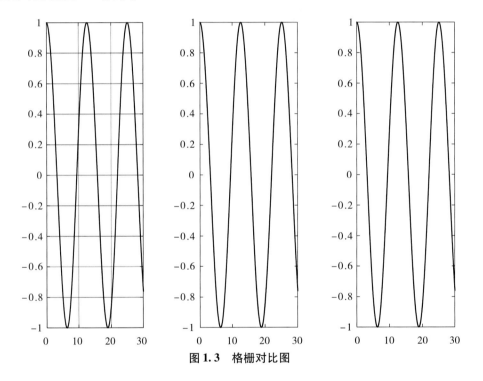

图 1.3　格栅对比图

2）坐标框设置

坐标框的设置与格栅的设置类似，其基本用法如下：

box on：添加坐标边界。

box off：去除坐标边界。

box：切换有无坐标边界的状态。

3）颜色、线型和标记

MATLAB 中的颜色、线型和标记参数及其意义如表 1.6 ~ 表 1.8 所示，示例见程序 1.26。

表1.6　颜色参数及其意义

参数	意义	参数	意义
b	蓝色（Blue）	m	红紫色（Magenta）
c	青色（Cyan）	r	红色（Red）
g	绿色（Green）	w	白色（White）
k	黑色（Black）	y	黄色（Yellow）

表1.7　线型参数及其意义

参数	意义	参数	意义
—	实线（默认）	–·	点划线
:	点线	– –	虚线

表1.8　标记参数及其意义

参数	意义	参数	意义
·	实点	s	正方形□
+	十字形	d	菱形◇
o	圆圈	h	六角形
*	星号	p	五角形☆
×	叉号		

程序 1.26　二维图形绘制的颜色、线型与标记示例主程序 line_plot. m

```
%%%%%%该程序展示二维图形绘制的颜色、线型与标记示例用法%%%%%%%
x = 0:0.01 * pi:pi * 8;
plot(x,sin(x),'r:','linewidth',3);hold on;          % hold on 表示在同一个图框叠加绘图
plot(x,2 * sin(x/2),'y','linewidth',3);hold on;
plot(x,4 * sin(x/4),'b – –','linewidth',3);hold on;
grid on;
axis([0 25 – 4 4]);                                 % 限制 x,y 轴范围
annotation('arrow',[0.4 0.3],[0.25 0.4]);           % 绘制箭头
text(9, – 3,'sin(x)');                              % 标明 sin(x) 曲线注释
annotation('arrow',[0.75 0.65],[0.75 0.7]);         % 绘制箭头
text(20.5,2.2,'2sin(x/2)');                         % 标明 2sin(x/2) 曲线注释
annotation('arrow',[0.55 0.45],[0.85 0.8]);         % 绘制箭头
text(14,3.3,'4sin(x/4)');                           % 标明 4sin(x/4) 曲线注释
%% line_plot. m 内容结束
```

运行结果如图1.4所示。

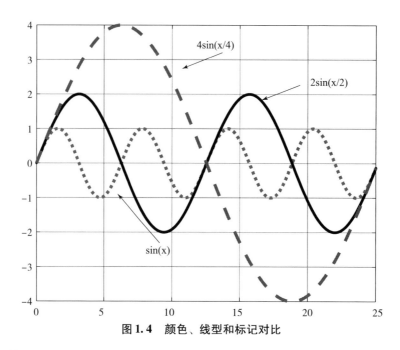

图 1.4 颜色、线型和标记对比

4）坐标轴设置

plot 函数根据坐标参数自动确定坐标轴的范围。用户可根据需要，用坐标控制命令"axis"控制坐标的特性，其基本用法为 axis（[xmin xmax ymin ymax]），用于设定横坐标与纵坐标的起始值与终止值。

5）图形标注

图形标注可以分为图名标注、坐标轴标注、图例标注和文字注释。其基本用法如下：

图名标注：title('string')。

坐标轴标注：xlabel('string')，ylabel('string')，为横纵坐标添加标注。

图例标注：legend('string1','string2',…)，命令的不同形式为图形添加图例。

文字注释：text(x,y,'string')，在图形坐标（x,y）处书写注释。

标注所用的特殊字符如表 1.9 所示。

表 1.9 特殊字符

字符	意义	字符	意义
\alpha	α	\geq	⩾
\beta	β	\neq	≠
\gamma	γ	\equiv	≡
\delta	δ	\approx	≈
\omega	ω	\leq	⩽
\zeta	ζ	\leftarrow	→
\eta	η	\uparrow	↑
\lambda	λ	\downarrow	↓
\xi	ξ	\rightarrow	→
\pi	π		

图形标注的添加可通过曲线的 linestyle、linewidth、Marker、MarkerEdgeColor、MarkerFaceColor、MarkerSize 等属性设定。示例见程序 1.27。

程序 1.27　二维图形绘制的图形标注示例主程序 label_plot. m

```
%%%%%%该程序展示二维图形绘制的图形标注示例用法%%%%%%%
x = 0:0.01 * pi:pi * 8;
plot(x,sin(x),'r:','linewidth',3);hold on;               % hold on 表示在同一个图框叠加绘图
plot(x,2 * sin(x/2),'b','linewidth',3);hold on;
plot(x,4 * sin(x/4),'k--','linewidth',3);hold on;
x = 0:0.5 * pi:pi * 8;
plot(x,sin(x),'g^','MarkerSize',10,'linewidth',2);hold on;
plot(x,4 * sin(x/4),'o','MarkerEdgeColor','r','MarkerFaceColor','b','linewidth',3);
grid on;
axis([0 25 -4 4]);                                        % 限制 x,y 轴范围
annotation('arrow',[0.4 0.3],[0.25 0.4]);                 % 绘制箭头
text(9, -3,'sin(x)');                                     % 标明 sin(x) 曲线注释
annotation('arrow',[0.75 0.65],[0.75 0.7]);               % 绘制箭头
text(20.5,2.2,'2sin(x/2)');                               % 标明 2sin(x/2) 曲线注释
annotation('arrow',[0.55 0.45],[0.85 0.8]);               % 绘制箭头
text(14,3.3,'4sin(x/4)');                                 % 标明 4sin(x/4) 曲线注释
%% label_plot. m 内容结束
```

运行结果如图 1.5 所示。

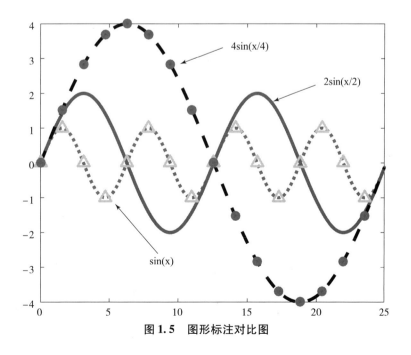

图 1.5　图形标注对比图

3. 多图的绘制

有时需要将不同图形绘制在一幅图中，这就涉及多图绘制；多图绘制的方法，主要有 subplot 函数、hold 命令、figure 命令、plotyy 命令。

1）subplot 函数

subplot 函数的基本用法如下：

subplot(m,n,p)：将图形窗口分为 $m \times n$ 幅子图，第 p 幅成为当前图。

subplot(mnp)：意义同上，省略"，"。

2）hold 命令

hold 命令可用于保持上一次的图形，多图绘制时，各个子窗口不必都是 plot 函数绘制的曲线。hold 基本用法如下：

hold on：保持当前坐标系和图形。

hold off：不保持当前坐标系和图形。

hold：切换以上两种状态。

3）figure 命令

系统默认使用"Figure No. 1"窗口绘制图形。当下一次继续绘图时，若仍在默认窗口绘制，就将以前的图形覆盖；为此，可以使用 figure 命令来指定打开相应窗口。示例见程序 1.28。

程序 1.28　二维图形绘制的多图绘制主程序 serial_plot. m

```
％％％％％％该程序展示二维图形绘制的多图绘制％％％％％％％
x = 0:0. 01 * pi:pi * 8;
figure(1)
plot(x,sin(x),'r:','linewidth',3);
figure(2)
plot(x,2 * sin(x/2),'b','linewidth',3)
figure(3)
plot(x,4 * sin(x/4),'k --','linewidth',3)
％％ serial_plot. m 内容结束
```

运行结果如图 1.6 所示。

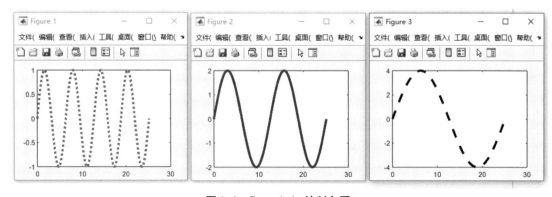

图 1.6　figure(n) 绘制多图

4）plotyy 命令

plotyy 命令可用于绘制双纵坐标图，绘制出的图形在两侧都有标注。plotyy（X1，Y1，X2，Y2）以左右不同纵轴绘制 2 条曲线。其中，左纵坐标与横坐标组成的坐标系用于（X1，Y1）数据，右纵坐标与横坐标组成的坐标系用于（X2，Y2）数据。示例见程序 1. 29。

程序 1.29　二维图形绘制的双 y 轴绘制主程序 yy_plot. m

```
％％％％％该程序展示二维图形绘制的双 y 轴示例用法％％％％％％
x = 0:0. 01 * pi:pi * 2;
y1 = sin(x);
y2 = exp(x);
[AX,H1,H2] = plotyy(x,y1,x,y2);
set(H1,'LineWidth',3);
set(H2,'Linestyle',':','LineWidth',3);
％％ yy_plot. m 内容结束
```

运行结果如图 1. 7 所示。

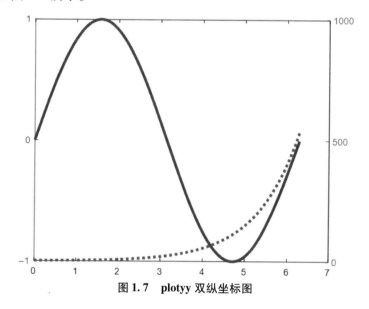

图 1.7　plotyy 双纵坐标图

4. 二维特殊应用图形的绘制

二维特殊应用图形函数如表 1. 10 所示。

表 1.10　二维特殊应用图形函数

函数名称	绘图名称	函数名称	绘图名称
loglog(X1,Y1,…)	对数图	hist(X)	直方图
semilogx(X,Y)	以 X 轴为 10 对数刻度的半对数图	bar(X,Y)	二维垂直条形图
semilogy(X,Y)	以 Y 轴为 10 对数刻度的半对数图	barh(X,Y)	二维水平条形图

函数名称	绘图名称	函数名称	绘图名称
stairs(X,Y)	阶梯图	pareto(Y,X)	Pareto 图（排列图）
area(X,Y)	填充绘图	errorbar(X,Y,L,U)	误差限图
pie(X)	饼状图	stem(X,Y)	火柴杆图
feather(U,V)	羽状图	polar(theta,rho)	极坐标图
comet	彗星状图	compass(U,V)	罗盘图
		spy(S)	稀疏模式图

1.1.4.2　三维图形的绘制

三维图形的绘制包括三维曲线的绘制、三维网线图的绘制、三维曲面图形的绘制。

三维曲线绘制函数的基本调用格式：plot3(X1,Y1,Z1,…)。其中，X1,Y1,Z1 为维数相同的向量，分别存储三个坐标的值。类似于 plot 函数，plot3 也可以绘制多条曲线，并可以分别对不同曲线进行修饰。

绘制三维网线图和曲面图的基本函数如表 1.11 所示。除了表中所示的基本调用格式外，MATLAB 允许用户进行更精细的控制，读者可进一步查阅相关帮助文档。

表 1.11　三维绘图函数

函数名称	函数绘图意义
mesh(X,Y,Z)	常用的网线图调用格式
surf(X,Y,Z)	常用的曲面图调用格式
contour(X,Y,Z)	常用的等高线调用格式

三维网线图和三维曲面图的区别如图 1.8 所示。网线图的线条有颜色，而空挡无颜色；曲面图的线条是黑色的，空挡有颜色（把线条之间的空挡填充颜色，沿 z 轴按每一网格变化）。

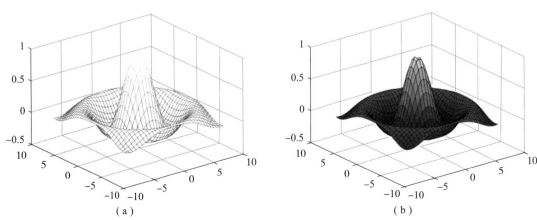

（a）　　　　　　　　　　（b）

图 1.8　网线图和曲面图对比

（a）网线图；（b）曲面图

以绘制函数 $z = f(x,y)$ 所代表的三维空间曲面为例，三维图形绘制时需要做以下数据准备：

（1）确定自变量 x,y 的取值范围和取值间隔：$x = x1:dx:x2$，$y = y1:dy:y2$。

（2）构成 xy 平面上的自变量"格点"矩阵：$[X,Y] = meshgrid(x,y)$。

（3）计算在自变量采样"格点"上的函数值 $Z = f(X,Y)$。

例 1.7　对于二元方程 $z = \dfrac{\sin \sqrt{x^2 + y^2}}{\sqrt{x^2 + y^2}}$，$x,y$ 的取值范围分别为 $[-8,8]$，绘制其三维曲面示例见程序 1.30。

程序 1.30　二元方程的三维曲面绘制主程序 surface_plot. m

```
%%%%%%该程序展示二元方程的三维曲面绘制方法%%%%%%%
clear all;
clc;
x = -8:0.5:8;
y = -8:0.5:8;
[X,Y] = meshgrid(x,y);
Z = sin((X.^2 + Y.^2).^0.5)./(X.^2 + Y.^2).^0.5;
surf(X,Y,Z);
shading interp;                    % shading interp 命令可以去掉图形表面的线
%% surface_plot. m 内容结束
```

运行结果如图 1.9 所示。

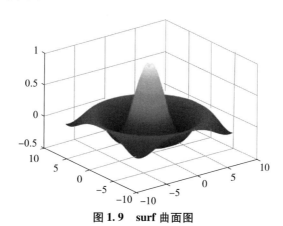

图 1.9　surf 曲面图

1.1.4.3　图形的图形化编辑

对于图形的图形化编辑，可以利用图形窗口的编辑功能。图形窗口不仅可以显示图形，还允许用户对图形进行编辑操作。图形窗口提供丰富的菜单选项，用户可采用多种方式观看图形，也可对图形对象的属性进行编辑。

1.1.4.4　符号函数绘制图形

为了将符号函数的数值计算结果可视化，MATLAB 提供了相应绘图函数。这些函数的特点是：无须准备数据，可直接画出字符串函数或符号函数的图形。这一系列函数名称的前两个字符冠以"ez",其含义就是"Easy – to – use"。

1. 符号函数绘制图形的函数（表 1.12）

表 1.12 符号函数绘图函数

函数	说明	函数	说明
ezplot(fun,[min,max])	二维曲线	ezsurf(fun,domain)	曲面图
ezplot3(funx,funy,funz,[tmin,tmax])	三维曲线	ezsurfc(fun,domain)	画带等位线的曲面图
ezpolar(fun,[a,b])	极坐标	ezmesh(fun,domain)	画网线图
ezcontourf(fun,domain)	填色等位图	ezmeshc(fun,domain)	画带等位线的网线图
ezcontour(fun,domain)	等高线		

例 1.8 对于符号表达式 $\begin{cases} x = \cos t \\ y = \sin t \\ z = t \end{cases}$，绘制其三维曲线，示例见程序 1.31。

程序 1.31 符号函数图形绘制主程序 symbolic_plot. m

```
%％％％％％该程序展示符号函数的图形绘制方法％％％％％％％
ezplot3('cos(t)','sin(t)','t');
%％ symbolic_plot. m 内容结束
```

运行结果如图 1.10 所示。

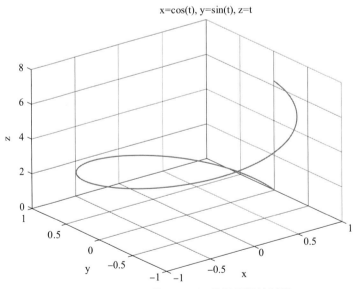

图 1.10 ezplot3 的 cos – sin 符号函数绘制图

2. 符号函数的图形化绘制方式

符号函数绘制也可以通过图形化的方式进行。MATLAB 提供了图形化的符号函数计算器"funtool"。

1.2　Simulink 基本建模流程

Simulink 是 MATLAB 中的一种可视化仿真工具，是一种基于 MATLAB 的框图设计环境，是实现动态系统建模、仿真和分析的一个软件包，被广泛应用于线性系统、非线性系统、数字控制及数字信号处理的建模和仿真。

Simulink 提供一个动态系统建模、仿真和综合分析的集成环境。在该环境中，无须大量书写程序，只需要通过简单直观的鼠标操作就可构造出复杂的系统。用户可以通过 MATLAB 工具栏中的"主页"→"Simulink"打开 Simulink 模块。Simulink 模块中内置了若干领域的 Simulink 模型，通常选择"Blank Model"创建空白模型，以便搭建自己的 Simulink 模型[2]。

1.2.1　常用模块库

初学 Simulink，"Commonly Used Blocks"（常用模块）使用得最为频繁。在 Simulink 浏览器中，单击左侧"Commonly Used Blocks"节点，可打开常用模块库，如图 1.11 所示。部分常用模块库说明如表 1.13 所示。

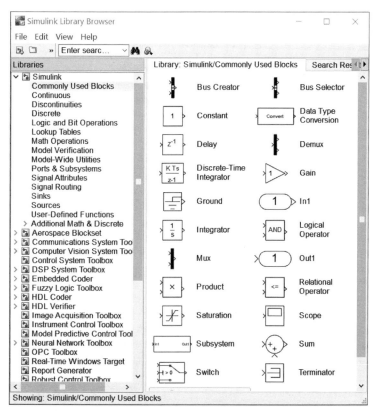

图 1.11　常用模块库

表1.13 部分常用模块库

模块图示	模块名称与意义	模块图示	模块名称与意义
	Bus Selector（总线信号选择器）		Constant（常数模块）
	Demux（信号分离器）		Mux（信号合成器）
	Gain（增益）等		

1. Bus Creator 与 Bus Selector 模块

Bus Creator（总线信号生成）模块用于将多个信号合成为一个总线信号，如图1.12所示。

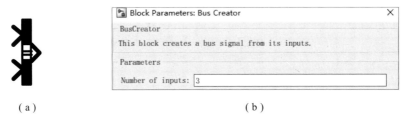

（a） （b）

图1.12 总线信号生成模块

（a）Bus Creator 图示；（b）参数设置

Bus Selector（总线信号选择）模块选择总线信号的一个或多个，如图1.13所示。

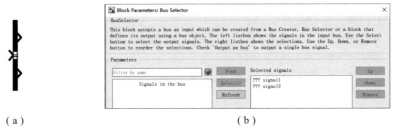

（a） （b）

图1.13 总线信号选择模块

（a）Bus Selector 图示；（b）参数设置

如图1.14（a）所示，有三种输入信号：正弦（Sine Wave）、阶跃（Step）、脉冲（Pulse Generator）。为便于观察，设置脉冲信号周期为1 s，幅值为1，脉冲宽度占比为5%；Bus Creator 模块的输入信号改为3。Bus Selector 模块选择信号1和3。最终运行效果如图1.14（b）所示。

2. Mux 和 Demux 模块

Mux（信号合成）模块和 Demux（信号分离）模块的功能与总线信号生成模块和总线信号选择模块近似，但是 Mux 模块与 Demux 模块对所有信号进行合成与分离，如图1.15、图1.16所示。

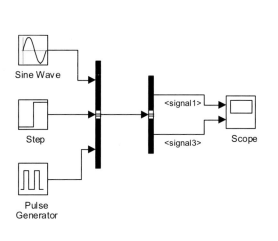

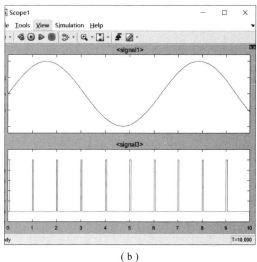

（a） （b）

图 1.14 总线信号仿真

（a）总线信号模型图；（b）总线信号仿真图

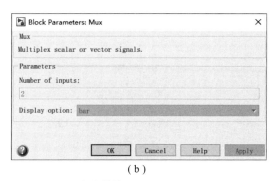

（a） （b）

图 1.15 信号合成模块

（a）图示；（b）参数设置

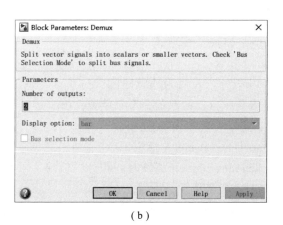

（a） （b）

图 1.16 信号分离模块

（a）图示；（b）参数设置

将阶跃模块的阶跃时间设置为 1.2 s，初值为 0，终值为 0.5；双击 Mux 模块，在参数对话框将"Number of inputs"参数改为 3。同样设置 Demux 模块，将"Number of outputs"参数改为 3。仿真结果如图 1.17 所示。

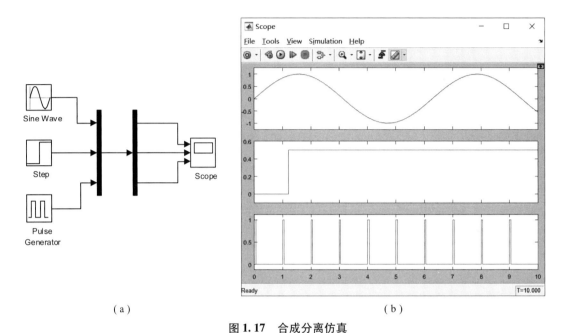

（a）   （b）

图 1.17　合成分离仿真

（a）合成分离模型图；（b）合成分离仿真图

3. Data Type Conversion 模块

Data Type Conversion（数据类型转换）模块可将输入数据类型转换为指定输出类型：

（1）inherit：与输入数据保持一致。

（2）double、single、int8。

（3）zero：向零取整。

（4）nearest：向最接近的整数取整。

（5）floor：向负无穷取整。

（6）ceiling：向正无穷取整。

4. Integrator 模块

Integrator（积分）模块为连续时间积分单元。双击图 1.18（a）中该模块，在"initial condition"可设置积分器初始值，默认为 0，仿真运行结果如图 1.18（b）所示，其中脉冲信号设置为周期 4 s，宽度占比为 40%。

5. Discrete Time Integrator 模块

Discrete Time Integrator（离散时间积分）模块，可完成离散系统积分。如图 1.19（a）所示，双击离散时间积分模块，设置"gainvalue"（积分增益值），改变积分速度；在"sample time"文本框可设置离散积分采样时间；在"limit output"可设置积分输出上下限。在图 1.19（a）中设置第二个通道的离散积分器模块增益值为 2，采样时间为 0.5 s，第三个通道的离散积分器模块增益值为 1，采样时间为 1 s。仿真结果如图 1.19（b）所示。

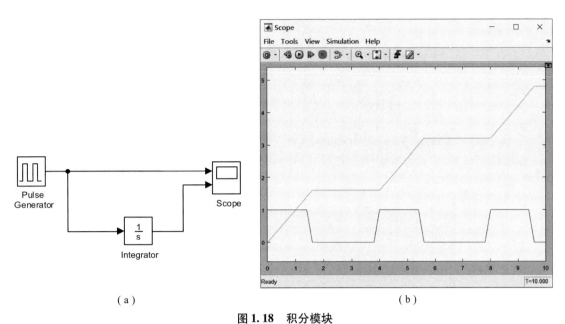

(a)　(b)

图 1.18　积分模块

（a）积分模型图；（b）积分仿真图

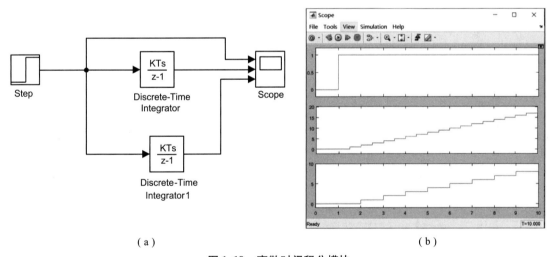

(a)　(b)

图 1.19　离散时间积分模块

（a）离散时间积分模型图；（b）离散时间积分仿真图

6. Product 与 Sum 模块

Product（乘法器）模块用于求输入信号的乘积，双击模块可设置端口数，如图 1.20（a）所示。Sum（求和）模块用来求输入信号的加、减，在"list of signs"中可设置加减法符号，在"Icon shape"列表中可修改其外形，如图 1.20（b）（c）所示。

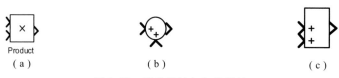

图 1. 20　乘法模块与加法模块

（a）乘法模块；（b）求和模块（圆形）；（c）求和模块（方形）

7. Relation Operator 与 Logic Operator 模块

Relation Operator（关系操作）模块可用来比较两个输入信号的大小关系，如图 1. 21 所示。

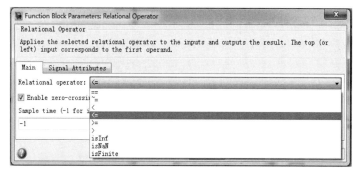

图 1. 21　关系操作模块参数设置（选择运算符）

Logic Operator（逻辑操作）模块可用于两个输入变量之间的逻辑运算，如图 1. 22 所示。

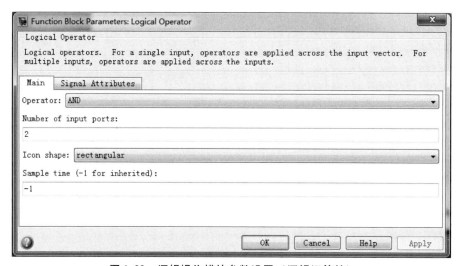

图 1. 22　逻辑操作模块参数设置（逻辑运算符）

示例如图 1. 23 所示，该系统可用方程 $y = \begin{cases} 2u, & t > 5 \\ 10u, & t \leqslant 5 \end{cases}$ 表示，系统的输出只与当前输入值有关，而且随着仿真时间的继续在两个不同的代数方程之间切换。

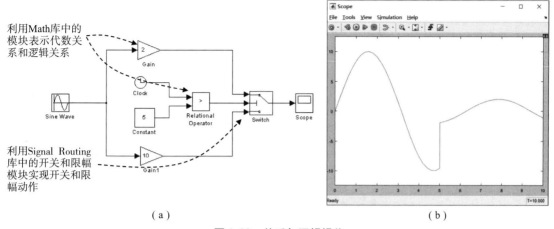

利用Math库中的模块表示代数关系和逻辑关系

利用Signal Routing库中的开关和限幅模块实现开关和限幅动作

（a）　　　　　　　　　　　　（b）

图 1.23　关系与逻辑操作

（a）关系与逻辑操作模型图；（b）关系与逻辑操作仿真图

这里使用 Signal Routing 模块库中的 Switch 模块（图 1.24）实现切换功能。

Switch

图 1.24　Switch（条件运算）模块

Switch 模块有 3 个输入端口，它根据第 2 个输入端口（中间的输入）的值来判断输出第 1 个输入端口（最上面的端口）或第 3 个输入端口（最下面的端口）的值。因此，第 1 个输入和第 3 个输入称为数据输入，而第 2 个输入称为控制输入。

8. 增益、输入、输出及终端模块（表 1.14）

表 1.14　增益、输入、输出及终端模块

图示	意义	图示	意义
Gain	Gain 可用来设置信号的放大倍数	In1	在建子系统时，In1（输入）作为信号的输入接口
Out1	在建子系统时，Out1（输出）作为信号的输出接口	Terminator	终端（Terminator）可用来连接未与其他模块连接的输出端口

1.2.2　连续系统模块库

一个具体的物理系统通常是非线性系统，而且以分布参数的形式存在，但是由这样的非线性系统建立的数学模型，在需要求解非线性方程和偏微分方程时是非常困难的。因此，在误差允许的范围内，可以将非线性模型线性化，或者直接用线性集总参数模型描述物理系统。

Simulink 中的 Continuous 模块库提供了适用于建立线性连续系统的模块，包括积分器模块、传递函数模块、状态空间模块和零 - 极点模块等，这些模块为用户以不同形式建立线性连续系统模型提供了方便，如图 1.25 所示。

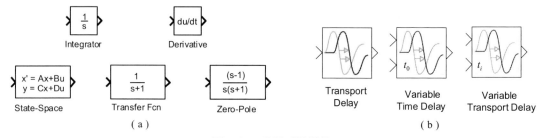

图 1.25　连续系统模块

（a）连续时间线性系统；（b）连续时间延迟模块

1. 连续模块组

连续模块组主要包含：

（1）传递函数模块：$G(s) = \dfrac{b_1 s^m + b_2 s^{m-1} + \cdots + b_m s + b_{m+1}}{s^n + a_1 s^{n-1} + a_2 s^{n-2} + \cdots + a_{n-1} s + a_n}$。

（2）状态方程模块：$\begin{cases} \dot{x} = Ax + Bu \\ y = Cx + Du \end{cases}$。

（3）零极点增益模块：$G(s) = K\dfrac{(s - z_1)(s - z_2)\cdots(s - z_m)}{(s - p_1)(s - p_2)\cdots(s - p_n)}$。

（4）微分器、积分器、延迟、PID 控制器。

2. 弹簧 - 质量 - 阻尼器系统

例 1.9　图 1.26 所示为弹簧 - 质量 - 阻尼器系统。图中，小车所受外力为 F，小车位移为 x。设小车质量 $m = 1$，弹簧弹性系数 $k = 3$，阻尼系数 $f = 4$。系统的初始状态设为静止平衡点，外力函数为幅值等于 1 的阶跃量，仿真此小车的运动。

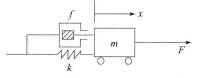

图 1.26　弹簧 - 质量 - 阻尼器系统

解法 1：构建常微分方程。

根据牛顿运动定律，得到小车的运动方程：

$$kx + f\dot{x} + m\ddot{x} = F \tag{1.1}$$

将相关参数代入式（1.1），得

$$\ddot{x} + 4\dot{x} + 3x = F \tag{1.2}$$

将上述微分方程改写为

$$\ddot{x} = u(t) - 4\dot{x} - 3x \tag{1.3}$$

式中，$u(t) = F$。

利用积分模块构建 Simulink 模块，如图 1.27 所示。小车位移随时间的变化如图 1.28 所示。

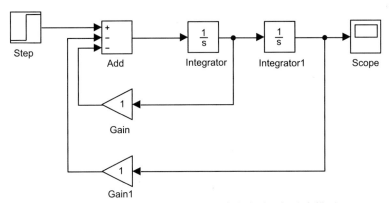

图 1.27　弹簧 - 质量 - 阻尼器系统的传递函数仿真模型

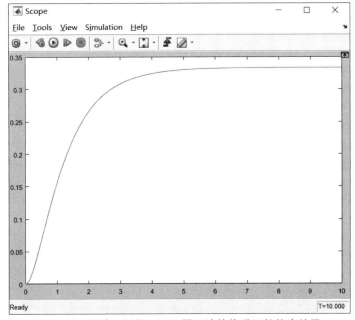

图 1.28　弹簧 - 质量 - 阻尼器系统的传递函数仿真结果

解法 2：利用传递函数。

利用拉普拉斯变换，弹簧 - 质量 - 阻尼器微分方程可以转化为如下形式的传递函数：

$$H(s) = \frac{U(s)}{Y(s)} = \frac{1}{ms^2 + fs + k} \tag{1.4}$$

将参数值代入式（1.4），有

$$H(s) = \frac{U(s)}{Y(s)} = \frac{1}{s^2 + 4s + 3} \tag{1.5}$$

利用连续模块组搭建 Simulink 模型，如图 1.29 所示。

图 1.29　仿真模型

解法 3：零 – 极点表达式。

零 – 极点表达式与传递函数相同，由解法 2 的传递表达式，可得

$$H(s) = \frac{U(s)}{Y(s)} = \frac{1}{(s+3)(s+1)} \tag{1.6}$$

利用连续模块组搭建 Simulink 模型，如图 1.30 所示。

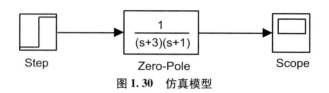

图 1.30 仿真模型

解法 4：构建状态方程。

状态空间方程具有如下一般形式：

$$\begin{cases} \dot{x} = Ax + Bu \\ y = Cx + Du \end{cases} \tag{1.7}$$

利用连续模块组搭建 Simulink 模型，如图 1.31 所示。

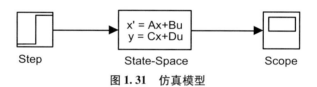

图 1.31 仿真模型

可以求得

$$\begin{cases} \dot{\boldsymbol{x}} = \begin{bmatrix} \ddot{x} \\ \dot{x} \end{bmatrix} = \begin{bmatrix} -4 & -3 \\ 1 & 0 \end{bmatrix} \begin{bmatrix} \dot{x} \\ x \end{bmatrix} + \begin{bmatrix} 1 \\ 0 \end{bmatrix} u \\ \boldsymbol{y} = \begin{bmatrix} 0 & 1 \end{bmatrix} \begin{bmatrix} \dot{x} \\ x \end{bmatrix} + 0 \times u \end{cases} \tag{1.8}$$

1.2.3 非连续系统模块库

非连续系统模块库（图 1.32）主要包含 4 个模块：Saturation（饱和）模块；Dead Zone（死区）模块；Wrap To Zero（限零）模块；Relay（继电器）模块。

1. Saturation 模块

Saturation（饱和）模块对一个信号设定上下限，如图 1.33 所示。若输入在 Lower limit 和 Upper limit 范围内变化，则输入信号无变化输出；若输入信号超出范围，则信号被限幅（值为上限或下限）。

2. Dead Zone 模块

Dead Zone（死区）模块如图 1.34 所示。若输入落在截止区内，则输出为 0；若输入大于或等于上限值，则输出等于输入减去上限值；若输入小于或等于上限值，则输出等于输入减去下限值。

图 1.32　非连续系统模块库

Saturation

（a）

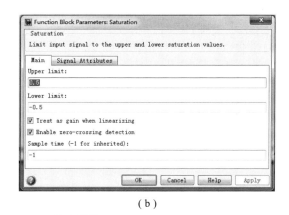

（b）

图 1.33　饱和模块

（a）图示；（b）参数设置

3. Wrap To Zero 模块

Wrap To Zero（限零）模块如图 1.35 所示。当输入信号超过 Threshold 参数限定值时，模块产生零输出；当输入信号小于或等于限定值时，输入信号无变化输出。

（a）

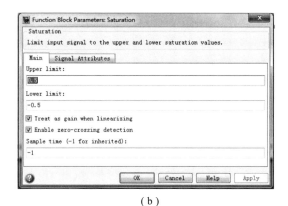

（b）

图 1.34　死区模块

（a）图示；（b）参数设置

（a）

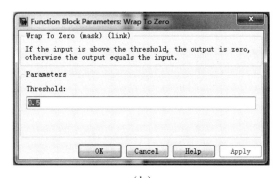

（b）

图 1.35　限零模块

（a）图示；（b）参数设置

4. Relay 模块

Relay（继电器）模块如图 1.36 所示，在两个值中轮流输出。若模块状态为 on，则此状态一直保持，直到输入下降到比 Swich off point 参数值小；若为 off，则此状态一直保持，直到输入超过 Swich on point 参数值。

（a）

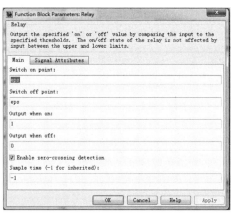

（b）

图 1.36　继电器模块

（a）图示；（b）参数设置

1.2.4　其他模块库

1. Discrete 模块库

Discrete（离散系统）模块库（图 1.37）主要包括用于建立离散采样系统的模块。

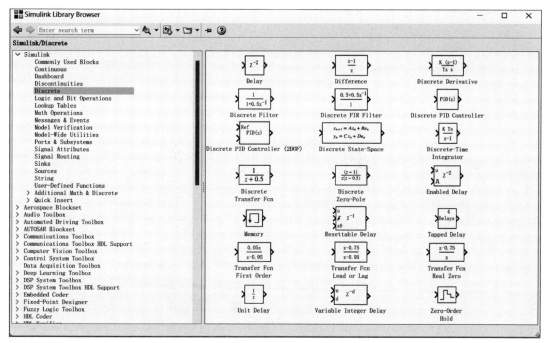

图 1.37　离散系统模块库

1）Unit Delay（单位延迟）模块

该模块延迟一个采样周期。

2）Integer Delay（整数延迟）模块

该模块将输入延迟 N 个采样周期，N 为自然数。

例 1.10　一年的人口数量依赖于：前一年的人口；人口的繁殖速率 r（假设 $r=1.05$）；资源 K（假设 $K=1\,000\,000$）；人口的初始值（假设为 100 000）。整个系统的动力学模型可由下面的差分方程给出：

$$p(n) = r \times p(n-1) \times \left[1 - \frac{p(n-1)}{K}\right] \tag{1.9}$$

注意：当 Simulink 模型中的初始参数较多时，可以将其分别赋值给对应变量，并写入一个 m 文件或直接在命令行窗口运行，使工作区目前具有相应参数，这样在 Simulink 模型中可以直接用初始参数对应的变量代替。

本例中，首先在 MATLAB 命令行窗口给出 K 与 r 的数据，接着搭建 Simulink 模型，Unit Delay 模块中的初始值设置为 100 000，并将步长设置为 Fixed – step，将求解器设置为 auto 或者 discrete，如图 1.38 所示。

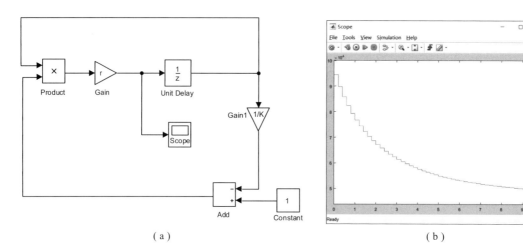

（a）

图1.38　延迟模块仿真模型及结果

（a）仿真模型；（b）仿真结果

（b）

3）Discrete Transfer Fcn（离散传递函数）模块

Discrete Transfer Fcn 模块主要是以 z 的多项式形式描述离散系统。Discrete Transfer Fcn 模块可实现如下标准形式的传递函数：

$$H(z) = \frac{\mathrm{num}(z)}{\mathrm{den}(z)} = \frac{\mathrm{num}_0 z^n + \mathrm{num}_1 z^{n-1} + \cdots + \mathrm{num}_n z^0}{\mathrm{den}_0 z^m + \mathrm{den}_1 z^{m-1} + \cdots + \mathrm{den}_m z^0} \tag{1.10}$$

num 和 den 包含 z 按降幂排列的分子和分母系数，分子的阶次必须大于或等于分母的阶次。

例1.11　描述某线性时不变（Linear Time Invariant，LTI）系统的方程为：$y(k) - \frac{1}{6} \cdot y(k-1) - \frac{1}{6}y(k-2) = f(k) + 2f(k-1)$，求系统的单位序列零状态响应 $h(k)$。

解：对方程进行 Z 变换得

$$Y_f(z) - \frac{1}{6}z^{-1}Y_f(z) - \frac{1}{6}z^{-2}Y_f(z) = F(z) + 2z^{-1}F(z) \tag{1.11}$$

由上式可得

$$H(z) = \frac{Y_f(z)}{F(z)} = \frac{1 + 2z^{-1}}{1 - \frac{1}{6}z^{-1} - \frac{1}{6}z^{-2}} = \frac{z^2 + 2z}{z^2 - \frac{1}{6}z - \frac{1}{6}} \tag{1.12}$$

将脉冲信号的 Pulse type 设置为 Sample based，脉冲宽度设为1，搭建的 Simulink 模型及其仿真结果如图1.39所示。

4）Discrete Zero‐Pole（零极点传递函数）模块

该模块用来实现零极点形式的离散系统，对于单输入单输出的系统，传递函数的形式如下：

$$H(z) = K\frac{\boldsymbol{Z}(z)}{\boldsymbol{P}(z)} = K\frac{(z - Z_1)(z - Z_2)\cdots(z - Z_m)}{(z - P_1)(z - P_2)\cdots(z - P_n)} \tag{1.13}$$

式中，$\boldsymbol{Z} = \begin{bmatrix} Z_1 & Z_2 & \cdots & Z_m \end{bmatrix}$ 是系统各零点组成的向量，$\boldsymbol{P} = \begin{bmatrix} P_1 & P_2 & \cdots & P_n \end{bmatrix}$ 是系统各

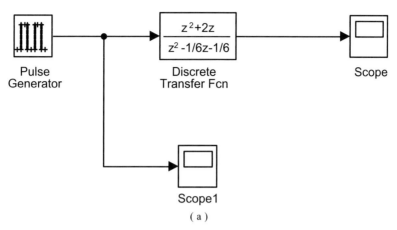

(a)

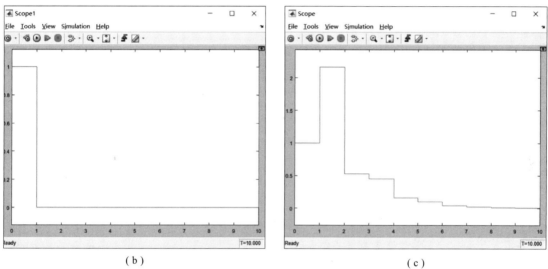

(b)　　　　　　　　　　　　　　　　　　　(c)

图 1.39　离散传递函数仿真模型及结果

(a) 仿真模型；(b) 脉冲输入；(c) 仿真结果

极点组成的向量，K 是零极点增益。极点的数目必须大于等于零点数目，即 $n \geqslant m$。零点和极点可以为复数。

对式（1.12）进行变换，可得

$$H(z) = \frac{z(z+2)}{\left(z - \frac{1}{2}\right)\left(z + \frac{1}{3}\right)} \tag{1.14}$$

搭建 Simulink 模型，如图 1.40 所示。

2. Logic and Bit Operations 模块库

Logic and Bit Operations（逻辑与位操作）模块库（图 1.41）提供了建立逻辑系统及数字系统 Simulink 建模的基本模块。

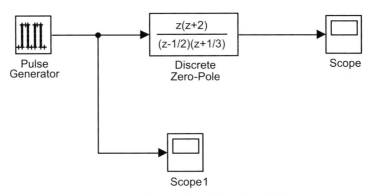

图 1.40　零极点传递函数模块仿真模型

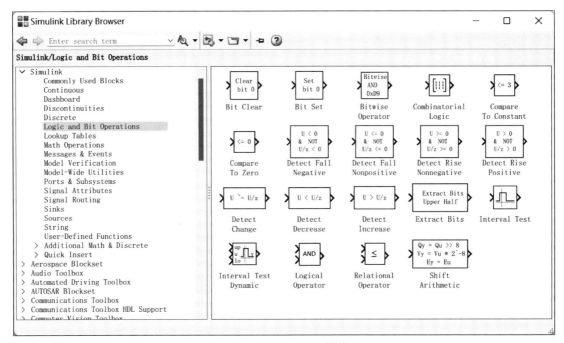

图 1.41　逻辑与位操作模块库

3. Math Operations 模块库

Math Operations（数学操作）模块库（图 1.42）提供了与数学运算相关的 Simulink 仿真模块。

（1）Sum, Add, Subtract, Sum of Elements：这几个模块通过参数设置，都可以实现加、减操作。

（2）Bias（偏差）模块：该模块用于将输入量加上偏差，所依据公式为 $Y = U + \text{Bias}$。其中，U 为模块输入；Y 为输出；Bias 为偏差。

（3）Gain（增益）模块：将模块的输入乘以一个指定的常数、变量或表达式后输出。

（4）Product（乘积）模块：该模块对输入进行乘法或除法运算。

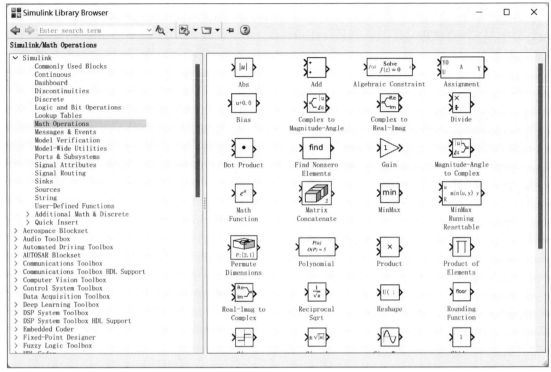

图 1.42　数学操作模块库

（5）Math Function（数学函数）模块：该模块可以进行多种常用数学函数运算，如转置、幂运算、取余等。

（6）Rounding Function 模块：该模块用于实现常用的数学取整函数。

4. Lookup Tables 模块库

Lookup Tables（表格查询）模块库可以用来建立一维、二维或多维表格查询的 Simulink 模型，其主要模块如图 1.43 所示。其中主要包括：一维表格查询模块、二维表格查询模块、多维表格查询模块。

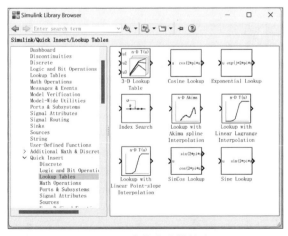

图 1.43　表格查询模块库

5. Ports & Subsystems 模块库

Ports & Subsystems（端口与子系统）模块库（图1.44）用于创建各类子系统模型。

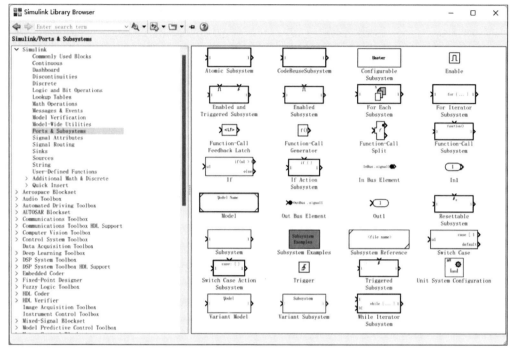

图1.44　端口与子系统模块库

6. Sinks 模块库

Sinks（接收）模块库如图1.45所示。

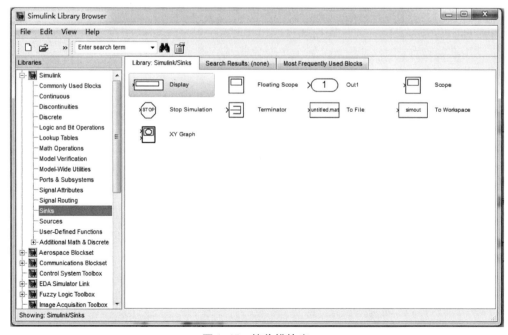

图1.45　接收模块库

（1）Terminator 模块：当某输出模块没有与其他模块相连接时，可使用 Terminator 模块，否则会报警。

（2）To File 模块：将数据输出到文件。

（3）To Workspace 模块：该模块将数据输出到工作空间。双击该模块，可以在弹出的参数设置对话框中"variable name"处修改工作空间的变量名；还可以在"save format"处修改数据存储格式（通常选"array"）。

数据观测模块库包括：

（4）Scope 模块：以 Simulink 仿真时间为横坐标，以示波器输入端口数据绘制纵坐标。

（5）XY Graph 模块：以第一个端口输入为 X 轴坐标，以第二个端口输入为 Y 轴坐标。

（6）Display 模块：该模块以数字形式显示当前输入的变量数值。

7. Sources 模块库

Sources（信号源）模块库主要包括 Step（阶跃信号）、Constant（恒值信号）、Sine Wave（正弦波信号）、Pulse Generator（脉冲信号）、Clock（时钟信号）。

8. User – Defined Functions 模块库

Simulink 提供了 User – Defined Functions（用户自定义功能）模块库，如图 1.46 所示。

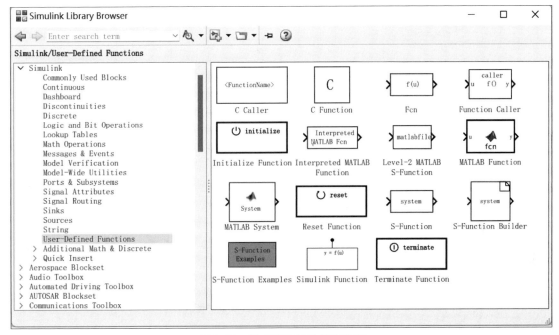

图 1.46　用户自定义功能模块库

（1）Fcn 模块：可对输入变量进行各种数学操作。

（2）MATLAB Function 模块：可用 MATLAB 规定的各种功能函数对输入变量进行操作，如 sin、cos 等。

（3）Embedded MATLAB Function：双击该模块，可打开一个 m 文件，编写该 m 文件，可对输入进行各种函数和数学操作。

1.2.5　子系统及封装技术

对于复杂系统来说，其因含有大量模块将显得杂乱而不利于分析。子系统的概念正是基于此提出的。它可以将联系比较紧密、相关的模块进行封装，以便于系统分层结构的建立，更有利于仿真应用和组态。组合后的子系统可以进行类似于模块的设置，在模型仿真过程中可以作为一个模块。

1. 子系统的建立

子系统建立的方法主要有两种——在已有的系统中创建、直接创建子系统。

2. 子系统的封装

子系统的封装（Masking），是指将子系统的内部结构隐藏，以便访问该模块时只出现一个对话框来进行内部参数的设置。子系统封装的操作：选中要封装的部分，右击 Create Subsystem from Selection 模块或者使用【Ctrl + G】组合键，即完成对所选部分模块的子系统封装。若要对子系统封装参数进行设置，可以右键单击"Mask"→"Create Mask"，调出封装参数设置界面（图 1.47）："Icon & Ports"选项卡用于设置子系统标签；"Parameters & Dialog"选项卡用于为封装的子系统内部变量建立对话框；"Initialization"选项卡用于对子系统进行初始化处理；"Documentation"选项卡用于设置子系统的文字说明。

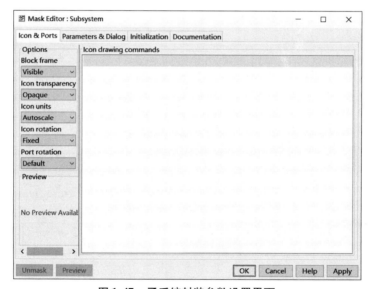

图 1.47　子系统封装参数设置界面

1.3　MATLAB – GUI 界面的编制流程

图形用户界面（Graphical User Interface，GUI）是为方便用户和计算机信息交流而设计的计算机程序，它让用户可定制与 MATLAB 的交互方式，而命令行窗口不是唯一与 MATLAB 的交互方式。MATLAB 的 GUI 编程有两种方式，即底层代码、GUIDE 形式。其中，应用得较多的为 GUIDE 形式，其运用 GUI 生成的操作界面，用户无须浏览烦冗的代码，只要拖动相应的工具，编写回调函数即可。而且，MATLAB GUI 有利于封装成独立的 .exe 文件，用户不需要安装庞大的 MATLAB 软件就可以运行程序[3]。

1.3.1　图形对象及其句柄

1.3.1.1　句柄图形对象介绍

在 MATLAB 中，由图形命令产生的每一个对象都是图形对象，它是图形中的成分，可以被单独操作。通常，图形包括很多对象，各对象组合在一起形成图形。图形对象的层次结构如图 1.48 所示。

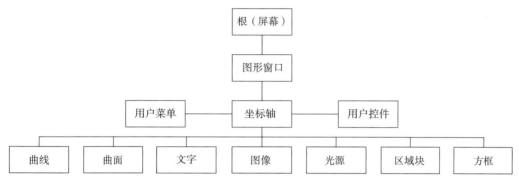

图 1.48　图形对象的层次结构

MATLAB 创建图形对象时，会同时为此对象指定一个专属的句柄（handle），用户可以通过这个句柄来查看和修改图形对象的属性，进而对图形对象进行修改。MATLAB 中的句柄可以近似理解为 C 语言的指针。

每种类型的图形对象都有一个对应的创建函数，此函数使用户能够创建这类对象的一个实例，对象创建函数与该函数创建的对象名相同，如表 1.15 所示。

表 1.15　图形对象

图形对象的类别	图形对象的意义
根对象（root）	相当于计算机屏幕
图形窗口（figure）	显示图形和用户界面的窗口
坐标轴（axes）	图形窗口中显示的坐标轴
用户控件（uicontrol）	按钮等用于执行用户交互响应函数的用户界面控件
用户菜单（uimenu）	用户定义图形窗口的菜单
右键菜单（uicontextmenu）	右键图形对象调用的弹出式菜单
图像（image）	基于像素的二维图片
灯光（light）	影响面片和曲面对象的光源
线条（line）	plot、plot3 等使用的线条
区域块（patch）	有边界的填充多边形
曲面（surface）	将数据作为 XY 平面高度创建的三维矩阵数据描述
文本（text）	字符串

计算机屏幕的句柄值默认为 0，图形窗口的句柄值默认为正整数，其他对象的句柄值为随系统随机产生的正数。创建对象时，若其父对象不存在，MATLAB 将自动创建其父对象。

1.3.1.2　句柄图形对象的基本操作

每个对象都有属性列表记录其所有信息，该列表实质为一个结构体，由"属性名 属性值"构成。通过对对象属性值的修改，即可实现对图形对象的修改[4]。

1. 获取对象属性值

获取图形对象的属性列表或属性值，可采用 get 函数，基本调用格式为 get(h) 或 a = get(h)。其中，h 表示图形对象或者其句柄名，后者将返回的属性列表存入结构体 a。若要获取对象的具体属性值，可进一步使用 get 函数，形式为 get(h,'属性名')。示例如下：

```
h = plot(0:10,'r');        % 绘图并将线条的句柄存入变量 h
a = get(h);                % 获取线条对象的属性列表并存入结构体 a
b = get(h,'Color');        % 获取线条对象的颜色属性
```

2. 修改对象属性值

修改对象的属性值，可采用 set 函数，基本调用格式为 set(h,'属性名',属性值)。注意：并非所有的属性都可修改。示例如下：

```
set(h,'Color','b');        % 将线条颜色设置为蓝色
```

3. 查找当前的图形、坐标轴和对象

获取当前的图形、坐标轴和对象的句柄，可采用如下快捷函数：

（1）gcf：获取当前图形窗口的句柄值。

（2）gca：获取当前图形窗口中当前坐标轴的句柄值。

（3）gco：获取当前图形窗口中当前对象的句柄值。

（4）gcbf：获取正在执行的回调函数所对应的对象所在窗口的句柄。

（5）gcbo：获取正在执行的回调函数所对应的对象句柄。

4. 查找对象

查找对象主要通过如下函数：

（1）findobj：其基本调用格式为 findobj(h,'属性名','属性值')，查找具有指定属性的对象，返回其句柄。注意：其不能查找句柄隐藏的对象。示例如下：

```
plot(0:10,'r');                    % 绘图且自动产生窗口、坐标轴等对象
a = findobj(gcf,'Color','r');      % 找到当前窗口中 Color 属性为红色的子对象,并将句柄存入句柄 a
```

（2）findall：可以查找所有对象（包括句柄隐藏的对象），其用法与 findobj 类似。

（3）allchild：查找指定对象的所有一级子对象（包括隐藏的子对象），返回其句柄，其基本调用格式为 allchild(h)，若不查找句柄隐藏的子对象，可用格式 allchild(h,'Children')。

（4）ancestor：查找指定对象的指定类型的父类，并返回其句柄，基本调用格式为 ancestor(h,'类型')。若找不到指定类型的父类，则返回空矩阵。示例如下：

```
b = ancestor(a,'figure');          % 找到 a 的 figure 类型的父类
```

5. 复制对象

copyobj 函数可用于复制图形对象及其子对象，其调用格式为 new_handle = copyobj(h,p)，创建图形对象的副本，副本句柄为 new_handle，父对象为 p。副本除了句柄、父类与原对象 h 不同，其他属性均相同。注意：副本的父类必须适合该副本对象，如坐标轴中 line 对

象的副本，其新父类必须为坐标轴。

6. 删除对象

删除对象主要有以下函数：

（1）delete：用于删除文件或图形对象。删除文件时的格式为 delete('文件名')；删除图形对象 h 时的格式为 delete(h)。示例如下：

```
delete(a);          % 删除图形窗口中句柄 a 对应的线对象
```

（2）clf：清空当前 figure 窗口。调用形式有：clf，清空当前窗口中的所有句柄可见对象；clf('reset')，删除当前窗口中的所有对象，并重设窗口属性为默认值；clf(fig)，删除窗口 fig 中句柄不隐藏的对象；clf(fig,'reset')，删除窗口 fig 中句柄不隐藏的对象，并重设 fig 属性为默认值。

（3）cla：清空当前坐标轴。调用形式有：cla，删除当前坐标轴中句柄不隐藏的对象；cla reset，删除当前坐标轴中的所有对象，并设 axes 属性为默认值。

（4）close：关闭当前窗口。其调用形式较多，用户可自行查看帮助文档。

（5）closereq：默认的窗口关闭请求函数，无输入和输出参数，相当于语句 delete(gcf)。

7. 控制程序执行

（1）uiwait：其基本调用格式为 uiwait(h)，暂停程序的执行，直到 figure 对象 h 被删除，或执行语句 uiresume(h)，继续执行由 uiwait 暂停的程序。

（2）waitfor：其基本调用格式为 waitfor(h)，表示程序暂停执行，直到 GUI 对象 h 被删除。若对象 h 不存在，则 waitfor 不暂停程序，立即返回，程序继续执行。

（3）pause。调用格式有：pause，程序暂停执行，直到按下任意键；pause(n)，程序暂停 n 秒，可以精确到 0.01 s；pause on/off，允许/不允许随后发生的中断程序中的 pause 语句暂停程序的执行。

1.3.1.3　句柄图形对象的基本属性

1. 图形对象的公共属性

公共属性中较常用的有以下几种：

（1）Children 属性：其取值是该对象所有子对象的句柄组成的一个向量。

（2）Parent 属性：其取值是该对象父对象的句柄。

（3）Tag 属性：其取值是一个字符串，作为对象的一个标识符（别名）。注意：此属性尤为重要，在之后进行回调函数的编写时，对于各个控件的调用均通过 Tag 进行。Tag 属性可以由用户自定义。

（4）Type 属性：表示该对象的类型。

（5）UserData 属性：该属性的取值是一个矩阵，缺省值为空矩阵。一般将一个图形对象有关的比较重要的数据储存在这个属性中，借此达到传送数据的作用。一般做法：先用 set 函数给某一句柄添加一些附加数据（一个矩阵），如果需要使用这样的矩阵，就用 get 函数将其调用出来。

（6）Visible 属性：其取值是 on（缺省值）或 off。此属性的取值决定该图形对象是否显示在屏幕上，但是屏幕上不显示该对象不代表该对象不存在。

（7）ButtonDownFcn、CreatFcn、DeleteFcn 属性：一般为字符串或者函数句柄（即某个 m 文件名或一段 MATLAB 程序），当在对象上单击鼠标时，执行 ButtonDownFcn；创建对象时，执行 CreatFcn；删除对象时，执行 DeleteFcn。

（8）HandleVisibility 属性：其取值是 on 或 off，决定对象的句柄对于在命令行（或 m 文件中执行的函数）是否可见。

2. 图形窗口（figure）对象的常用属性

图形窗口是 MATLAB 中很重要的一类图形对象，MATLAB 的一切图形图像的输出都是在图形窗口中完成的。调用格式：

句柄变量 = figure('属性名 1','属性值 1','属性名 2','属性值 2')

其中，属性名和属性值可以缺省。

（1）MenuBar 属性：其取值是 figure（缺省值）或 none，用来控制窗口是否有菜单条。如果属性为 none，那么用户可以使用 uimenu 函数来加入自己的菜单条。如果属性为 figure，那么窗口保持默认的菜单条，这时可以采用 uimenu 函数在原默认的图形窗口菜单后面添加新的菜单项。

（2）Name 属性：其取值是字符串，缺省值为空，作为图形串口的标题。

（3）NumberTitle 属性：其取值是 on（缺省值）或 off，决定是否以"Figure No. n:"为标题前缀。其中，n 是图形窗口的序号，即句柄值。

（4）Resize 属性：其取值为 on（缺省值）或 off，决定在窗口对象建立后可否用鼠标改变该窗口的大小。

（5）Position 属性：用于确定窗口的位置和大小，其取值为四维位置向量，格式为 [左,底,宽,高]。

（6）Units 属性：该属性的取值可以是下列字符串的任何一种：pixel（像素，缺省值）、normalized（相对单位）、inches（英寸）、centimeters（厘米）和 points（磅）。

（7）Color 属性：其取值既可以用字符表示，也可以用三元组表示。缺省值为'k'，即黑色。

（8）Pointer 属性：其取值是 arrow（缺省值）、crosshair、watch、topl、topr、botl、botr、circle、cross、fleur、custom 等。

（9）对键盘及鼠标响应属性：允许对键盘和鼠标键按下这样的动作进行响应。KeyPressFcn，键盘键按下响应；WindowButtonDownFcn，鼠标键按下响应；WindowButtonMotionFcn，鼠标移动响应；WindowButtonUpFcn，鼠标键释放响应。

3. 坐标轴（axes）对象的常用属性

坐标轴对象是图形窗口对象的子对象，每个图形窗口中可以定义多个坐标轴对象，但只有一个坐标轴是当前坐标轴，若没有指明坐标轴，则所有的图形图像都是在当前坐标轴中输出。调用格式：

句柄变量 = axes('属性名 1','属性值 1','属性名 2','属性值 2',…)

其中，属性名和属性值可以缺省。

（1）Box 属性：其取值是 on 或 off（缺省值）。它决定坐标轴是否带有边框。

（2）GridLineStyle 属性：其取值是':'（缺省值）、'-'、'-.'、'--'、'none'。该属性定义网格线的类型。

（3）Position 属性：该属性是由 4 个元素构成的向量，其形式为 [n1,n2,n3,n4]。这个向量在图形窗口中决定一个矩形区域，坐标轴在其中。(n1,n2) 是左下角的坐标，(n3,n4)

是矩形的宽和高，单位由 Units 属性决定。

（4）Units 属性：其取值是'normalized'（相对单位，为缺省值）、'inches'（英寸）、'centimeters'（厘米）和'points'（磅）。

（5）Title 属性：该属性的取值是坐标轴标题文字对象的句柄，可以通过修改该属性对坐标轴标题文字对象进行操作。

（6）XLabel、YLabel、ZLabel 属性：其取值分别为 x,y,z 轴说明文字的句柄，其操作和 Title 属性相同。

（7）XLim、YLim、ZLim 属性：其取值都是具有 2 个元素的数值向量。这 3 个属性分别定义 3 个坐标轴的上下限，缺省值为 [0, 1]。

（8）XScale、YScale、ZScale 属性：取值都是'linear'（缺省值）或'log'，这些属性定义 3 个坐标轴的刻度类型。

（9）View 属性：其取值是两个元素的数值向量，用于定义视点方向。

4. 线条（line）对象的常用属性

线条对象是坐标轴的子对象，它既可以定义在二维坐标系中，也可以定义在三维坐标系中。调用格式：

句柄变量 = line(x,y,z,'属性名 1',属性值 1,'属性名 2',属性值 2,…)

其中，x,y,z 为三维坐标。

（1）Color 属性：该属性的取值是代表某颜色的字符或者 RGB 值，用于定义曲线的颜色。

（2）LineStyle 属性：定义线型。

（3）LineWidth 属性：定义线宽，缺省值为 0.5 磅。

（4）Marker 属性：定义数据点标记符号，缺省值为 none。

（5）MarkerSize 属性：定义数据点标记符号的大小，缺省值为 6 磅。

（6）XData、YData、Zdata 属性：其取值都是数值向量或矩阵，分别代表曲线对象的 3 个坐标轴数据。

5. 文字（text）对象的常用属性

这些属性主要用于给图形添加文字标注，可以使用 LaTeX 文本。调用格式：

句柄变量 = text(x,y,z,'说明文字','属性名 1',属性值 1,'属性名 2',属性值 2,…)

（1）Color 属性：定义文字对象的颜色。

（2）String 属性：取值是字符串或者字符串矩阵，记录文字标注的内容。

（3）Interpreter 属性：取值是 latex（缺省值）或 none，该属性控制对文字标注内容的解释方式，即 LaTeX 方式或 ASCII 方式。

（4）FontSize 属性：定义文字对象的大小，缺省值为 10 磅。

（5）Rotation 属性：定义文字对象的旋转角度，取正值表示逆时针旋转。其取值是数值量，缺省值为 0。

6. 曲面（surface）对象的常用属性

曲面对象也是坐标轴的子对象，它定义在三维坐标系中，而坐标系可以在任何视点下。调用格式：

句柄变量 = surface(x,y,z,'属性名 1',属性值 1,'属性名 2',属性值 2,…)

（1） EdgeColor 属性：定义曲面网格线的颜色或着色方式，其取值是代表某颜色的字符或 RGB 值，还可以是 flat、interp 或者 none，缺省为黑色。

（2） FaceColor 属性：定义曲面网格片的颜色或着色方式，其取值是代表某颜色的字符或 RGB 值，还可以是 flat（缺省值）、interp 或 none。

（3） LineStyle 属性：定义曲面网格线的线型。

（4） LineWidth 属性：定义曲面网格线的线宽，缺省值为 0.5 磅。

（5） Marker 属性：曲面数据点标记符号，缺省值为 none。

（6） MarkerSize 属性：曲面数据点标记符号的大小，缺省值为 6 磅。

（7） XData、YData、ZData 属性：这 3 种属性的取值都是数值向量或矩阵，分别代表曲面对象的 3 个坐标轴数据。

说明：由于对象的属性种类繁多，不同对象的属性也有差异，所以关于各对象更详细的属性介绍请读者自行查阅 MATLAB 帮助文档及相关资料。

1.3.2 预定义对话框

预定义对话框是要求用户输入某些信息或向用户提供某些信息的一类窗口，它本身不是一个句柄图形对象，而是一个包含一系列句柄图形子对象的图形窗口。预定义对话框（表 1.16）分为两类——公共对话框和 MATLAB 自定义对话框。公共对话框是利用 Windows 资源建立的对话框，包括文件打开、文件保存、颜色设置、字体设置、打印设置等。MATLAB 自定义对话框是对基本的 GUI 对象采用 GUI 函数编写封装的一类用于实现特定交互功能的图形窗口，包括进度条对话框、错误对话框、警告对话框、帮助对话框、信息对话框等。

表 1.16　预定义对话框

函数	含义	函数	含义
uigetfile	文件打开对话框	uiputfile	文件保存对话框
uisetcolor	颜色设置对话框	uisetfont	字体设置对话框
pagesetpdlg	打印设置对话框	printpreview	打印预览对话框
printdlg	打印对话框	waitbar	进度条
menu	菜单选择对话框	dialog	普通对话框
errordlg	错误对话框	warndlg	警告对话框
helpdlg	帮助对话框	msgbox	信息对话框
questdlg	提问对话框	inputdlg	输入对话框
uigetdir	目录选择对话框	listdlg	列表选择对话框

由于对话框种类繁多，本节仅以文件打开对话框和警告对话框为例展示对话框的编程方法。

1. 文件打开对话框（uigetfile）

文件打开对话框的作用是通过对话框获取用户的输入，返回选择的路径和文件名。对该文件进行数据读取操作时，还需要配合 load 函数等。该对话框由 uigetfile 函数创建，调用格式有 3 种。

（1）［Filename，pathname］＝uigetfile，检索文件并返回文件名（带扩展名）和文件路径。默认的文件路径为当前目录，默认显示所有 MATLAB 文件类型。当选中多个文件时，返回值也为对应的多个。

（2）［Filename，pathname］＝uigetfile（FilterSpec），检索文件，只显示由 FilterSpec 指定后缀的文件。例如，若 FilterSpec 为'∗.m'，则对话框创建时列出当前目录下的全部 m 文件；若 FilterSpec 为'li1.m'，则对话框创建时不仅列出当前目录下全部 m 文件，而且文件名选项框中默认为 li1.m。

（3）［Filename，pathname，Filterindex］＝uigetfile（FilterSpec，'DiaglogTitle'），其作用与（2）类似，并将对话框标题设置为 DialogTitle。Filterindex 为文件类型索引值。当 FilterSpec 为｛'∗.m'，'∗.jpg'，'∗.gif'｝，并且最终选择打开的文件类型为.jpg 时，返回索引值为 2。注意：当单击"取消"按钮时，返回的 Filename，pathname，Filterindex 均为 0。

示例如下：

［a，b，c］＝uigetfile（'li1.m'，'打开.m 文件'）；

结果如图 1.49 所示。

图 1.49　文件打开对话框

2. 警告对话框（warndlg）

警告对话框用于显示警告信息，调用格式有两种。

（1）h＝warndlg（'warningstring'，'dlgname'），创建警告对话框，括号中的前者表示要显示的警告信息，后者为对话框名称。其中，'warningstring'，'dlgname'均可缺省。

（2）h = warndlg（'warningstring', 'dlgname', 'createmode'），创建含指定信息和标题的对话框，createmode 可设置对话框模式。

示例如下（设置模式为 modal，读者可将其去掉后再运行程序，对比两种对话框的差异）：

h1 = warndlg('请停止此操作!','严重警告','modal');

% 将警告对话框设置为 modal 模式，

% 即必须关闭警告对话框或单击"确定"按钮后才可操作其他窗口

set(findall(h1,'string','请停止此操作!'),'FontSize',20)

% 将警告信息字号设置为 20 磅

结果如图 1.50 所示。

图 1.50　警告对话框

1.3.3　采用 GUIDE 建立 GUI

1.3.3.1　GUIDE 介绍

MATLAB 中建立 GUIDE 的方法共有两种——底层代码（m 文件）和 GUIDE 方法。在进行复杂 GUI 程序搭建时，通常采用 GUIDE 方法建立 GUI。

GUIDE 是 MATLAB 提供的一套可视化创建图形用户接口的工具，它可以根据用户设计的 GUI 布局，自动生成 m 文件框架，用户使用这一框架编制自己的应用程序。其打开方式有两种：命令行窗口输入"GUIDE"命令；依次单击 MATLAB 工具栏中的"主页"→"新建"→"应用程序"→"GUIDE"命令。

打开 GUIDE 后，界面如图 1.51 所示。

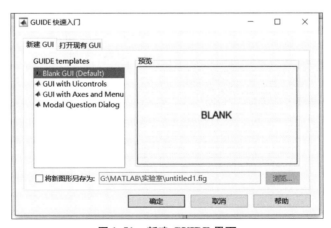

图 1.51　新建 GUIDE 界面

其中，新建 GUI 有以下 4 种模板。

（1）Blank GUI（Default）：空白模板（默认）。

（2）GUI with Uicontrols：带控件对象的 GUI 模板。

（3）GUI with Axes and Menu：带坐标轴和菜单的 GUI 模板。

（4）Modal Question Dialog：带模式问题对话框的 GUI 模板。

单击"Blank GUI（Default）"选项，创建空白模板，即出现 GUIDE 的工作界面，如图 1.52 所示。

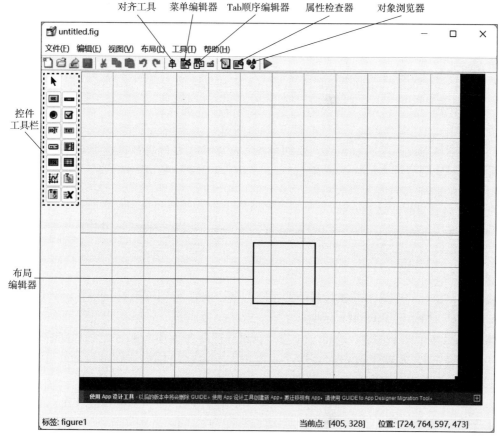

图 1.52　GUIDE 工作界面

图形用户界面 GUI 设计窗口由菜单栏、工具栏、控件工具栏和图形对象设计区组成。依次单击"工具"→"GUI 选项"，在弹出的界面中选择"生成 FIG 文件和 MATLAB 文件"，并将下方的 3 个小选项均勾选。这样在保存 GUIDE 文件时，将同时生成 fig 文件和 m 文件。后续的回调函数编写均需要在 m 文件中编写。

工具栏中主要包含以下工具：

（1）对齐工具，即几何排列工具（Alignment Tool）。通过此工具，用户可以便捷地调整图形对象之间的几何关系和位置，包括鼠标拖动和固定像素值排列等，从而可免去通过代码命令行的方式调整各图形对象位置的麻烦。

（2）布局编辑器（Layout Editor），在图形窗口中创建及布置图形对象。

（3）属性检查器（Property Inspector），查看并设置选中对象的属性值。此外，也可直接双击目标对象打开。

（4）Tab 顺序编辑器（Tab Order Editor），用于设置当用户按下【Tab】键时，对象被选中的先后顺序。

（5）对象浏览器（Object Browser），查看当前图形用户界面程序中的全部对象信息、对象的类型，同时显示控件的名称和标识。

（6）菜单编辑器（Menu Editor），创建、设计、修改下拉式菜单和快捷菜单。

在控件工具栏中，只需要单击相应控件，并拖动到布局编辑器即可完成控件的添加。控件工具栏中的控件主要有：按钮、滑动条、单选按钮、复选框、可编辑文本、静态文本、弹出式菜单、列表框、切换按钮、表、坐标轴、面板、按钮组和 ActiveX 控件。

当在布局编辑器添加控件后，在其上右键选择"查看回调"→"Callback"，即可打开 m 文件中该按钮对应的回调函数，该函数表示单击该按钮后所要执行的操作。而且，在生成的 m 文件中，还有诸如 OpeningFcn、CreateFcn 等函数，分别表示图形窗口的打开和某控件的创建等。对于一个 GUI 程序，其核心便是回调函数，用户单击操作图形界面按钮等对象，对应的程序运算均由回调函数实现。在回调函数中，GUI 程序将数据存储在 handles 结构体中，各控件对象则通过 handles.tag 调用，tag 表示各对象的 tag 值。

GUIDE 的图形界面编制基本流程：

（1）添加所需的控件并布局。

（2）设置各控件属性，尤其规范命令 Tag 值，便于后续调用。

（3）编写各按钮的回调函数。

（4）程序调试。

接下来，将以一个简单的加法器绘图程序为例，演示 GUIDE 程序的编写。

1.3.3.2　加法器绘图 GUI 示例

例 1.12　实现两个功能：通过下拉选择菜单，选择"加法"时，在文本框中输入数字，单击"run"按钮，实现两数相加并将结果输出在文本输出框中；在下拉菜单中选择"绘图"时，单击"sin"按钮，可在坐标轴绘制 sin 函数的曲线。

（1）本例一共需要 3 个可编辑文本框、2 个静态文本框、1 个坐标轴、4 个按钮。

● 3 个可编辑文本框："String"属性均设为空白，"Tag"值依次为"num1""num2""num3"。

● 2 个静态文本框："String"属性分别设置为" + "" = "，"Tag"值依次为"text1""text2"。

● 1 个坐标轴："Tag"值为默认的"axes1"。

● 4 个按钮："String"属性依次设为"run""sin""Clear""清空"，"Tag"值依次为"pushbutton1""pushbutton2""pushbutton3""pushbutton4"。

最后将以上全部对象的"Visible"均设置为"off"，结果如图 1.53 所示。

（2）将 1 个主菜单的标签（lable）命名为"运算"，将两个子菜单的 lable 命名为"加法"和"绘图"，tag 标记分别命名为"plus""plotsin"。之后，分别添加"加法"和"绘图"的回调函数。

① "加法"菜单的回调函数，见程序 1.32。

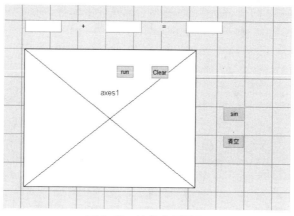

图 1.53　控件布置界面

程序 1.32　加法菜单的回调函数 plus_Callback. m

```
function plus_Callback(hObject,eventdata,handles)
%%"加法"菜单的回调函数
h1 = [handles. num1 handles. num2 handles. num3 handles. text1...
    handles. text2 handles. pushbutton1 handles. pushbutton3];
set(h1,'Visible','on');
% 显示 3 个可编辑文本框、2 个静态文本框和"run""Clear"按钮
h2 = [handles. axes1 handles. pushbutton2 handles. pushbutton4];
set(h2,'Visible','off');
% 隐藏坐标轴 axes1 和"sin""清空"按钮
try
    delete(allchild(handles. axes1));
end
% 清空坐标轴 axes1 中所有子对象
%% plus_Callback. m 内容结束
```

② "绘图"菜单的回调函数,见程序 1.33。

程序 1.33　绘图菜单的回调函数 plotsin_Callback. m

```
function plotsin_Callback(hObject,eventdata,handles)
%"绘图"菜单的回调函数
h1 = [handles. num1 handles. num2 handles. num3 handles. text1...
    handles. text2 handles. pushbutton1 handles. pushbutton3];
set(h1,'Visible','off');
% 隐藏 3 个可编辑文本框、2 个静态文本框和"run""Clear"按钮
h2 = [handles. axes1 handles. pushbutton2 handles. pushbutton4];
set(h2,'Visible','on');
% 显示坐标轴 axes1 和"sin""清空"按钮
%% plotsin_Callback. m 内容结束
```

（3）分别设置"run"和"Clear"按钮的回调函数，实现各自的相加和清空功能。

① "run"按钮的回调函数，见程序 1.34。

程序 1.34　"run"按钮的回调函数 pushbutton1_Callback. m

```
function pushbutton1_Callback(hObject,eventdata,handles)
data1str = get(handles. num1,'string');
data1num = str2num(data1str);
data2str = get(handles. num2,'string');
data2num = str2num(data2str);
sumnum = data1num + data2num;
sumstr = num2str(sumnum);
set(handles. num3,'string',sumstr);
%% pushbutton1_Callback. m 内容结束
```

② "Clear"按钮的回调函数，见程序 1.35。

程序 1.35　"Clear"按钮的回调函数 pushbutton3_Callback. m

```
function pushbutton3_Callback(hObject,eventdata,handles)
try
    set(handles. num1,'string','');
    set(handles. num2,'string','');
    set(handles. num3,'string','');
end
% 清空三个可编辑文本框里的值
%% pushbutton3_Callback. m 内容结束
```

（4）分别设置"sin"和"清空"按钮的回调函数，以实现绘制 sin 函数图像和清空的功能。

① "sin"按钮的回调函数，见程序 1.36。

程序 1.36　"sin"按钮的回调函数 pushbutton2_Callback. m

```
function pushbutton2_Callback(hObject,eventdata,handles)
ezplot(handles. axes1,'sin');
%% pushbutton2_Callback. m 内容结束
```

② "清空"按钮的回调函数，见程序 1.37。

程序 1.37　"清空"按钮的回调函数 pushbutton4_Callback. m

```
function pushbutton4_Callback(hObject,eventdata,handles)
try
    delete(allchild(handles. axes1));
end
```

```
% 清空坐标轴 axes1 中所有子对象
%% pushbutton4_Callback. m 内容结束
```

（5）保存文件后，在 GUIDE 界面单击工具栏中的绿色三角即运行按钮，分别选择"加法"和"绘图"菜单的程序界面，如图 1.54 所示。

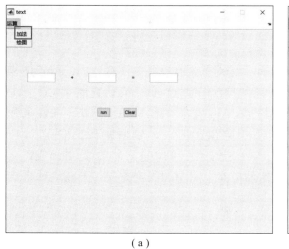
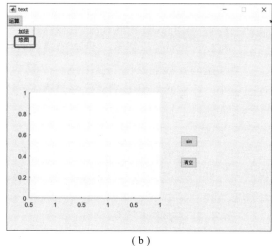

（a）　　　　　　　　　　　　　　　　　（b）

图 1.54　菜单界面

（a）加法界面；（b）绘图界面

程序测试结果如图 1.55 所示。

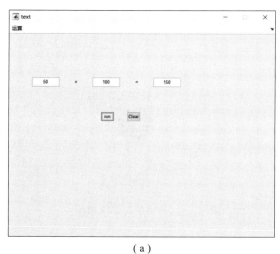
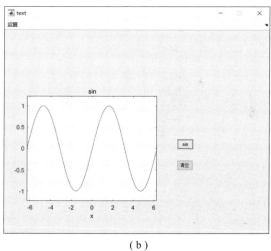

（a）　　　　　　　　　　　　　　　　　（b）

图 1.55　运行结果

（a）加法结果；（b）绘图结果

1.4 航天器控制基本概念

1.4.1 常用参考坐标系

为了便于描述航天器的姿态，就需要确定适当的坐标系。在描述航天器姿态运动时，常用的坐标系[5]主要有惯性坐标系$f_e(o_e x_e y_e z_e)$、轨道坐标系$f_o(o_o x_o y_o z_o)$、本体坐标系$f_b(o_b x_b y_b z_b)$和北东地坐标系$f_N(o_N x_N y_E z_D)$。

1.4.1.1 惯性坐标系（地心赤道惯性坐标系）

惯性空间是指能够使牛顿第一定律成立的空间。绝对的惯性空间是不存在的，但若加速度足够小，不影响问题真实解的精度要求，就可以将其看作惯性空间。在研究地球人造卫星的相关问题时，通常可以取地心赤道惯性坐标系$f_e(o_e x_e y_e z_e)$为惯性参考坐标系。惯性坐标系原点为地心o_e；坐标轴$o_e x_e$位于赤道平面内，并指向春分点；$o_e z_e$轴垂直于赤道平面，与地球自转角速度矢量重合；$o_e y_e$位于赤道平面内，并依据右手定则与$o_e x_e$轴、$o_e z_e$轴组成正交坐标系。如图1.56所示，惯性参考坐标系的坐标轴指向空间中的固定方向，不随地球自转运动而变化。

1.4.1.2 轨道坐标系

轨道坐标系$f_o(o_o x_o y_o z_o)$的原点位于航天器的质心，如图1.57所示，$o_o z_o$轴指向地心，$o_o x_o$轴在轨道平面内垂直于$o_o z_o$并指向航天器运动方向，$o_o y_o$垂直于轨道平面并与$o_o x_o$、$o_o z_o$轴构成右手坐标系。由轨道坐标系的定义可知，当航天器在轨运行时，轨道坐标系在空间中以角速度ω_o绕y轴负方向旋转，这一角速度称为航天器的轨道角速度。

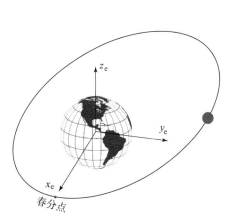

图1.56 惯性坐标系示意图

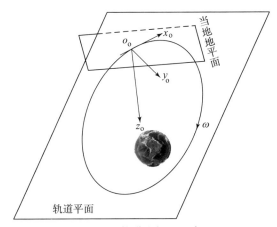

图1.57 轨道坐标系示意图

1.4.1.3 本体坐标系

本体坐标系固连于航天器，通常将本体坐标系$f_b(o_b x_b y_b z_b)$的原点o_b设置在航天器质心处，3个坐标轴固定在航天器本体上，坐标轴在惯性空间中的指向随航天器的姿态运动而运动。为使航天器的惯量矩阵解耦为对角矩阵，令本体坐标系的3个坐标轴$o_b x_b$、$o_b y_b$和$o_b z_b$分别与航天器的三个惯量主轴重合。

1.4.1.4　北东地坐标系

北东地坐标系（North East Down）即 $f_N(o_N x_N y_E z_D)$ 坐标系，简称 N 坐标系，又称导航坐标系，是在导航时根据导航系统工作的需要而选取的用于导航解算的参考坐标系。北东地坐标系 $f_N(o_N x_N y_E z_D)$ 的原点 o_N 设置在质心处，各轴的定义：$o_N x_N$ ——北轴，指向地球北；$o_N y_E$ ——东轴，指向地球东；$o_N z_D$ ——地轴，垂直于地球表面并指向下。

1.4.2　矢量及其表达

1.4.2.1　矢量与分量列阵

既有大小又有方向的量称为矢量（向量）。数学上用一条有方向的线段（即有向线段）来表示矢量，有向线段的始点与终点作为矢量的始点与终点，有向线段的方向表示矢量的方向，有向线段的长度表示矢量的模值[6]。

在本书中，将标量用不加粗的斜体字母表示，如 R、v 等；将空间矢量用不加粗的斜体字母，并在字母上方添加 "→" 表示，如 $\vec{R}$、$\vec{v}$ 等；$(R)_f$ 表示矩阵（或矢量）R 在坐标系 f 中的分量列阵，在不引起误会的情况下，也可以简写为 R，即上方带有箭头的未加粗字母表示空间矢量，不依托于坐标系。

矢量本身是与坐标系无关的，如图 1.58 所示的矢量关系为 $\vec{c} = \vec{a} + \vec{b}$，且无须指明在哪个坐标系中描述；也就是说，在任意一个坐标系中描述，式子 $\vec{c} = \vec{a} + \vec{b}$ 都是成立的。但是，$a + b = c$ 成立的前提是 a、b、c 是在同一坐标系下的分量列阵。

如果需要对上述矢量关系进行具体计算和分析，尤其是在复杂系统的动力学建模过程中，往往需要在多个不同坐标系下描述矢量，这样才能得到较为直观、简洁的表达式。然而，矢量在不同坐标系下的坐标分量是不同的，在对不同坐标系下的矢量坐标进行运算前必须进行坐标转换，以确保各矢量描述在同一坐标系下。对于复杂多体系统来说，坐标系之间的转换烦琐且复杂，涉及矢量与分量列阵的关系问题。因此，本书中使用 Hughes[7] 提出的矢阵（vectrix，取自 vector 和 matrix）概念对相关变量进行描述。

如图 1.59 所示，矢量 $\vec{u}$ 在坐标系 f_a 中的投影表达式为

$$\vec{u} = u_{xa}\vec{i}_a + u_{ya}\vec{j}_a + u_{za}\vec{k}_a = \begin{bmatrix} \vec{i}_a & \vec{j}_a & \vec{k}_a \end{bmatrix} \begin{bmatrix} u_{xa} & u_{ya} & u_{za} \end{bmatrix}^T \tag{1.15}$$

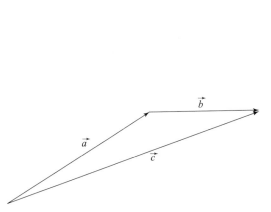

图 1.58　矢量关系

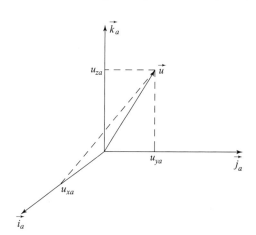

图 1.59　矢量在坐标系中的投影

如果定义
$$\boldsymbol{f}_a = \begin{bmatrix} \vec{i}_a & \vec{j}_a & \vec{k}_a \end{bmatrix}^{\mathrm{T}}, \quad (\boldsymbol{u})_a = \begin{bmatrix} u_{xa} & u_{ya} & u_{za} \end{bmatrix}^{\mathrm{T}} \tag{1.16}$$
则式（1.15）可以写为简单的矩阵形式：
$$\vec{u} = \boldsymbol{f}_a^{\mathrm{T}}(\boldsymbol{u})_a = (\boldsymbol{u})_a^{\mathrm{T}} \boldsymbol{f}_a \tag{1.17}$$
式中，$\boldsymbol{f}_a = \begin{bmatrix} \vec{i}_a & \vec{j}_a & \vec{k}_a \end{bmatrix}^{\mathrm{T}}$ 为坐标系 f_a 的矢阵，$(\boldsymbol{u})_a = \begin{bmatrix} u_{xa} & u_{ya} & u_{za} \end{bmatrix}^{\mathrm{T}}$ 为矢量 $\vec{u}$ 在坐标系 f_a 中的分量列阵。

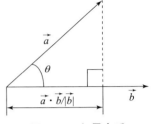

1.4.2.2　矢量点乘

如图1.60所示，定义矢量 $\vec{a}$ 和矢量 $\vec{b}$ 的点乘如下：
$$\vec{a} \cdot \vec{b} \triangleq |\vec{a}||\vec{b}|\cos\theta \tag{1.18}$$
式中，θ —— $\vec{a}$ 和 $\vec{b}$ 夹角的最小值，$0° \leqslant \theta \leqslant 180°$（$0°$代表同向，$180°$代表反向）。

图1.60　矢量点乘

根据矢量点乘的定义可知，矢量点乘满足交换律：
$$\vec{a} \cdot \vec{b} = \vec{b} \cdot \vec{a} \tag{1.19}$$
由图1.59可知，$\vec{a} \cdot \vec{b}$ 的本质是 $\vec{a}$ 在 $\vec{b}$ 上的投影与 $|\vec{b}|$ 的乘积，根据投影的叠加性，对于矢量 $\vec{c}$ 推导矢量点乘的分配律：
$$(\vec{a} + \vec{b}) \cdot \vec{c} = \vec{a} \cdot \vec{c} + \vec{b} \cdot \vec{c} \tag{1.20}$$
根据以上定义，矢量点乘满足以下运算法则：
$$\begin{cases} \vec{a} \cdot \vec{a} = |\vec{a}|^2 \geqslant 0 \\ \vec{a} \cdot \vec{a} = 0 \Rightarrow \vec{a} = \vec{0} \\ \vec{a} \cdot (c\vec{b}) = c\vec{a} \cdot \vec{b} \\ \vec{a} \cdot \vec{b} = 0 \Leftrightarrow \vec{a} \perp \vec{b} \text{ 或 } \vec{a} = \vec{0} \text{ 或 } \vec{b} = \vec{0} \end{cases} \tag{1.21}$$

注意：矢量点乘相当于矢量的分量列阵转置之后再与另一个矢量的分量列阵做矩阵乘法。具体表达式将在1.4.3节详细推导。

1.4.2.3　矢量叉乘

定义矢量 $\vec{c}$ 表示矢量 $\vec{a}$ 和矢量 $\vec{b}$ 的叉乘，表示为 $\vec{c} = \vec{a} \times \vec{b}$，其大小为
$$|\vec{c}| = |\vec{a}||\vec{b}|\sin\theta \tag{1.22}$$
根据右手定则定义 $\vec{c}$ 的方向，矢量 $\vec{c}$ 同时垂直于矢量 $\vec{a}$ 和矢量 $\vec{b}$，如图1.61所示。根据矢量叉乘的定义，改变叉乘的顺序会改变叉乘的方向，即

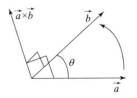

图1.61　矢量叉乘

$$\vec{a} \times \vec{b} = -\vec{b} \times \vec{a} \tag{1.23}$$
根据矢量叉乘的定义，矢量叉乘满足以下运算法则：
$$\begin{cases} (\vec{a} + \vec{b}) \times \vec{c} = \vec{a} \times \vec{c} + \vec{a} \times \vec{b} \\ \vec{a} \times \vec{a} = \vec{0} \\ (\lambda\vec{b}) \times \vec{c} = \lambda(\vec{b} \times \vec{c}) \end{cases} \tag{1.24}$$

以上提到的矢量叉乘与矢量点乘的定义及相关运算法则均相对于坐标系独立，即在任何坐标系下都成立。

1.4.3　反对称矩阵

设 A 为 n 维方阵，若有 $A^T = -A$，则称矩阵 A 为反对称矩阵（又称斜对称矩阵）。对于反对称矩阵，它在主对角线上的元素全为 0，而位于主对角线两侧对称位置的元素互为相反数。

对于任意矢量和坐标系 f_a 的矢阵：

$$\boldsymbol{f}_a \cdot \boldsymbol{f}_a^T = \begin{bmatrix} \vec{i}_a \\ \vec{j}_a \\ \vec{k}_a \end{bmatrix} \cdot \begin{bmatrix} \vec{i}_a & \vec{j}_a & \vec{k}_a \end{bmatrix} = \begin{bmatrix} 1 & & \\ & 1 & \\ & & 1 \end{bmatrix} \tag{1.25}$$

$$\boldsymbol{f}_a \vec{u} = \boldsymbol{f}_a \boldsymbol{f}_a^T (\boldsymbol{u})_a = (\boldsymbol{u})_a \tag{1.26}$$

$$\boldsymbol{f}_a \times \boldsymbol{f}_a^T = \begin{bmatrix} \vec{i}_a \\ \vec{j}_a \\ \vec{k}_a \end{bmatrix} \times \begin{bmatrix} \vec{i}_a & \vec{j}_a & \vec{k}_a \end{bmatrix} = \begin{bmatrix} 0 & \vec{k}_a & -\vec{j}_a \\ -\vec{k}_a & 0 & \vec{i}_a \\ \vec{j}_a & -\vec{i}_a & 0 \end{bmatrix} \tag{1.27}$$

对于任意矢量 $\vec{u}$ 与 $\vec{v}$，其在坐标系 f_a 中的表达式为

$$\begin{cases} \vec{u} = \begin{bmatrix} \vec{i}_a & \vec{j}_a & \vec{k}_a \end{bmatrix} \begin{bmatrix} u_{xa} & u_{ya} & u_{za} \end{bmatrix}^T = \boldsymbol{f}_a^T \boldsymbol{u}_a \\ \vec{v} = \begin{bmatrix} \vec{i}_a & \vec{j}_a & \vec{k}_a \end{bmatrix} \begin{bmatrix} v_{xa} & v_{ya} & v_{za} \end{bmatrix}^T = \boldsymbol{f}_a^T \boldsymbol{v}_a \end{cases} \tag{1.28}$$

分别对 $\vec{u}$ 与 $\vec{v}$ 进行点乘与叉乘，可得

$$\begin{aligned} \vec{u} \cdot \vec{v} &= (\boldsymbol{u}_a^T \boldsymbol{f}_a) \cdot (\boldsymbol{f}_a^T \boldsymbol{v}_a) \\ &= \begin{bmatrix} u_{xa} & u_{ya} & u_{za} \end{bmatrix} \begin{bmatrix} \vec{i}_a \\ \vec{j}_a \\ \vec{k}_a \end{bmatrix} \cdot \begin{bmatrix} \vec{i}_a & \vec{j}_a & \vec{k}_a \end{bmatrix} \begin{bmatrix} v_{xa} \\ v_{ya} \\ v_{za} \end{bmatrix} = \boldsymbol{u}_a^T \boldsymbol{v}_a \end{aligned} \tag{1.29}$$

$$\begin{aligned} \vec{u} \times \vec{v} &= (\boldsymbol{u}_a^T \boldsymbol{f}_a) \times (\boldsymbol{f}_a^T \boldsymbol{v}_a) \\ &= \begin{bmatrix} u_{xa} & u_{ya} & u_{za} \end{bmatrix} \begin{bmatrix} 0 & \vec{k}_a & -\vec{j}_a \\ -\vec{k}_a & 0 & \vec{i}_a \\ \vec{j}_a & -\vec{i}_a & 0 \end{bmatrix} \begin{bmatrix} v_{xa} \\ v_{ya} \\ v_{za} \end{bmatrix} \\ &= \begin{bmatrix} \vec{i}_a & \vec{j}_a & \vec{k}_a \end{bmatrix} \begin{bmatrix} 0 & -u_{za} & u_{ya} \\ u_{za} & 0 & -u_{xa} \\ -u_{ya} & u_{xa} & 0 \end{bmatrix} \begin{bmatrix} v_{xa} \\ v_{ya} \\ v_{za} \end{bmatrix} = \boldsymbol{f}_a^T \boldsymbol{u}_a^\times \boldsymbol{v}_a \end{aligned} \tag{1.30}$$

式中，$\boldsymbol{u}_a^\times$ ——矢量 $\vec{u}$ 的反对称矩阵：

$$\boldsymbol{u}_a^\times = \begin{bmatrix} 0 & -u_{za} & u_{ya} \\ u_{za} & 0 & -u_{xa} \\ -u_{ya} & u_{xa} & 0 \end{bmatrix} \tag{1.31}$$

由以上可知，矢量间的叉乘结果等于矢量叉乘项分量列阵的反对称矩阵与被叉乘项的分量列阵的矩阵乘法结果。因此，任意矢量的分量列阵叉乘可以表示为

$$\boldsymbol{a} \times \boldsymbol{b} = \boldsymbol{a}^\times \boldsymbol{b} = -\boldsymbol{b}^\times \boldsymbol{a} = -\boldsymbol{b} \times \boldsymbol{a} \tag{1.32}$$

$$(\boldsymbol{a} \times \boldsymbol{b}) \times \boldsymbol{c} = \boldsymbol{b}(\boldsymbol{a} \cdot \boldsymbol{c}) - \boldsymbol{a}(\boldsymbol{b} \cdot \boldsymbol{c}) = -\boldsymbol{c}^\times \boldsymbol{a}^\times \boldsymbol{b} \tag{1.33}$$

在 MATLAB 中，向量的叉乘可以通过两种方式实现。

（1）采用 cross 函数。其基本调用代码如下：

C = cross(A,B);　　　% A,B 均为列向量

（2）用反对称矩阵乘以另一个矩阵，实现向量的叉乘。将其编制为 across 函数，见程序 1.38。

程序 1.38　反对称矩阵函数 across. m

```
function out = across(u);
% 本函数将列向量 u 转换为反对称矩阵,便于之后向量的叉乘
% 输入为 3 * 1 列向量,输出为 3 * 3 反对称矩阵
out = [0 - u(3) u(2);
    u(3)0  - u(1);
    - u(2) u(1)0];
% % across. m 内容结束
```

反对称矩阵的 Simulink 模型如图 1.62 所示。

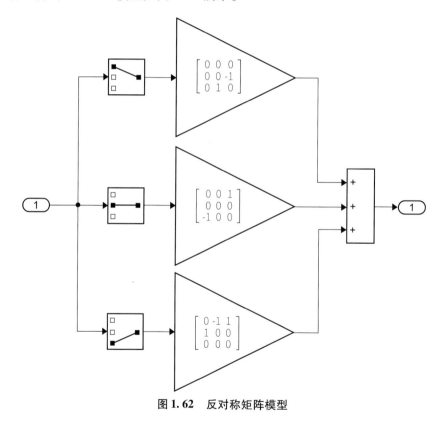

图 1.62　反对称矩阵模型

1.4.4　坐标转换矩阵

在航天器的运动学、动力学建模过程中，为了描述物体运动与受力情况，通常涉及多个坐标系。例如，航天器的角速度一般定义在航天器的本体坐标系中；又如，航天器角动量守恒指的是惯性坐标系中的角动量。在建模计算过程中，需要解决以下涉及多个坐标系的问

题：如何描述两个坐标系之间的相对指向（即"姿态"）；如何描述一个矢量在不同坐标系内的坐标关系（即"坐标转换"）。

1.4.4.1　坐标转换矩阵的定义

将任意矢量 $\vec{u}$ 在坐标系 f_a 中的分量列阵记作 $\boldsymbol{u}_a$，将坐标系 f_a 的单位基向量 $\vec{i}_a$、$\vec{j}_a$ 和 $\vec{k}_a$ 组成矢量矩阵，记作矢阵 $\boldsymbol{f}_a = \begin{bmatrix} \vec{i}_a & \vec{j}_a & \vec{k}_a \end{bmatrix}$，那么有 $\vec{u} = \boldsymbol{f}_a^{\mathrm{T}} \boldsymbol{u}_a$。同理，矢量 $\vec{u}$ 在坐标系 f_b 中可以表示为 $\vec{u} = \boldsymbol{f}_b^{\mathrm{T}} \boldsymbol{u}_b$。上述两种表达方式均描述了矢量 $\vec{u}$，因此 $\boldsymbol{f}_a^{\mathrm{T}} \boldsymbol{u}_a = \boldsymbol{f}_b^{\mathrm{T}} \boldsymbol{u}_b$。又由于 $\boldsymbol{f}_a$ 是单位正交矩阵，满足 $\boldsymbol{f}_a^{-1} = \boldsymbol{f}_a^{\mathrm{T}}$，因此 $\boldsymbol{u}_b = \boldsymbol{f}_b \boldsymbol{f}_a^{\mathrm{T}} \boldsymbol{u}_a$，记 $\boldsymbol{A}_{ba}$ 为坐标系 f_a 到 f_b 的坐标转换矩阵：

$$\boldsymbol{A}_{ba} = \boldsymbol{f}_b \boldsymbol{f}_a^{\mathrm{T}} \tag{1.34}$$

根据点乘的定义，坐标转换矩阵 $\boldsymbol{A}_{ba}$ 也称为方向余弦矩阵。展开式（1.34），可得

$$\boldsymbol{A}_{ba} = \begin{bmatrix} \boldsymbol{i}_b \cdot \boldsymbol{i}_a & \boldsymbol{i}_b \cdot \boldsymbol{j}_a & \boldsymbol{i}_b \cdot \boldsymbol{k}_a \\ \boldsymbol{j}_b \cdot \boldsymbol{i}_a & \boldsymbol{j}_b \cdot \boldsymbol{j}_a & \boldsymbol{j}_b \cdot \boldsymbol{k}_a \\ \boldsymbol{k}_b \cdot \boldsymbol{i}_a & \boldsymbol{k}_b \cdot \boldsymbol{j}_a & \boldsymbol{k}_b \cdot \boldsymbol{k}_a \end{bmatrix} = \begin{bmatrix} A_{11} & A_{12} & A_{13} \\ A_{21} & A_{22} & A_{23} \\ A_{31} & A_{32} & A_{33} \end{bmatrix} \tag{1.35}$$

$$\boldsymbol{A}_{ba} = \begin{bmatrix} (\boldsymbol{i}_a)_b & (\boldsymbol{j}_a)_b & (\boldsymbol{k}_a)_b \end{bmatrix} = \begin{bmatrix} (\boldsymbol{i}_b)_a^{\mathrm{T}} \\ (\boldsymbol{j}_b)_a^{\mathrm{T}} \\ (\boldsymbol{k}_b)_a^{\mathrm{T}} \end{bmatrix} \tag{1.36}$$

由以上可知，坐标转换矩阵 $\boldsymbol{A}_{ba}$ 的列向量就是坐标系 f_a 的单位矢量 $\vec{i}_a$、$\vec{j}_a$、$\vec{k}_a$ 在坐标系 f_b 中的坐标分量列阵 $(\boldsymbol{i}_a)_b$、$(\boldsymbol{j}_a)_b$、$(\boldsymbol{k}_a)_b$。

1.4.4.2　欧拉角

同一矢量在不同坐标系下的坐标不同。对矢量坐标进行加、减、点乘及叉乘等运算时，必须保证两矢量坐标位于同一坐标系下。对于不在同一坐标系下的矢量坐标，必须先进行坐标转换，使其位于同一坐标系下之后才能进行运算。

由式（1.36）可知，坐标转换矩阵由 3 个相互独立的参数描述。因此，可以用多种参数来描述坐标转换矩阵，其中最常用的一组参数是欧拉角。

将坐标系进行平移后，各矢量在其中的坐标不会发生变化。所以可以先通过平移坐标系使两个坐标系的原点重合，然后转动某一坐标系使两个坐标系的各个坐标轴均重合，依据上述过程中的旋转关系，可以通过几何运算得到坐标转换的方法。在航天器姿态描述方面，坐标系的转动一般选取为绕自身的坐标轴进行 3 次转动，这 3 个旋转角称为欧拉角。一般情况下，需要经过至少 3 次旋转才能使两个坐标系重合，且连续两次旋转时所围绕的坐标轴不能为同一坐标轴。常见的坐标轴旋转方式有 12 种，可以分为两大类：

（1）第 1 次和第 3 次旋转围绕同一组坐标轴进行，如 xyx、xzx、yxy、yzy、zxz、zyz。

（2）3 次旋转均绕不同的坐标轴进行，如 xyz、xzy、yzx、yxz、zxy、zyx。

如图 1.63 所示，在转动坐标系时，将围绕旧坐标系的 ox 轴旋转得到新坐标系 $ox'y'z'$ 的转动顺序记为 1，围绕旧坐标系的 oy 轴旋转得到新坐标系 $ox'y'z'$ 轴的转动顺序记为 2，围绕旧坐标系的 oz 轴旋转得到新坐标系 $ox'y'z'$ 轴的转动顺序记为 3。

当原始坐标系 o_bxyz 经历一次绕 o_bx 旋转 α 角，形成新坐标系 $o_bx'y'z'$，两坐标系之间的转换矩阵为

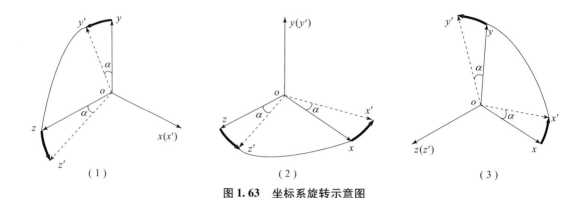

图 1.63　坐标系旋转示意图

$$A_{o'o} = L_x(\alpha) = \begin{bmatrix} 1 & 0 & 0 \\ 0 & \cos\alpha & \sin\alpha \\ 0 & -\sin\alpha & \cos\alpha \end{bmatrix} \qquad (1.37)$$

矢量在坐标系 $o_b xyz$ 下的表示 $(r)_{f_o} = \begin{bmatrix} x_o & y_o & z_o \end{bmatrix}^T$ 和在坐标系 $o_b x'y'z'$ 下的表示 $(r)_{f_o} = \begin{bmatrix} x_o' & y_o' & z_o' \end{bmatrix}^T$ 之间具有如下关系：

$$(r)_{f_o} = A_{o'o}(r)_{f_o} = L_x(\alpha)(r)_{f_o} \qquad (1.38)$$

与之类似，当原始坐标系 $o_b xyz$ 经历一次绕 $o_b y$ 轴旋转 α 角，形成新坐标系 $o_b x'y'z'$，两个坐标系之间的转换矩阵为

$$A_{o'o} = L_y(\alpha) = \begin{bmatrix} \cos\alpha & 0 & -\sin\alpha \\ 0 & 1 & 0 \\ \sin\alpha & 0 & \cos\alpha \end{bmatrix} \qquad (1.39)$$

因此，矢量 r 在两个坐标系下的表示 $(r)_{f_o}$ 和 $(r)_{f_o}$ 之间具有如下关系：

$$(r)_{f_o} = A_{o'o}(r)_{f_o} = L_y(\alpha)(r)_{f_o} \qquad (1.40)$$

当原始坐标系 $o_b xyz$ 经历一次绕 $o_b z$ 轴旋转 α 角，形成新坐标系 $o_b x'y'z'$，两个坐标系之间的转换矩阵为

$$A_{o'o} = L_z(\alpha) = \begin{bmatrix} \cos\alpha & \sin\alpha & 0 \\ -\sin\alpha & \cos\alpha & 0 \\ 0 & 0 & 1 \end{bmatrix} \qquad (1.41)$$

矢量 r 在两个坐标系下的表示 $(r)_{f_o}$ 和 $(r)_{f_o}$ 之间具有如下关系：

$$(r)_{f_o} = A_{o'o}(r)_{f_o} = L_y(\alpha)(r)_{f_o} \qquad (1.42)$$

另外，从坐标系 f_1 到坐标系 f_2 的坐标转换矩阵 A_{21}，其逆矩阵代表了从坐标系 f_2 到坐标系 f_1 的坐标转换矩阵 A_{12}，即 $A_{12} = A_{21}^{-1}$。

经过计算，坐标转换矩阵 A_{21} 与其转置矩阵 A_{21}^T 的乘积满足 $A_{21} \cdot A_{21}^T = E_3$，其中 E_3 为 3 阶单位矩阵。这说明坐标转换矩阵是正交矩阵，其逆矩阵等于其转置。因此，两个坐标系之间的坐标转换矩阵具有如下性质：

$$A_{12} = A_{21}^T \qquad (1.43)$$

在 MATLAB 中，旋转矩阵既可以使用自带的 eul2rotm 函数实现，也可以自己编制为 eulertrans 函数，见程序 1.39。

程序 1.39　反对称矩阵函数 eulertrans. m

```
function out = eulertrans( u) ;
% 此函数为 321 旋转矩阵的求解函数,u 为姿态角列向量,out 为输出的转换矩阵
a = u(1) ;b = u(2)l;c = u(3) ;
out = [ cos( b) * cos( c) cos( b) * sin( c) − sin( b) ;
    sin( a) * sin( b) * cos( c) − cos( a) * sin( c)...
    sin( a) * sin( b) * sin( c) + cos( a) * cos( c)...
    cos( b) * sin( a) ;
    cos( a) * sin( b) * cos( c) + sin( a) * sin( c)...
    cos( a) * sin( b) * sin( c) − sin( a) * cos( c)...
    cos( b) * cos( a) ] ;
% % eulertrans. m 内容结束
```

在 Simulink 中，有自带的欧拉角转换矩阵模块，方法为依次选择 "Aerospace Blockset" "Utilities" "Rotation Angles to Direction Cosine Matrix"，添加后可以在模块设置界面选择旋转顺序，如图 1.64 所示。

1.4.4.3　四元数

欧拉定理：三维空间中的刚体转动时，若在刚体内部至少有一个点固定不动，则转动等价于绕着过固定点所在的某一固定轴的转动。因此，坐标系 f_a 绕固定点的旋转轴旋转一个角度就可以得到坐标系 f_b。定义对应坐标转换矩阵 A_{ab} 的旋转轴和旋转角分别为 $\vec{a} = f_a^T a$、Φ。

任意选取一个矢量 $\vec{v}$，根据欧拉定理，$\vec{v}$ 绕旋转轴 $a = f_a^T a$ 旋转一个角度 Φ 得到矢量 $\vec{v}_{rot}$，旋转示意图如图 1.65 所示。

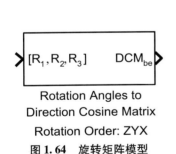

Rotation Angles to
Direction Cosine Matrix
Rotation Order: ZYX

图 1.64　旋转矩阵模型

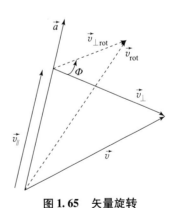

图 1.65　矢量旋转

将 $\vec{v}$ 分解为平行于 $\vec{a}$ 的 $\vec{v}_{//}$ 和垂直于 $\vec{a}$ 的 $\vec{v}_\perp$，即

$$\vec{v} = \vec{v}_{//} + \vec{v}_\perp \tag{1.44}$$

式中，

$$\begin{cases} \vec{v}_{//} = (\vec{v} \cdot \vec{a}) \vec{a} \\ \vec{v}_\perp = \vec{v} - \vec{v}_{//} = \vec{v} - (\vec{v} \cdot \vec{a}) \vec{a} \end{cases} \tag{1.45}$$

同样的，将 $\vec{v}_{rot}$ 分解为平行于 $\vec{a}$ 的 $\vec{v}_{//}$ 和垂直于 $\vec{a}$ 的 $\vec{v}_\perp$，即

$$\vec{v}_{\text{rot}} = \vec{v}_{/\!/} + \vec{v}_{\perp \text{rot}} \tag{1.46}$$

根据图 1.66 所示的矢量垂直分量的旋转，得到

$$\boldsymbol{v}_{\perp \text{rot}} = \boldsymbol{v}_{\perp} \cos \boldsymbol{\Phi} + \boldsymbol{a} \times \boldsymbol{v}_{\perp} \sin \boldsymbol{\Phi} \tag{1.47}$$

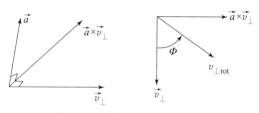

图 1.66 矢量垂直分量的旋转

根据 $\vec{a} \times \vec{a} = \vec{0}$ 和式（1.45）可得

$$\vec{v}_{\text{rot}} = \vec{v} \cos \boldsymbol{\Phi} + (\vec{a} \cdot \vec{v})\vec{a}(1 - \cos \boldsymbol{\Phi}) + \vec{a} \times \vec{v} \sin \boldsymbol{\Phi} \tag{1.48}$$

将其表示在坐标系 f_a 中，即

$$\vec{v}_{\text{rot}} = \boldsymbol{f}_a^{\text{T}}[\cos \boldsymbol{\Phi} + (1 - \cos \boldsymbol{\Phi})\boldsymbol{a}\boldsymbol{a}^{\text{T}} + (\sin \boldsymbol{\Phi})\boldsymbol{a}^{\times}]\boldsymbol{v} = \boldsymbol{f}_a^{\text{T}}\boldsymbol{A}_{ab}\boldsymbol{v} \tag{1.49}$$

式中，

$$\boldsymbol{A}_{ab} = \cos \boldsymbol{\Phi} + (1 - \cos \boldsymbol{\Phi})\boldsymbol{a}\boldsymbol{a}^{\text{T}} + (\sin \boldsymbol{\Phi})\boldsymbol{a}^{\times} \tag{1.50}$$

根据坐标转换矩阵的正交性和逆与转置相等的性质，得到式（1.50）的转置：

$$\boldsymbol{A}_{ba} = \cos \boldsymbol{\Phi} + (1 - \cos \boldsymbol{\Phi})\boldsymbol{a}\boldsymbol{a}^{\text{T}} - (\sin \boldsymbol{\Phi})\boldsymbol{a}^{\times} \tag{1.51}$$

式（1.51）表示利用旋转轴 $\vec{a} = \boldsymbol{f}_a^{\text{T}}\boldsymbol{a}$ 和旋转角 $\boldsymbol{\Phi}$ 表示的坐标转换矩阵。

根据坐标转换矩阵的定义，除了用欧拉角来描述坐标转换矩阵中 3 个相互独立的参数外，还可以采用四元数来描述坐标转换矩阵的参数。根据三角函数的特性：

$$\sin \boldsymbol{\Phi} = 2\sin \frac{\boldsymbol{\Phi}}{2}\cos \frac{\boldsymbol{\Phi}}{2}, \quad \cos \boldsymbol{\Phi} = 2\cos^2 \frac{\boldsymbol{\Phi}}{2} - 1 = 1 - 2\sin^2 \frac{\boldsymbol{\Phi}}{2}$$

由以上可得，关于坐标系 f_a 和 f_b 之间的绕旋转轴 $\vec{a} = \boldsymbol{f}_I^{\text{T}}\boldsymbol{a}$ 旋转一个角度 $\boldsymbol{\Phi}$ 的旋转矩阵：

$$\boldsymbol{A}_{ba} = \cos \boldsymbol{\Phi} + (1 - \cos \boldsymbol{\Phi})\boldsymbol{a}\boldsymbol{a}^{\text{T}} - (\sin \boldsymbol{\Phi})\boldsymbol{a}^{\times} \tag{1.52}$$

将三角函数的特性代入式（1.52），得

$$\boldsymbol{A}_{ba} = \left(2\cos^2 \frac{\boldsymbol{\Phi}}{2} - 1\right)\boldsymbol{I} + 2\left(\sin^2 \frac{\boldsymbol{\Phi}}{2}\right)\boldsymbol{a}\boldsymbol{a}^{\text{T}} - 2\left(\sin \frac{\boldsymbol{\Phi}}{2}\cos \frac{\boldsymbol{\Phi}}{2}\right)\boldsymbol{a}^{\times} \tag{1.53}$$

式中，$\boldsymbol{I}$ ——3×3 单位矩阵。

根据式（1.53）定义四元数 $(\boldsymbol{q}, q_4)$：

$$\boldsymbol{q} = \boldsymbol{a}\sin \frac{\boldsymbol{\Phi}}{2}, \quad q_4 = \cos \frac{\boldsymbol{\Phi}}{2} \tag{1.54}$$

由以上可知，四元数中只有 3 个相互独立的参数。因此，四元数存在以下约束条件：

$$\boldsymbol{q}^{\text{T}}\boldsymbol{q} + q_4^2 = 1 \tag{1.55}$$

定义由四元数表示的旋转矩阵为

$$\boldsymbol{A}_{ba} = (2q_4^2 - 1)\boldsymbol{I} + 2\boldsymbol{q}\boldsymbol{q}^{\text{T}} - 2q_4\boldsymbol{q}^{\times} \tag{1.56}$$

式中，$\boldsymbol{q} = \begin{bmatrix} q_1 \\ q_2 \\ q_3 \end{bmatrix}$，$\boldsymbol{A}_{ba} = \begin{bmatrix} A_{11} & A_{12} & A_{13} \\ A_{21} & A_{22} & A_{23} \\ A_{31} & A_{32} & A_{33} \end{bmatrix}$。

1.4.4.4　坐标转换矩阵、四元数与欧拉角之间的转换

根据本节相关公式，可以进行坐标转换矩阵、四元数与欧拉角之间的相互转换，而MATLAB中现有一系列内置函数可以帮助用户方便地进行相关运算。

1. 转四元数

dcm2quat函数：进行坐标转换矩阵到四元数的转换，基础用法为 q = dcm2quat(R)。其中，q = [q0 q1 q2 q3]，表示四元数；R表示坐标转换矩阵。

angle2quat函数：进行欧拉角到四元数的转换，基础用法为 q = angle2quat(r1,r2,r3,S)。其中，r1、r2、r3表示绕 x、y、z 轴的三个欧拉角；S表示转序，共有12种选择，默认为'zyx'转序。

2. 转欧拉角

dcm2angle函数：进行坐标转换矩阵到欧拉角的转换，基础用法为 [r1,r2,r3] = dcm2angle(R,S)。

quat2angle函数：进行四元数到欧拉角的转换，基础用法为 [r1,r2,r3] = quat2angle([q0 q1 q2 q3],S)。

3. 转坐标转换矩阵

quat2dcm函数：进行四元数到坐标转换矩阵的转换，基础用法为 R = quat2dcm([q0 q1 q2 q3])。

angle2dcm函数：进行欧拉角到坐标转换矩阵的转换，基础用法为 R = angle2dcm(r1,r2,r3,S)。

注意：以上函数的欧拉角均使用弧度制。

1.4.5　与航天器姿态相关的坐标转换矩阵

在众多可行的坐标系旋转方法中，航天器坐标系转换最常用的转动顺序有"3－1－3"和"3－1－2"两种，且称相应的转角为欧拉角 ψ、θ、φ 和 ψ、φ、θ。"3－1－3"转序常用于自旋卫星研究，"3－1－2"转序常用于三轴稳定卫星研究。下面以轨道坐标系 f_o 到本体坐标系 f_b 的旋转与转换过程为例，分别介绍这两种转动过程与对应的转换矩阵推导。

1. "3－1－3" 旋转

"3－1－3"旋转如图1.67所示。首先，将轨道坐标系 f_o 绕 $o_o z_o$ 轴旋转 ψ 角，形成中间坐标系 f_1；接着，绕中间坐标系的 $o_1 x_1$ 轴旋转 θ 角，形成中间坐标系 f_2；最后，绕中间坐标系 f_2 的 $o_2 z_2$ 轴旋转 φ 角，与本体坐标系重合。

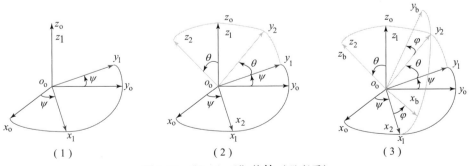

(1)　　　　　　　　　　(2)　　　　　　　　　　(3)

图1.67　"3－1－3"旋转（附彩图）

经过三次转动，轨道坐标系与本体坐标系之间的坐标转换矩阵 A_{bo} 可以写为

$$A_{bo} = A_{zxz}(\varphi,\theta,\psi) = L_z(\varphi)L_x(\theta)L_z(\psi)$$

$$= \begin{bmatrix} c\varphi c\psi - s\varphi c\theta s\psi & c\varphi s\psi + s\varphi c\theta c\psi & s\varphi s\theta \\ -s\varphi c\psi - c\varphi c\theta s\psi & -s\varphi s\psi + c\varphi c\theta c\psi & c\varphi s\theta \\ s\theta s\psi & -s\theta c\psi & c\theta \end{bmatrix} \tag{1.57}$$

式中，c 代表 cos，s 代表 sin。

对于某一矢量 $\vec{r}$，依据"3 - 1 - 3"的坐标系旋转方式，在轨道坐标系 f_o 下的表示 $(r)_{f_o} = \begin{bmatrix} x_o & y_o & z_o \end{bmatrix}^T$ 和在本体坐标系 f_b 下的表示 $(r)_{f_b} = \begin{bmatrix} x_b & y_b & z_b \end{bmatrix}^T$ 之间具有如下关系：

$$(r)_{f_b} = A_{bo}(r)_{f_o} = A_{zxz}(\varphi,\theta,\psi)(r)_{f_o} \tag{1.58}$$

当姿态角均为小量时，可以对坐标转换矩阵中的三角函数值进行近似，认为 $\cos\alpha = 1$，$\sin\alpha \approx \alpha$，同时忽略高阶小量，简化为

$$A_{zxz}(\varphi,\theta,\psi) = L_z(\varphi)L_x(\theta)L_z(\psi) = \begin{bmatrix} 1 & \psi + \varphi & 0 \\ -\varphi - \psi & 1 & \theta \\ 0 & -\theta & 1 \end{bmatrix} \tag{1.59}$$

利用反对称矩阵，可以将式（1.59）表示为

$$A_{zxz}(\varphi,\theta,\psi) = L_z(\varphi)L_x(\theta)L_z(\psi) = E_3 + (\begin{bmatrix} -\theta & 0 & -(\psi + \varphi) \end{bmatrix}^T)^{\times} \tag{1.60}$$

2. "3 - 1 - 2" 旋转

"3 - 1 - 2" 旋转如图 1.68 所示。首先，将轨道坐标系 f_o 绕 $o_o z_o$ 轴旋转 ψ 角，形成中间坐标系 f_1；接着，绕中间坐标系 f_1 的 $o_1 x_1$ 轴旋转 φ 角，形成中间坐标系 f_2；最后，绕中间坐标系 f_2 的 $o_2 y_2$ 轴旋转 θ 角，与本体坐标系重合。

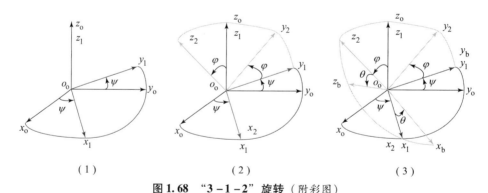

（1）　　　　　　　　　　（2）　　　　　　　　　　（3）

图 1.68 "3 - 1 - 2" 旋转（附彩图）

经过三次转动，轨道坐标系与本体坐标系之间的坐标转换矩阵 A_{bo} 可以写为

$$A_{bo} = A_{zxy}(\varphi,\theta,\psi) = L_y(\theta)L_x(\varphi)L_z(\psi)$$

$$= \begin{bmatrix} c\theta c\psi - s\varphi s\theta s\psi & c\theta s\psi + s\varphi s\theta c\psi & -c\varphi s\theta \\ -c\varphi s\psi & c\varphi c\psi & s\varphi \\ s\theta c\psi + s\varphi c\theta s\psi & s\theta s\psi - s\varphi c\theta c\psi & c\varphi c\theta \end{bmatrix} \tag{1.61}$$

式中，c 代表 cos，s 代表 sin。

对于某一矢量 $\vec{r}$，依据"3 - 1 - 2"转序，在坐标系 f_o 下的表示 $(r)_{f_o} = \begin{bmatrix} x_o & y_o & z_o \end{bmatrix}^T$ 和在坐标系 f_b 下的表示 $(r)_{f_b} = \begin{bmatrix} x_b & y_b & z_b \end{bmatrix}^T$ 之间具有如下关系：

$$(r)_{f_b} = A_{bo}(r)_{f_o} = A_{zxy}(\varphi,\theta,\psi)(r)_{f_o} \tag{1.62}$$

同理，坐标转换矩阵在姿态角的小量假设条件下可以简化为

$$A_{zxy}(\varphi,\theta,\psi) = L_y(\theta)L_x(\varphi)L_z(\psi) = \begin{bmatrix} 1 & \psi & -\theta \\ -\psi & 1 & \varphi \\ \theta & -\varphi & 1 \end{bmatrix} = E_3 - ([\varphi \quad \theta \quad \psi]^{\mathrm{T}})^{\times}$$

$$(1.63)$$

根据以上公式，以自编姿态转换函数为例，展示上述公式的实际编程应用，见程序 1.40 ~ 程序 1.42。

程序 1.40　地心惯性坐标系到轨道坐标系的转换矩阵函数 cal_Are. m

```
function Are = cal_Are(u)
% 地心惯性坐标系到轨道坐标系的转换矩阵
Are(1,1) = - cos(u(1)) * sin(u(2)) - sin(u(1)) * cos(u(3)) * cos(u(2));
Are(1,2) = - sin(u(1)) * sin(u(3));
Are(1,3) = sin(u(1)) * cos(u(3)) * sin(u(2)) - cos(u(1)) * cos(u(2));
Are(2,1) = cos(u(1)) * cos(u(2)) * cos(u(3)) - sin(u(1)) * sin(u(2));
Are(2,2) = cos(u(1)) * sin(u(3));
Are(2,3) = - sin(u(1)) * cos(u(2)) - cos(u(1)) * cos(u(3)) * sin(u(2));
Are(3,1) = sin(u(3)) * cos(u(2));
Are(3,2) = - cos(u(3));
Are(3,3) = - sin(u(2)) * sin(u(3));
end
% % cal_Are. m 内容结束
```

程序 1.41　轨道坐标系到本体坐标系的转换矩阵函数 cal_Abr. m

```
function Abr = cal_Abr(u)
% 轨道坐标系到本体坐标系的转换矩阵，"3 - 1 - 2"方式旋转
Ax = [1       0           0;
      0   cos(u(1))    sin(u(1));
      0  - sin(u(1))   cos(u(1))];
Ay = [cos(u(2))   0   - sin(u(2));
      0           1     0;
      sin(u(2))   0   cos(u(2))];
Az = [cos(u(3))   sin(u(3))   0;
      - sin(u(3))   cos(u(3))   0;
      0           0           1];
Abr = Ay * Ax * Az;
end
% % cal_Abr. m 内容结束
```

程序 1.42　由坐标转换矩阵计算姿态角函数 invCosMat. m

```
function theta21 = invCosMat(A21)
```

```
% 由坐标转换矩阵计算姿态角
phi2 = asin(A21(2,3));
theta2 = atan2(-A21(1,3),A21(3,3));
psi2 = atan2(-A21(2,1),A21(2,2));
theta21 = [phi2;theta2;psi2];
end
%% invCosMat. m 内容结束
```

1.4.6 姿态控制回路

航天器的完整姿态控制回路如图 1.69 所示,其主要由姿态控制律、执行机构、敏感器和星体姿态动力学模型组成。

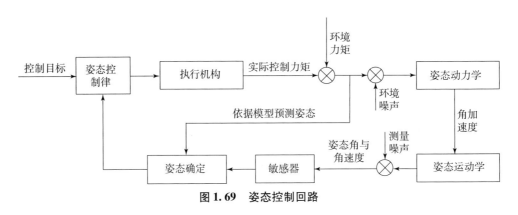

图 1.69 姿态控制回路

接下来,依次介绍图 1.69 中各部分的传递过程。

(1)姿态控制律:输入给定的期望姿态与实际姿态,计算姿态误差并按照预定的控制律输出期望控制力矩。为保证航天器姿态能够较好地跟踪期望姿态,所选取的控制律需要具备快速、稳定、鲁棒性强等优点。常见的控制律有 PID 控制律、滑模控制律、自适应控制律和 LQR 控制律等[8]。

(2)执行机构:航天器姿态控制指令信号的执行者,包括飞轮、控制力矩陀螺与喷气机构等[9]。不同的执行机构对应不同的执行机构操纵律。执行机构接收到来自姿态控制器的期望控制力矩,通过操纵律转化为执行机构对应的信号(如转速、喷气量等),再通过操纵律驱动作动器产生相应的转速、喷气动作等,结合执行机构特性产生实际的控制力矩作用于星体,以实现姿态控制的目的。

(3)姿态动力学与姿态运动学:星体受到外加力矩作用时,首先经过星体动力学方程可求解得到星体的角加速度信息,对其积分可得角速度信息,再经由姿态运动学可以得到航天器的姿态角信息。

(4)敏感器:测量航天器本体坐标系相对于某个基准坐标系的相对角位置和角速度,以确定航天器的姿态。敏感器有星敏感器、太阳敏感器等,其接受测量星光、太阳光等信息,处理得到航天器的敏感姿态信息[10]。由于敏感器具有量测噪声,故姿态信息测量值与实际姿态有一定误差。

（5）姿态确定：经过（3）、（4）分别得到了预测姿态信息和敏感姿态信息，受测量噪声和各种干扰的影响，这两者均与实际姿态有一定偏差。结合预测信息和敏感信息，通过卡尔曼滤波等姿态确定方法，结合获得各种姿态信息，得到最优的姿态估计值，这一过程称为姿态确定[11]。

在进行航天器姿态控制时，首先将实际姿态与期望姿态做比较，偏差信息经过姿态控制律计算期望控制力矩并传递给执行机构；执行机构接收到控制器信号后，通过不同的形式产生所需的力矩（飞轮，改变转子转速；控制力矩陀螺，改变框架角；磁力矩器，改变自身磁矩），并作用于航天器上；然后，根据航天器动力学与运动学模型，结合实际控制力矩估算的环境力矩对航天器的姿态信息进行预测，以及敏感器获取的姿态测量信息，通过姿态确定算法，得到最优的当前姿态估值，并返回到控制器输出端与期望姿态进行比较，实现姿态控制回路闭环[12]。

1.4.7　轨道要素

虽然航天器的姿态控制和轨道控制在一定程度上可以解耦考虑，但航天器所处的空间位置影响航天器受到环境作用的幅值和方向，因此本节以航天器的经典轨道要素为例，简要介绍航天器的轨道动力学相关知识，便于读者全面地了解和学习航天器的运动规律。

1.4.7.1　经典轨道根数

航天器运行轨道的形状和其在空间的位置，除了在惯性坐标系中描述，还可以通过 6 个参量来表示，简称轨道要素或轨道根数，如图 1.70 所示。轨道根数是相互独立的，而且通常具有十分明确的物理意义。

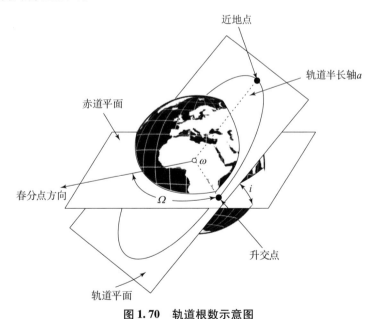

图 1.70　轨道根数示意图

根据图 1.70，下面以椭圆轨道为例对经典轨道要素进行介绍。

（1）轨道倾角 i。航天器运行轨道所在的平面称为轨道平面。该平面通过地心，与地球赤道平面的夹角称为轨道倾角，轨道倾角 i 的范围在 $0° \sim 180°$。$i < 90°$，为顺行轨道；$i =$

$90°$，为极轨道；$i > 90°$，为逆行轨道。

（2）升交点赤径 Ω。轨道与地球赤道平面有两个交点，航天器从南半球穿过赤道平面到北半球的运行弧段称为升段，轨道与赤道平面相交的点称为升交点，从春分点方向轴量起的升交点的经度称为升交点赤经，其顺地球自转方向为正。

（3）近地点幅角 ω：从升交点顺航天器运行方向到近地点所成角度。

（4）椭圆轨道的半长轴 a：用于描述轨道的形状。

（5）椭圆偏心率 e：描述轨道的形状，取值范围为 $0 \sim 1$，越接近 0 则轨道越圆。

（6）真近点角 f：航天器轨道近地点位置与地心连线和航天器当前位置与地心连线的夹角。

1.4.7.2 其他轨道根数

（1）当 $e \rightarrow 0$（即近圆轨道），由于近地点不确定，为此可引进新变量作为适合于任意偏心率（$0 \leqslant e < 1$）问题的轨道根数：

$$\begin{cases} a, i, \Omega \\ h = e\cos \omega \\ k = -e\sin \omega \\ L = M + \omega \end{cases} \tag{1.64}$$

（2）当 $i \rightarrow 0°$ 或 $i \rightarrow 180°$，由于升交点不确定，Ω 和 ω 为不定值，为此可引进新变量：

$$\begin{cases} a \\ p = \sin i \cos \Omega \\ q = -\sin i \sin \Omega \\ h = e\cos(\omega + \Omega) \\ k = -e\sin(\omega + \Omega) \\ L = M + \omega + \Omega \end{cases} \tag{1.65}$$

或

$$\begin{cases} a \\ h = e\sin(\omega \pm \Omega) \\ k = e\cos(\omega \pm \Omega) \\ p = \tan \dfrac{i}{2} \sin \Omega \\ q = \tan \dfrac{i}{2} \cos \Omega \\ L = M + \omega + \Omega \end{cases} \tag{1.66}$$

式中，h 和 k 中的"$\pm$"号，当轨道顺行时为"$+$"，轨道逆行时为"$-$"。

参 考 文 献

[1] 王正林,刘明. 精通 MATLAB 7[M]. 北京:电子工业出版社,2006.

[2] 薛定宇,陈阳泉. 基于 MATLAB/Simulink 的系统仿真技术与应用[M]. 北京:清华大学出版社,2002.

[3]罗华飞. MATLAB GUI 设计学习手记[M]. 2 版. 北京:北京航空航天大学出版社,2011.

[4]施晓红,周佳. 精通 GUI 图形界面编程[M]. 北京:北京大学出版社,2003.

[5]周军. 航天器控制原理[M]. 西安:西北工业大学出版社,2001.

[6]水小平,白若阳,刘海燕. 理论力学教程[M]. 北京:电子工业出版社,2013.

[7]HUGHES P C. Spacecraft attitude dynamics[M]. New York:Dover,2004.

[8]胡寿松. 自动控制原理[M]. 4 版. 北京:科学出版社,2001.

[9]叶东,孙兆伟,王剑颖. 敏捷卫星的联合执行机构控制策略[J]. 航空学报,2012,33(6):1108 – 1115.

[10]王立,吴奋陟,梁潇. 我国深空探测光学敏感器技术发展与应用[J]. 红外与激光工程,2020,49(5):6.

[11]肖磊,王绍举,常琳,等. 采用自适应无迹卡尔曼滤波的卫星姿态确定[J]. 光学精密工程,2021,29(3):9.

[12]刘延柱. 航天器姿态动力学[M]. 北京:国防工业出版社,1995.

第 2 章
姿态运动学与动力学建模

航天器姿态运动学是通过各个坐标系之间的几何关系，研究航天器姿态角速度与姿态角的时间导数之间关系的过程。航天器姿态动力学是通过牛顿运动学定律，研究外力矩与航天器姿态角加速度之间关系的过程。在本章的介绍中，除特殊说明外，航天器均被视作刚体。

2.1　航天器姿态运动学方程

航天器的姿态运动学主要研究航天器的姿态变化情况和角速度之间的关系。目前常见的航天器姿态运动学描述方法主要有基于欧拉角、四元数、罗德里格斯参数以及改进的罗德里格斯参数写成的姿态运动学方程[1]。下面以使用欧拉角描述姿态为例，介绍航天器姿态运动学的描述及其数学原理。

记 φ、θ 和 ψ 分别为航天器本体坐标系 f_b 相对于轨道坐标系 f_o 的滚转角、俯仰角和偏航角。下面针对"3 – 1 – 3"与"3 – 1 – 2"两种转动旋转，推导航天器的姿态运动学方程。

1. "3 – 1 – 3" 旋转

将航天器本体坐标系相对于轨道坐标系的姿态角速度矢量 $\boldsymbol{\omega}_{bo}$ 在本体坐标系中的分量 ω_{box}、ω_{boy} 和 ω_{boz} 用欧拉角表示，即

$$
\begin{bmatrix} \omega_{box} \\ \omega_{boy} \\ \omega_{boz} \end{bmatrix} = \boldsymbol{L}_z(\varphi)\boldsymbol{L}_x(\theta)\boldsymbol{L}_z(\psi) \begin{bmatrix} 0 \\ 0 \\ \dot{\psi} \end{bmatrix} + \boldsymbol{L}_z(\varphi)\boldsymbol{L}_x(\theta) \begin{bmatrix} \dot{\theta} \\ 0 \\ 0 \end{bmatrix} + \boldsymbol{L}_z(\varphi) \begin{bmatrix} 0 \\ 0 \\ \dot{\varphi} \end{bmatrix}
$$
$$
= \begin{bmatrix} \dot{\psi}\sin\varphi\sin\theta + \dot{\theta}\cos\varphi \\ \dot{\psi}\cos\varphi\sin\theta - \dot{\theta}\sin\varphi \\ \dot{\varphi} + \dot{\psi}\cos\theta \end{bmatrix} \tag{2.1}
$$

以姿态角对时间的导数为待求解变量，根据式（2.1）可得

$$
\begin{cases} \dot{\varphi} = \omega_{boz} - (\omega_{box}\sin\varphi + \omega_{boy}\cos\varphi)\cot\theta \\ \dot{\theta} = \omega_{box}\cos\varphi - \omega_{boy}\sin\varphi \\ \dot{\psi} = (\omega_{box}\sin\varphi + \omega_{boy}\cos\varphi)\csc\theta \end{cases} \tag{2.2}
$$

由式（2.2）可知，当 $\theta = n\pi(n \in \mathbf{N})$ 时，$\sin\theta = 0$，运动学方程出现奇异。因此，欧拉角描述的运动学方程只适用于姿态角小角度变化，在航天器大角度姿态机动时可能由于奇异而产生其他问题。

2. "3 – 1 – 2" 旋转

将航天器本体坐标系相对于轨道坐标系的姿态角速度矢量 $\boldsymbol{\omega}_{bo}$ 在本体坐标系中的分量

ω_{box}、ω_{boy} 和 ω_{boz} 用 "3 − 1 − 2" 旋转所定义的欧拉角表示，对应的姿态运动学方程为

$$
\begin{bmatrix} \omega_{\text{box}} \\ \omega_{\text{boy}} \\ \omega_{\text{boz}} \end{bmatrix} = \boldsymbol{L}_y(\theta)\boldsymbol{L}_x(\varphi)\boldsymbol{L}_z(\psi) \begin{bmatrix} 0 \\ 0 \\ \dot{\psi} \end{bmatrix} + \boldsymbol{L}_y(\theta)\boldsymbol{L}_x(\varphi) \begin{bmatrix} \dot{\varphi} \\ 0 \\ 0 \end{bmatrix} + \boldsymbol{L}_y(\theta) \begin{bmatrix} 0 \\ \dot{\theta} \\ 0 \end{bmatrix}
$$

$$
= \begin{bmatrix} -\dot{\psi}\cos\varphi\sin\theta + \dot{\varphi}\cos\theta \\ \dot{\psi}\sin\varphi + \dot{\theta} \\ \dot{\psi}\cos\varphi\cos\theta + \dot{\varphi}\sin\theta \end{bmatrix} \tag{2.3}
$$

以姿态角对时间的导数为待求解变量，根据式（2.3）可得

$$
\begin{cases} \dot{\varphi} = \omega_{\text{box}}\cos\theta + \omega_{\text{boz}}\sin\theta \\ \dot{\theta} = \omega_{\text{boy}} + (\omega_{\text{box}}\sin\theta - \omega_{\text{boz}}\cos\theta)\tan\varphi \\ \dot{\psi} = \dfrac{\omega_{\text{boz}}\cos\theta - \omega_{\text{box}}\sin\theta}{\cos\varphi} \end{cases} \tag{2.4}
$$

当 $\varphi = (2n + 1)\pi/2$ 时，运动学方程出现奇异。这再次说明欧拉角描述的运动学方程只适用于姿态角小角度变化，在航天器大角度姿态机动时可能由于奇异而产生其他问题。

在考虑航天器在轨运行的轨道角速度 $\boldsymbol{\omega}_o$ 时，姿态运动学方程还应当补充轨道角速度信息，则航天器本体坐标系相对于惯性坐标系的绝对角速度矢量 $\boldsymbol{\omega}_b$ 在本体坐标系中的分量可以表示为

$$
\begin{bmatrix} \omega_{\text{bx}} \\ \omega_{\text{by}} \\ \omega_{\text{bz}} \end{bmatrix} = \begin{bmatrix} \omega_{\text{box}} \\ \omega_{\text{boy}} \\ \omega_{\text{boz}} \end{bmatrix} + \boldsymbol{L}_y(\theta)\boldsymbol{L}_x(\varphi)\boldsymbol{L}_z(\psi) \begin{bmatrix} 0 \\ -\omega_o \\ 0 \end{bmatrix}
$$

$$
= \begin{bmatrix} -\dot{\psi}\cos\varphi\sin\theta + \dot{\varphi}\cos\theta - \omega_o(\cos\theta\sin\psi + \sin\varphi\sin\theta\cos\psi) \\ \dot{\psi}\sin\varphi + \dot{\theta} - \omega_o\cos\psi\cos\varphi \\ \dot{\psi}\cos\varphi\cos\theta + \dot{\varphi}\sin\theta + \omega_o(\sin\varphi\cos\theta\cos\psi - \sin\theta\sin\psi) \end{bmatrix} \tag{2.5}
$$

式中，ω_o——航天器在轨道坐标系下的轨道角速率。

当航天器姿态运动的角速度和姿态角均为小量时，运动学方程可做以下简化：

$$
\begin{bmatrix} \omega_{\text{bx}} \\ \omega_{\text{by}} \\ \omega_{\text{bz}} \end{bmatrix} = \begin{bmatrix} \dot{\varphi} - \omega_o\psi \\ \dot{\theta} - \omega_o \\ \dot{\psi} + \omega_o\varphi \end{bmatrix} \tag{2.6}
$$

2.2　动量矩定理

航天器的动力学方程是通过刚体的动量矩定理[2]推导得来的，下面对动量矩定理进行简单介绍。在推导过程中，用 $\dfrac{\mathrm{d}\boldsymbol{R}}{\mathrm{d}t}$ 表示在惯性空间中对矢量 $\boldsymbol{R}$ 求时间导数，用 $\dot{\boldsymbol{R}}$ 表示在 $\boldsymbol{R}$ 所在的坐标系中对矢量 $\boldsymbol{R}$ 求时间导数，$\dfrac{\mathrm{d}\boldsymbol{R}}{\mathrm{d}t}$ 与 $\dot{\boldsymbol{R}}$ 一般不相等；而对于标量 R，$\dfrac{\mathrm{d}R}{\mathrm{d}t}$ 等价于 $\dot{R}$。

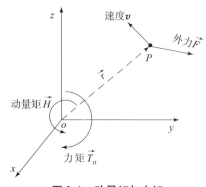

图 2.1　动量矩与力矩

如图 2.1 所示，考虑惯性坐标系 $oxyz$ 中存在一个质量为 m 的质点 P，点 o 到点 P 点的矢量为 $\vec{r}$，有外力 $\vec{F}$ 作用在质点 P 上，那么力 $\vec{F}$ 对点 o 的力矩可以表示为

$$\vec{T}_o = \vec{r} \times \vec{F} \tag{2.7}$$

显然，力矩 $\vec{T}_o$ 垂直于 $\vec{r}$ 与 $\vec{F}$ 所确定的平面，且其方向可以根据右手定则判断。类似地，质点的动量矩可以定义为

$$\vec{H} = \vec{r} \times \left(m \frac{\mathrm{d}\vec{r}}{\mathrm{d}t} \right) = \vec{r} \times (m\vec{v}) \tag{2.8}$$

式中，$\vec{v}$——质点 P 的速度。

动量矩 $\vec{H}$ 垂直于 $\vec{r}$ 与 $\vec{v}$ 所确定的平面，且其方向可以根据右手定则判断，其量纲为

［动量矩］＝［长度］×［质量］×［长度］÷［时间］＝［质量］［长度］^{2}［时间］$^{-1}$

用国际标准单位制可以表示为：千克·米^2·秒$^{-1}$（kg·m^2·s^{-1}）。

动量矩定理可以描述为：质点对某一点在惯性空间中动量矩的变化率，等于该质点所受合力对同一点在惯性空间的力矩。该定理可以用公式描述为

$$\frac{\mathrm{d}(\vec{r} \times m\vec{v})}{\mathrm{d}t} = \vec{r} \times \vec{F} \tag{2.9}$$

式（2.9）左边的 $\dfrac{\mathrm{d}(\vec{r} \times m\vec{v})}{\mathrm{d}t}$ 可以展开为 $m\vec{r} \times \dfrac{\mathrm{d}\vec{v}}{\mathrm{d}t} + m\dfrac{\mathrm{d}\vec{r}}{\mathrm{d}t} \times \vec{v}$。由于 $\dfrac{\mathrm{d}\vec{r}}{\mathrm{d}t} = \vec{v}$，根据平行矢量叉乘等于 0 可得 $m\dfrac{\mathrm{d}\vec{r}}{\mathrm{d}t} \times \vec{v} = 0$，那么式（2.9）可以写为

$$m\vec{r} \times \frac{\mathrm{d}\vec{v}}{\mathrm{d}t} = \vec{r} \times \vec{F} \tag{2.10}$$

若质点所受的外力矩 $\vec{T}_o = \vec{r} \times \vec{F}$ 为 0，那么根据动量矩定理，质点的动量矩变化率为 0，即动量矩的方向和大小保持不变，这就是质点的动量矩守恒定理。

将质点的动量矩定理推广到质点坐标系，可得

$$\sum m_i \vec{r}_i \times \frac{\mathrm{d}\vec{v}_i}{\mathrm{d}t} = \sum \vec{r}_i \times \vec{F}_i \tag{2.11}$$

式中，m_i，$\vec{r}_i$，$\vec{F}_i$——第 i 个质点的质量、位置矢量以及所受外力。

显然，式（2.11）左端为质点坐标系在惯性空间中的动量矩变化率，右端为质点坐标系在惯性空间中所受到的合外力矩，因此可将式（2.11）改写为

$$\frac{\mathrm{d}\vec{H}_s}{\mathrm{d}t} = \vec{T}_s \tag{2.12}$$

式中，$\vec{H}_s$——质点坐标系的动量矩；

$\vec{T}_s$——质点坐标系所受到的合外力矩。

式（2.12）即质点坐标系的动量矩定理。显然，若 $\vec{T}_s$ 为 0，则 $\dfrac{\mathrm{d}\vec{H}_s}{\mathrm{d}t} = 0$，质点坐标系动量矩保持常量不变，这就是质点坐标系的动量矩守恒定理。刚体是一类质点间相对位置恒定的质点坐标系，同样满足式（2.12）。

2.3　航天器姿态动力学方程

本节仅考虑航天器绕自身质心的转动，不考虑平移运动。在本节的推导中，将航天器视作质量不变的刚体。

设图 2.2 所示的航天器在空间中绕自身转动的角速度为 $\vec{\omega}$，航天器的角动量为 $\vec{H}$，航天器所受到的外力矩为 $\vec{T}$。为方便起见，将惯性坐标系的原点选取在航天器质心，同时令惯性坐标系坐标轴与姿态角均为 0 时的本体坐标系坐标轴重合。那么航天器的动量矩在本体坐标系 f_b 下可以表示为

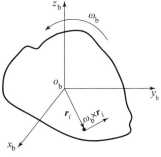

图 2.2　航天器绕自身转动

$$\boldsymbol{H}_b = \int_b \boldsymbol{r}_i \times \boldsymbol{v}_i \mathrm{d} m_i \qquad (2.13)$$

式中，$\boldsymbol{r}_i, \boldsymbol{v}_i, m_i$——第 i 个质量微元的位置、速度与质量。

需要注意的是，由于在式（2.13）中，$\boldsymbol{r}_i$ 与 $\boldsymbol{v}_i$ 均表达在本体坐标系 f_b 下（对于确定的质量微元，无论航天器怎样运动，$\boldsymbol{r}_i$ 在 f_b 下均不变，但是在惯性坐标系 f_e 下的坐标会随姿态变化而变化），所以所求的动量矩也表达在 f_b 下，以下标 b 表示。由于动量矩定理要求在惯性空间中对动量矩求导，故对式（2.13）应用动量矩定理时，应该考虑由 f_b 的转动所引起的牵连耦合项。将 $\boldsymbol{H}_b$ 在本体坐标系 f_b 展开为

$$\boldsymbol{H}_b = H_{bx} \boldsymbol{i}_b + H_{by} \boldsymbol{j}_b + H_{bz} \boldsymbol{k}_b \qquad (2.14)$$

式中，H_{bx}, H_{by}, H_{bz}——动量矩在 f_b 三个坐标轴上的坐标分量；

$\boldsymbol{i}_b, \boldsymbol{j}_b, \boldsymbol{k}_b$——$f_b$ 三个坐标轴在 f_b 下的单位向量。

对式（2.14）在 f_e 下求导，有

$$\frac{\mathrm{d}\boldsymbol{H}_b}{\mathrm{d}t} = \dot{H}_{bx} \boldsymbol{i}_b + \dot{H}_{by} \boldsymbol{j}_b + \dot{H}_{bz} \boldsymbol{k}_b + H_{bx} \frac{\mathrm{d}\boldsymbol{i}_b}{\mathrm{d}t} + H_{by} \frac{\mathrm{d}\boldsymbol{j}_b}{\mathrm{d}t} + H_{bz} \frac{\mathrm{d}\boldsymbol{k}_b}{\mathrm{d}t} \qquad (2.15)$$

式中，$\dot{H}_{bx}, \dot{H}_{by}, \dot{H}_{bz}$——$H_{bx}, H_{by}, H_{bz}$ 的变化率。

下面以 $\dfrac{\mathrm{d}\boldsymbol{i}_b}{\mathrm{d}t}$ 为例，简要介绍对坐标轴单位向量求导的方法[3]，坐标轴单位矢量的导数如图 2.3 所示。

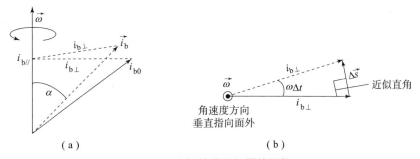

（a）　　　　　　　　　　　　　　（b）

图 2.3　坐标轴单位矢量的导数

如图 2.3（a）所示，矢量 $\vec{i}_{b0}$ 以角速度 $\vec{\omega}$ 转动后（注意，这里的转轴方向就是 $\vec{\omega}$ 的方向），得到了矢量 $\vec{i}_b$，将 $\vec{i}_b$ 分别沿转轴方向与垂直于转轴方向进行分解，得到分量 $i_{b/\!/}$ 与 $i_{b\perp}$，

若 $\vec{i}_b$ 与 $\vec{\omega}$ 的夹角为 α，那么有

$$\begin{cases} i_{b/\!/} = |\vec{i}_b|\cos\alpha \\ i_{b\perp} = |\vec{i}_b|\sin\alpha \end{cases} \tag{2.16}$$

如图 2.3（b）所示，沿 $\vec{\omega}$ 的反方向看去，由于转动时间 Δt 极小，故可认为 $\vec{i}_{b0}$ 末端转过的位移 $\Delta\vec{s}$ 与 $\vec{i}_{b0}$ 垂直，另外考虑到 $\vec{\omega}$ 垂直于 $\Delta\vec{s}$ 与 $\vec{i}_{b0}$ 构成的平面，可以得出：$\Delta\vec{s}$ 既垂直于 $\vec{\omega}$ 又垂直于 $\vec{i}_{b0}$，即 $\Delta\vec{s}$ 的方向与 $\vec{\omega} \times \vec{i}_{b0}$ 相同。

接下来，求解 $\Delta\vec{s}$ 的长度：

$$\begin{aligned} |\Delta\vec{s}| &= 2 \times i_{b\perp} \times \sin\frac{|\vec{\omega}|\Delta t}{2} \\ &= |\vec{i}_b|\sin\alpha|\vec{\omega}|\Delta t \\ &= |\vec{\omega} \times \vec{i}_b|\Delta t \end{aligned} \tag{2.17}$$

根据上述分析，可得 $\Delta\vec{s} = \vec{\omega} \times \vec{i}_b\Delta t$，那么有

$$\frac{d\vec{i}_b}{dt} = \lim_{\Delta t \to 0}\frac{\vec{i}_{b0} + \Delta\vec{s} - \vec{i}_{b0}}{\Delta t} = \vec{\omega} \times \vec{i}_{b0} \tag{2.18}$$

由于 Δt 极小，故有 $\dfrac{d\vec{i}_b}{dt} = \vec{\omega} \times \vec{i}_b$，将其表达在 f_b 下有：$\dfrac{d\boldsymbol{i}_b}{dt} = \boldsymbol{\omega}_b \times \boldsymbol{i}_b$。同理，有 $\dfrac{d\boldsymbol{j}_b}{dt} = \boldsymbol{\omega}_b \times \boldsymbol{j}_b$，$\dfrac{d\boldsymbol{k}_b}{dt} = \boldsymbol{\omega}_b \times \boldsymbol{k}_b$。

根据上述推导，式（2.15）可以写为

$$\begin{aligned} \frac{d\boldsymbol{H}_b}{dt} &= \dot{H}_{bx}\boldsymbol{i}_b + \dot{H}_{by}\boldsymbol{j}_b + \dot{H}_{bz}\boldsymbol{k}_b + \boldsymbol{\omega}_b \times (H_{bx}\boldsymbol{i}_b + H_{by}\boldsymbol{j}_b + H_{bz}\boldsymbol{k}_b) \\ &= \dot{\boldsymbol{H}}_b + \boldsymbol{\omega}_b \times \boldsymbol{H}_b \end{aligned} \tag{2.19}$$

式中，$\dot{\boldsymbol{H}}_b = \dot{H}_{bx}\boldsymbol{i}_b + \dot{H}_{by}\boldsymbol{j}_b + \dot{H}_{bz}\boldsymbol{k}_b$。

考虑到 $\boldsymbol{\omega}_b = \omega_{bx}\boldsymbol{i}_b + \omega_{by}\boldsymbol{j}_b + \omega_{bz}\boldsymbol{k}_b$，可以将式（2.19）表示成坐标分量的形式：

$$\frac{d\boldsymbol{H}_b}{dt} = \begin{bmatrix} \dot{H}_{bx} \\ \dot{H}_{by} \\ \dot{H}_{bz} \end{bmatrix} + \begin{bmatrix} \omega_{by}H_{bz} - \omega_{bz}H_{by} \\ \omega_{bz}H_{bx} - \omega_{bx}H_{bz} \\ \omega_{bx}H_{by} - \omega_{by}H_{bx} \end{bmatrix} = \begin{bmatrix} \dot{H}_{bx} \\ \dot{H}_{by} \\ \dot{H}_{bz} \end{bmatrix} + \begin{bmatrix} 0 & -\omega_{bz} & \omega_{by} \\ \omega_{bz} & 0 & -\omega_{bx} \\ -\omega_{by} & \omega_{bx} & 0 \end{bmatrix}\begin{bmatrix} H_{bx} \\ H_{by} \\ H_{bz} \end{bmatrix} \tag{2.20}$$

另外，考虑到航天器绕自身质心转动，根据式（2.13）可得

$$\boldsymbol{H}_b = \int_b \boldsymbol{r}_i \times (\boldsymbol{\omega}_b \times \boldsymbol{r}_i)dm_i = \left(-\int_b \boldsymbol{r}_i^\times \boldsymbol{r}_i^\times dm_i\right)\boldsymbol{\omega}_b \triangleq \boldsymbol{I}_b\boldsymbol{\omega}_b \tag{2.21}$$

式中，$\boldsymbol{r}_i = \begin{bmatrix} x_i & y_i & z_i \end{bmatrix}^T$；

$\boldsymbol{r}_i^\times$——$\boldsymbol{r}_i$ 的反对称矩阵；

$\boldsymbol{I}_b$——航天器的转动惯量矩阵，表达式为

$$\boldsymbol{I}_b = -\int_b \boldsymbol{r}_i^\times \boldsymbol{r}_i^\times dm_i = \begin{bmatrix} I_x & -I_{xy} & -I_{xz} \\ -I_{xy} & I_y & -I_{yz} \\ -I_{xz} & -I_{xy} & I_z \end{bmatrix} \tag{2.22}$$

式中，I_x, I_y, I_z——航天器绕坐标轴 $o_b x_b, o_b y_b, o_b z_b$ 的转动惯量；

I_{xy}, I_{yz}, I_{xz} ——航天器的惯量积。

它们的定义如下：

$$
\begin{cases}
I_x = \int_b (y_i^2 + z_i^2)\,\mathrm{d}m, & I_y = \int_b (x_i^2 + z_i^2)\,\mathrm{d}m, & I_z = \int_b (x_i^2 + y_i^2)\,\mathrm{d}m \\
I_{xy} = \int_b (x_i y_i)\,\mathrm{d}m, & I_{yz} = \int_b (y_i z_i)\,\mathrm{d}m, & I_{xz} = \int_b (x_i z_i)\,\mathrm{d}m
\end{cases}
\tag{2.23}
$$

惯量积的大小、正负与本体坐标系的坐标轴的选取有密切关系，若选取坐标轴恰当则惯量积均为 0，这样的坐标轴称为惯量主轴。

因此，若选取航天器的惯量主轴为本体坐标系的坐标轴，则有

$$
\begin{cases}
h_x = I_x \omega_x \\
h_y = I_y \omega_y \\
h_z = I_z \omega_z
\end{cases}
\tag{2.24}
$$

将式（2.24）代入式（2.21），并考虑式（2.12），可得

$$
\begin{cases}
T_x = I_x \dfrac{\mathrm{d}\omega_{bx}}{\mathrm{d}t} + \omega_{by}\omega_{bz}(I_z - I_y) \\[2mm]
T_y = I_y \dfrac{\mathrm{d}\omega_{by}}{\mathrm{d}t} + \omega_{bx}\omega_{bz}(I_x - I_z) \\[2mm]
T_z = I_z \dfrac{\mathrm{d}\omega_{bz}}{\mathrm{d}t} + \omega_{bx}\omega_{by}(I_y - I_x)
\end{cases}
\tag{2.25}
$$

式中，T_x, T_y, T_z ——航天器在三轴所受到的外力矩。

式（2.25）就是航天器的姿态动力学方程。

在航天器角速度量级较小时，可以忽略角速度的二次项，将式（2.25）简化为

$$
\begin{cases}
T_x = I_x \dfrac{\mathrm{d}\omega_{bx}}{\mathrm{d}t} \\[2mm]
T_y = I_y \dfrac{\mathrm{d}\omega_{by}}{\mathrm{d}t} \\[2mm]
T_z = I_z \dfrac{\mathrm{d}\omega_{bz}}{\mathrm{d}t}
\end{cases}
\tag{2.26}
$$

式（2.26）为航天器做小幅运动时对姿态动力学方程的简化形式，其中外力矩与角加速度为线性关系，便于进行相关分析。

2.4　航天器所受环境力矩的建模与分析

在轨道上运动的航天器会受各种来自空间环境的摄动力和力矩，摄动力会使航天器的轨道发生变化，环境力矩会影响航天器的姿态。本节主要介绍作用在航天器的环境力矩，包括重力梯度力矩、气动力矩、太阳光压力矩等[4]。

环境力矩对航天器姿态的影响与轨道高度、航天器姿态以及轨道速度等有关。通常，对于高轨道航天器，主要考虑太阳光压力矩所起的作用[5]；对于低轨道航天器（500 km 以下），主要考虑气动力矩、重力梯度力矩和地磁力矩所起的作用[6]。表 2.1 中列出了各环境力矩的主导因素。

表 2.1 环境力矩主导因素

环境力矩	重力梯度力矩	气动力矩	太阳光压力矩	地磁力矩
主导因素	轨道高度、 航天器形状	轨道速度、 迎流面积	光照条件、 表面材料	卫星磁矩、 所处的磁场

航天器受到的环境力矩与轨道高度、速度、姿态、光照条件、磁场分布等相关[7]，图 2.4 展示了几类环境力矩幅值随轨道高度变化的情况。

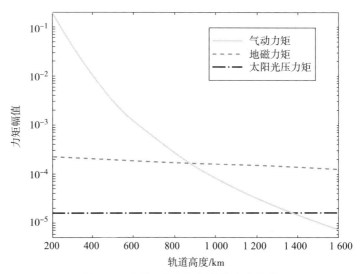

图 2.4 几类环境力矩幅值的变化趋势

2.4.1 重力梯度力矩

重力梯度力矩是由于航天器各部分质量具有不同重力而产生的。重力梯度力矩在本体坐标系中的表达式为

$$T_g = \frac{3\mu}{r^5}(r^\times I_b r) \tag{2.27}$$

式中，μ——地球引力常数；

　　r——地心到航天器质心的向量在航天器本体坐标系中的分量列阵；

　　I_b——航天器转动惯量矩阵。

在 "3 - 1 - 2" 的欧拉角旋转顺序下，有

$$r = r[c\varphi s\theta, -s\varphi, -c\varphi c\theta]^T \tag{2.28}$$

式中，分别用 s 和 c 代表 sin 和 cos；$r = |r|$。

将式（2.27）写为矩阵形式：

$$T_g = \frac{3\mu}{r^3}\begin{bmatrix} 0 & c\varphi c\theta & -s\varphi \\ -c\varphi c\theta & 0 & -c\varphi s\theta \\ s\varphi & c\varphi s\theta & 0 \end{bmatrix}\begin{bmatrix} I_{bx} & -I_{bxy} & -I_{bxz} \\ -I_{bxy} & I_{by} & -I_{byz} \\ -I_{bxz} & -I_{byz} & I_{bz} \end{bmatrix}\begin{bmatrix} c\varphi s\theta \\ -s\varphi \\ -c\varphi c\theta \end{bmatrix} \tag{2.29}$$

地球中心引力场对航天器产生的重力梯度力矩不仅与姿态有关，更与航天器的质量特性

有密切关系。当航天器姿态角的量级较小时，$\sin \beta \approx \beta$，$\cos \beta \approx 1$，其中 β 为某一姿态角。又当航天器运行于圆轨道时，轨道角速度可以表示为

$$\omega_0 = \sqrt{\frac{\mu}{r^3}} \qquad (2.30)$$

因此，重力梯度力矩的最简化形式为

$$\boldsymbol{T}_{\mathrm{g}} = 3\omega_0^2 \begin{bmatrix} (I_{\mathrm{bz}} - I_{\mathrm{by}})\varphi - I_{\mathrm{bxy}}\theta + I_{\mathrm{byz}} \\ (I_{\mathrm{bz}} - I_{\mathrm{bx}})\theta - I_{\mathrm{bxy}}\varphi - I_{\mathrm{bxz}} \\ I_{\mathrm{bxz}}\varphi + I_{\mathrm{byz}}\theta \end{bmatrix} \qquad (2.31)$$

2.4.2　气动力矩

气动力矩是近地轨道上主要的空间环境力矩，在相关航天器姿态控制系统设计中必须予以考虑[8]。气动力矩是由高层大气分子撞击卫星表面所产生的，一般可用动量转换原理建立气动力撞击模型，认为入射分子在碰撞中丧失其全部能量。因此，气动力模型可描述为

$$\boldsymbol{F}_{\mathrm{a}} = -\frac{1}{2}C_{\mathrm{d}}\rho S(\boldsymbol{n}_{\mathrm{s}} \cdot \boldsymbol{v}_{\mathrm{s}})\boldsymbol{v}_{\mathrm{s}} \qquad (2.32)$$

式中，C_{d}——阻力系数；

$\quad \rho$ ——大气密度；

$\quad S$ ——迎流面积；

$\quad \boldsymbol{n}_{\mathrm{s}}$——该面积的法线矢量；

$\quad \boldsymbol{v}_{\mathrm{s}}$——面积元相对入射流的平移速度矢量。

接下来，对上述变量逐一分析。

1. 阻力系数

阻力系数 C_{d} 是航天器温度、气体温度和速度的函数，通常 $C_{\mathrm{d}} = 2.2 \sim 2.6$。对于处于 1 100 km 轨道上的卫星，由于轨道高度相对较高，通常认为气动阻力系数较小，阻力系数可取为 $C_{\mathrm{d}} = 2.2$。

2. 大气密度

影响大气密度的主要因素有以下两方面：

（1）地球引力的影响：由于地球引力的存在，大气密度随高度增加而减小，减小的速度随高度增加而变慢，等密度面接近于地球形状，大致为扁球面。

（2）大气密度分布受太阳辐射（紫外辐射和粒子辐射）的影响：轨道高度越高，变化越大，有周日变化、季节变化、半年变化和长周期变化（与太阳活动 11 年周期有关）等，大气成分也相应地有明显变化。从统计角度来看，太阳辐射影响可以用 10.7 cm 流量 $F_{10.7}$ 和地磁指数 C_{p} 来描述，但仅是一种近似的统计规律。

考虑到密度计算的精确程度要求和为简化计算复杂程度，大气密度可以采用国际空间委员会（Committee on Space Research，COSPAR）提出的国际参考大气 CIRA（COSPAR International Reference Atmosphere）系列模型计算[9]。在该模型中，如果只考虑大气的重力平衡，在一定的近似下，根据流体静力学可知，其密度分布式是指数函数形式，即

$$\rho(h) = \rho_0 \exp\left(-\frac{h - h_0}{H}\right) \qquad (2.33)$$

此为球形大气，ρ_0 是参考球面 $r = r_0$ 上的大气密度，H 称为密度标高。这一表达式符合密度随高度增加而减小的规律，但由于密度随高度的变化越到高层就越慢，因此密度标高 H 应随高度缓慢增大。一个较好的近似是假定 H 随高度 h 线性变化，可取：

$$H = H(r) = H_0 + \frac{\mu}{2}(r - r_0) \tag{2.34}$$

则密度公式变为

$$\rho(h) = \rho_0 \exp\left(-\frac{r - r_0}{H}\right) = \rho_0\left[1 + \frac{\mu}{2}\left(\frac{r - r_0}{H_0}\right)^2\right]\exp\left(-\frac{r - r_0}{H_0}\right) \tag{2.35}$$

若引用 CIRA—61 模式，则在高度 h 处有

$$\rho_0 = 3.6 \times 10^{-10} \text{ kg/m}^3$$

$$H_0 = 37.4 \text{ km}$$

$$\mu = 0.1$$

$$r_0 = R_E + h$$

式中，R_E——地球平均半径，$R_E = 6\,371.004 \text{ km}$。

将以上参数代入式（2.35），则可求得球面 r 上的大气密度。

3. 迎流面积

在迎流面积的计算过程中，考虑到大气阻力是一种面力，与承受阻力作用的航天器表面形状、大小有关，对于非球形航天器，还涉及它的空间姿态，因此在一般情况下，迎流面积是时间的函数。式（2.32）中的 S 应理解为有效（相对阻力而言）截面积。

4. 迎流面积元相对入射流的平移速度矢量

由于地球旋转带动大气旋转，因此面积元相对入射流的平移速度矢量 $\boldsymbol{v}_s$ 可由下式计算：

$$\boldsymbol{v}_s = \boldsymbol{v}_o - \boldsymbol{\omega}_e \times \boldsymbol{r}_s \tag{2.36}$$

式中，$\boldsymbol{v}_o$——航天器轨道速度；

$\boldsymbol{\omega}_e$——大气旋转角速度，通常取与地球自转角速度相同的值；

$\boldsymbol{r}_s$——迎流面积的地心向径。

如果该面积的压力中心相对卫星质心的距离为 $\boldsymbol{\rho}_s$，则入射流在该面积上产生的气动力矩可以在本体坐标系中表达为

$$\boldsymbol{T}_a = \boldsymbol{A}_{bo}\boldsymbol{\rho}_s \times \boldsymbol{F}_a \tag{2.37}$$

2.4.3 太阳光压力矩

辐射力矩主要由太阳光压力造成，来源于太阳辐射作用在航天器表面上产生的压力[10]，其数值等于太阳辐射动量的变化率（即被该表面截断的辐射通量），等于太阳常数 I 除以光速 c，记为 $p = I/c$。在近地轨道，照射全吸收表面（黑体）的光压约为 $p = 4.563 \times 10^{-6} \text{ N/m}^2$。因此，当太阳垂直照射表面积 A 时，其压力的一般估计式为

$$F = \frac{I}{c}A = pA \tag{2.38}$$

光量子在照射（或辐射）的表面有三种作用方式：吸收、反射与透射。其中，反射包含镜面反射和漫反射。一般情况下，透射系数为 0，吸收系数设为 ρ_a，镜面反射系数为 ρ_s，漫反射系数为 ρ_d，三个系数存在以下关系：

$$\rho_\mathrm{a} + \rho_\mathrm{s} + \rho_\mathrm{d} = 1 \tag{2.39}$$

图 2.5 为太阳光压作用示意图，其中 $\vec{S}$ 表示入射方向单位向量，$\vec{n}$ 为垂直于表面的单位向量，微元 $\mathrm{d}A$ 上所受的辐射力 $\mathrm{d}\vec{F}_\mathrm{s}$ 可以表示为

$$
\begin{aligned}
\mathrm{d}\vec{F}_\mathrm{s} &= \left\{ p\left[\rho_\mathrm{a}(\vec{S} \cdot \vec{n})\vec{S} + 2\rho_\mathrm{s}(\vec{S} \cdot \vec{n})^2\vec{n} + \rho_\mathrm{d}(\vec{S} \cdot \vec{n})\left(\vec{S} + \frac{2}{3}\vec{n}\right) \right] \right\}\mathrm{d}A \\
&= \left\{ p(\vec{S} \cdot \vec{n})\left[(\rho_\mathrm{a} + \rho_\mathrm{d})\vec{S} + \left(2\rho_\mathrm{s}(\vec{S} \cdot \vec{n}) + \frac{2}{3}\rho_\mathrm{d}\right)\vec{n} \right] \right\}\mathrm{d}A \\
&= \left\{ p(\vec{S} \cdot \vec{n})\left[(1 - \rho_\mathrm{s})\vec{S} + \left(2\rho_\mathrm{s}(\vec{S} \cdot \vec{n}) + \frac{2}{3}\rho_\mathrm{d}\right)\vec{n} \right] \right\}\mathrm{d}A
\end{aligned}
\tag{2.40}
$$

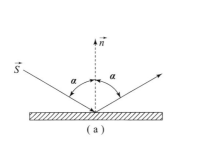
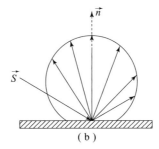

图 2.5　太阳光压示意图

（a）镜面反射；（b）漫反射

如图 2.5 所示，$\vec{S} = \cos\alpha \cdot \vec{n} + \sin\alpha \cdot \vec{t}$，$\alpha$ 为入射方向单位向量 $\vec{S}$ 与法向量 $\vec{n}$ 之间的夹角，辐射力 $\mathrm{d}\vec{F}_\mathrm{s}$ 也可以表示为

$$\mathrm{d}\vec{F}_\mathrm{s} = \mathrm{d}F_\mathrm{n}\vec{n} + \mathrm{d}F_\mathrm{t}\vec{t} \tag{2.41}$$

式中，

$$
\begin{aligned}
\mathrm{d}F_\mathrm{n} &= \left\{ p\left[(1 + \rho_\mathrm{s})\cos^2\alpha + \frac{2}{3}\rho_\mathrm{d}\cos\alpha \right] \right\}\mathrm{d}A \\
\mathrm{d}F_\mathrm{t} &= \left[p(1 - \rho_\mathrm{s})\cos\alpha\sin\alpha \right]\mathrm{d}A
\end{aligned}
\tag{2.42}
$$

对整个航天器表面积微元进行积分，可得作用于其上的辐射力与力矩为

$$
\begin{cases}
\vec{F}_\mathrm{s} = \displaystyle\int_A \mathrm{d}\vec{F}_\mathrm{s} \\
\vec{T}_\mathrm{s} = \displaystyle\int_A \vec{l} \times \mathrm{d}\vec{F}_\mathrm{s}
\end{cases}
\tag{2.43}
$$

式中，$\vec{l}$ ——微元 $\mathrm{d}A$ 相对于航天器质心的矢径。

2.4.4　地磁力矩

地球磁场分布在地球上空数万千米高度的范围内。在此范围内运行的飞行器都要受到地球磁场的影响。地磁场强度不大，磁南极处垂直磁场强度约为 0.68 Gs[①]，磁北极处垂直磁场强度约为 0.58 Gs，磁赤道处水平磁场强度约为 0.31 Gs。

为了估计地磁力矩，首先要分析地磁场的性质并建立地磁场的数学模型。地磁场按其起

---

① 1 Gs $= 10^{-4}$ T。

源可分为内源场和外源场。内源场是地球内部结构产生的。外源场则起源于地球附近电流体系的磁场（如电离层电流、环电流、磁顶层电流等产生的磁场），它受多种因素影响（如太阳活动、磁暴等）而不断变化。

内源场包括基本磁场与感应磁场。基本磁场是由地球内核熔岩电流产生的磁场，十分稳定，即使有电流变化引起地表磁极的迁移，也是非常缓慢的长期变化。地磁场的调和函数模型（或简化的偶极子模型）就是描述地磁场中这个主要部分的模型。感应磁场是由外源场变化在地壳内感生的磁场。

对于卫星高度，可以略去地表磁质物质引起的简单偶极子的偏差。外源场的影响因素虽然较多，但对于 1 000 km 轨道高度之内，静年时的外源场强度不到内源场的千分之一，强扰动时的外源场强度也不到内源场的百分之一，因此在环境力矩的计算过程中忽略其影响因素，认为基本磁场是内源场。

地磁场就是一个有源、无旋场，在地球以外的空间是位势场，磁位势满足拉普拉斯方程，其解为球谐函数的形式，球谐函数的各阶系数是通过测量得到的。研究地球磁场的分析方法是在大量测量数据的基础上提出来的，一般可以用 IGRF 模型（international geomagnetic reference field mode，国际参考［地］磁场模式）来描述地球磁场[11]，略去外部磁场的影响得到主要磁场的标量磁位为[12]

$$V = R_E \sum_{n=1}^{\infty} \sum_{m=0}^{n} \left(\frac{R_E}{r}\right)^{n+1} \left(g_n^m \cos(m\lambda) + h_n^m \sin(m\lambda)\right) P_n^m(\cos\theta) \tag{2.44}$$

式中，R_E——地球半径；

r ——航天器的地心距；

θ ——地心余纬；

λ ——格林尼治算起的东经；

g_n^m, h_n^m ——高斯系数；

$P_n^m(x)$ ——n 次 m 阶关联勒让德函数。

高斯系数 g_n^m 和 h_n^m 随地球内部的运动变化而缓慢变化，需要根据测量数据加以校正。1995 年国际基准地磁场模型高斯系数如表 2.2 所示。

表 2.2 高斯系数表 ×10⁻⁵Gs

n＼m	0	1	2	3	4	5	6	7	8
1	− 29 682 0	− 1 789 5 318							
2	− 2 197 0	3 074 − 2 365	1 685 − 425						
3	1 329 0	− 2 268 − 263	1 249 302	769 − 406					
4	941 0	782 262	291 − 232	− 421 98	116 − 301				
5	− 210 0	352 44	237 157	− 122 − 152	− 167 − 64	− 26 99			

续表

$\frac{m}{n}$	0	1	2	3	4	5	6	7	8
6	66 0	64 -16	65 77	-172 67	2 -57	17 4	-94 28		
7	78 0	-67 -77	1 -25	29 3	4 22	8 16	9 -23	-2 -3	
8	24 0	4 12	-1 -20	-9 7	-14 -21	4 12	5 10	0 -11	-7 -10

注：表中每行数据中，上面是 g_n^m，下面是 h_n^m。

地磁场强度矢量 $\vec{B}$（又称为地磁场磁通密度矢量）可由下式确定：

$$\vec{B} = -\nabla V \tag{2.45}$$

地磁场强度在地心球坐标系中的三轴分量可以表示为[12]

$$\begin{cases} B_x = -\dfrac{1}{r\sin\theta}\dfrac{\partial V}{\partial \lambda} = \dfrac{-1}{\sin\theta}\sum_{n=1}^{\infty}\left(\dfrac{R_E}{r}\right)^{n+2}\sum_{m=0}^{\infty} m(-g_n^m\sin(m\lambda)+h_n^m\cos(m\lambda))P_n^m(\cos\theta) \\[3mm] B_y = -\dfrac{\partial V}{\partial r} = \sum_{n=1}^{\infty}\left(\dfrac{R_E}{r}\right)^{n+2}(n+1)\sum_{m=0}^{\infty}(g_n^m\cos(m\lambda)+h_n^m\sin(m\lambda))P_n^m(\cos\theta) \\[3mm] B_z = \dfrac{1}{r}\dfrac{\partial V}{\partial \theta} = \sum_{n=1}^{\infty}\left(\dfrac{R_E}{r}\right)^{n+2}\sum_{m=0}^{n}(g_n^m\cos(m\lambda)+h_n^m\sin(m\lambda))\dfrac{\partial P_n^m(\cos\theta)}{\partial \theta} \end{cases} \tag{2.46}$$

地磁力矩的物理机制是航天器的有效偶极子磁矩与当地地磁场相互作用产生的。卫星磁矩来源于星上电子仪器产生的剩余磁场，或来自姿态控制用的磁矩线圈[13]。控制各个磁矩线圈的电流，可形成预期的卫星磁矩，地磁力矩可表示为

$$\boldsymbol{T}_m = \boldsymbol{M}_m \times \boldsymbol{B} \tag{2.47}$$

式中，$\boldsymbol{M}_m$——卫星磁矩，$A \cdot m^2$；

$\boldsymbol{B}$——航天器所处位置的地磁场磁感应强度在本体坐标系中的分量列阵，Wb/m^2。

2.5 MATLAB 仿真设计

本节使用 MATLAB 对航天器动力学与运动学模块进行仿真设计，见程序 2.1 ~ 程序 2.4，程序运行结果如图 2.6 所示。程序的编写思路：首先，根据上述推导的运动学与动力学方程，以航天器的角速度与姿态角为状态量，将其变化规律以微分方程的形式进行描述，并编写成函数文件，该函数的输入包括时间与状态量，输出为状态量对时间的导数；然后，编写主函数，在主函数中首先需要给定航天器的转动惯量、姿态角与角速度初值，仿真开始与结束的时刻以及外力矩形式（常值力矩或者正弦力矩），再调用 ode45 函数对动力学与运动学过程进行数值积分；最后，利用 plotfunc 函数绘制航天器角速度与姿态角的变化曲线。

程序 2.1 航天器姿态动力学与运动学仿真主程序 attidyn_main. m

```
%%%%%%%%该程序用于对航天器姿态动力学与运动学方程进行数值仿真%%%%%%%%
clear all;clc;          % 清除命令行窗口与工作区中的内容
```

```
global I T Tw TA Tmode
I = diag([700;800;900]);                % 航天器转动惯量矩阵
Tmode = 1;                              % Tmode 为 1 时作用常值力矩,为 2 时作用周期力矩
T = [1;1;1];                            % 外力矩模式 1 - 常值力矩
Tw = [3;4;5];                           % 外力矩模式 2 - 正弦力矩 - 三个方向上力矩的频率
TA = [1;2;3];                           % 外力矩模式 2 - 正弦力矩 - 三个方向上力矩的幅值
t0 = 0;                                 % 初始时刻(s)
tf = 40;                                % 结束时刻(s)
tstep = 0. 01;                          % 步长(s)
tspan = t0:tstep:tf;                    % 时间序列
w0 = [0;0;0];                           % 角速度初值(rad/s)
angle0 = [0;0;0];                       % 姿态角初值(rad)
x0 = [w0,angle0];                       % 初值数组
option = odeset('RelTol',1e - 4);       % 相对误差精度设置
[t_atti,x_atti] = ode45('attidyn_dae',tspan,x0,option);   % 利用 ode45 方法进行数值积分
plotfunc(tspan,x_atti(:,[4:6 1:3]))
% % attidyn_main. m 内容结束
```

程序 2. 2   航天器姿态动力学与运动学微分方程函数 attidyn_dae. m

```
function dx = attidyn_dae(t,x)
% % 输入为时间、当前角速度与姿态角;输出为角加速度与姿态角导数
global I T Tw TA Tmode
switch Tmode
    case(1)
        Tn = T;
    case(2)
        Tn = diag(TA) * sin(Tw * t);
    end
    w = x(1:3,1);                    % 从状态量 x 中提取角速度
    phi = x(4);                      % 从状态量 x 中提取第一个姿态角
    theta = x(5);                    % 从状态量 x 中提取第二个姿态角
    pothe = x(6);                    % 从状态量 x 中提取第三个姿态角
    dw = inv(I) * (Tn - cross(w,I * w));   % 动力学方程
    % % dw = inv(I) * (Tn - across(w) * I * w);   % 动力学方程的另一种写法
    dangle = kinematics([w;phi;theta;pothe]);% 运动学方程
    dx = [dw;dangle];               % 组成状态量的导数,以便输出
end
% % attidyn_dae. m 内容结束
```

上述代码中的 across 函数为反对称矩阵函数,具体形式可参考 1. 4. 3 节。

程序 2.3　航天器姿态运动学函数 kinematics. m

```
function dangle = kinematics( u)
    % 3 - 1 - 2 旋转顺序
    w = [ u( 1) u( 2) u( 3) ]';
    phi = u( 4) ;
    theta = u( 5) ;
    pothe = u( 6) ;
    dangle( 1,1) = w( 1) * cos( theta) + w( 3) * sin( theta) ;
    dangle( 2,1) = w( 2) + ( w( 1) * sin( theta) - w( 3) * cos( theta) ) * tan( phi) ;
    dangle( 3,1) = ( w( 3) * cos( theta) - w( 1) * sin( theta) )/cos( phi) ;
end
% % kinematics. m 内容结束
```

程序 2.4　绘图函数 plotfunc. m

```
function   plotfunc( t,x)
    subplot( 211)
    plot( t,x( :,1) ,'r:','LineWidth',1. 2)
    hold on
    plot( t,x( :,2) ,'b - . ','LineWidth',1. 2)
    hold on
    plot( t,x( :,3) ,'g -','LineWidth',1. 2)
    hold off
    xlabel('时间/s')
    ylabel('姿态角/rad')
    title('三轴姿态角随时间变化的曲线')
    l1 = legend('\it\phi','\it\theta','\it\psi') ;
    set( l1,'Fontname','Times New Roman') ;
    subplot( 212)
    plot( t,x( :,4) ,'r:','LineWidth',1. 2)
    hold on
    plot( t,x( :,5) ,'b - . ','LineWidth',1. 2)
    hold on
    plot( t,x( :,6) ,'g -','LineWidth',1. 2)
    hold off
    xlabel('时间/s')
    ylabel('角速度/( rad/s)')
    title('三轴角速度随时间变化的曲线')
    l2 = legend('\it\omega_x','\it\omega_y','\it\omega_z') ;
    set( l2,'Fontname','Times New Roman') ;
end
% % plotfunc. m 内容结束
```

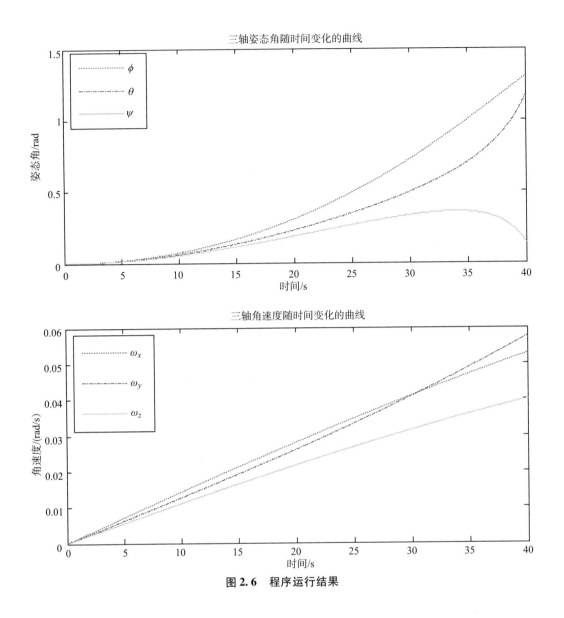

图 2.6　程序运行结果

2.6　Simulink 仿真设计

在 Simulink 中搭建航天器姿态动力学与运动学回路，程序框图如图 2.7 所示。

1. 角速度初值设置

如图 2.8 所示，从 Simulink – Commonly used 库中添加 Integrator 模块，添加后双击该模块进行设置：在"Initial condition"文本框中添加角速度初值，既可以手动输入三维矢量，也可以输入已经添加到 Workspace 中的变量名。

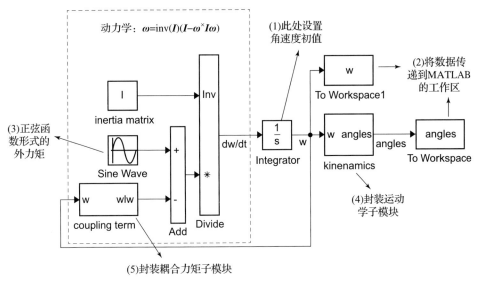

图 2.7　航天器姿态运动学与动力学的 Simulink 程序框图

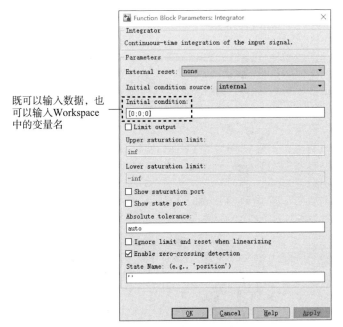

图 2.8　角速度初值设置

2. 角速度输出

如图 2.9 所示，从 Simulink – Sinks 库中添加 To Workspace 模块，添加后双击该模块进行设置：在"Variable name"文本框中添加变量名，并将"Save format"选取为"Array"。在程序运行结束后，结果可能会具有 $3 \times 1 \times n$ 的维数，这时可以利用 Squeeze 函数删除多余的维数。

3. 正弦形式的外力矩

如图 2.10 所示，从 Simulink – Sources 库中添加 Sine Wave 模块，添加后双击该模块进行

仿真结束后，各个时刻角速度的数值将会以w为变量名储存到Workspace中

注意此处选取为Array

图2.9 角速度输出

设置：分别设置正弦信号的幅值（Amp）、常值部分（Bias）、频率（Freq）以及相角（Phase）。此处输出为三维正弦信号，故 Amp、Bias、Freq 与 Phase 中均填写 3×1 矢量，以对每一维信号进行设置。该模块的输出如下式：

$$\text{Out}(i) = \text{Amp}(i) \times \sin(\text{Freq}(i) \times t + \text{Phase}(i)) + \text{Bias}(i)$$

模块的输出

幅值

常值部分

频率

相角

图2.10 正弦形式的外力矩

4. 封装运动学子模块

如图 2.11 所示，框选待封装区域，右击，选择"Create Subsystem from Selection"。

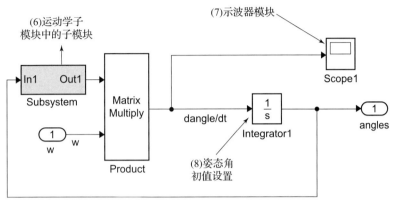

图 2.11　运动学子模块

5. 封装耦合力矩子模块

耦合力矩子模块如图 2.12 所示。

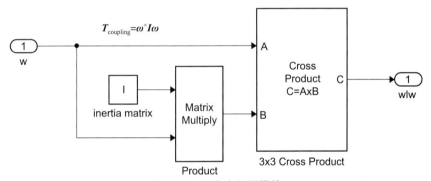

图 2.12　耦合力矩子模块

图 2.12 所示中的叉乘模块来自 Simulink – Aerospace Blockset 库，该子模块也可以通过 1.4.3 节介绍的反对称矩阵实现，如图 2.13 所示。其中，Interpreted MATLAB Function 来自 Simulink – UserDefined Functions 库，across 函数为 1.4.3 节中提到的反对称矩阵函数。

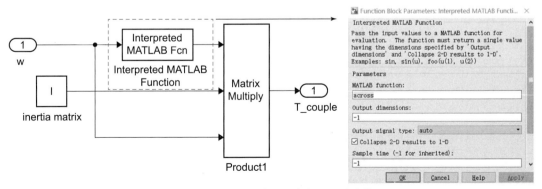

图 2.13　利用反对称矩阵实现叉乘功能

6. 运动学子模块中的设计细节

运动学子模块框图如图 2.14 所示。

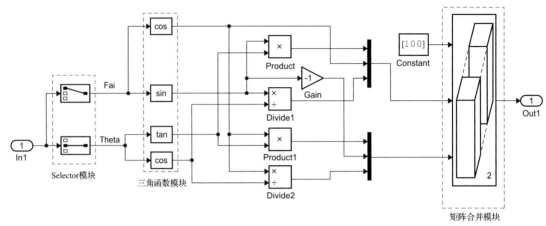

图 2.14　运动学子模块框图

该子模块实现了 2.1 节中的运动学方程，其中 Selector 模块来自 Simulink – Signal Routing 库，用于从姿态角矢量中选取第一个姿态角 φ 与第二个姿态角 θ。三角函数模块 Trigonometric functions 来自 Simulink – Math Operations 库，可以在下拉菜单中选取不同的三角函数。Matrix Concatenate 模块来自 Simulink – Math Operations 库，用于将多个矢量（或矩阵）拼成一个大矩阵，如图 2.15 所示。Numbers of input 表示待拼接矩阵的个数。Concatenate dimension 表示拼接方式：方式 1 为垂直拼接，即各矩阵需要具有相同的列数；方式 2 为横向拼接，即各矩阵需要具有相同的行数。

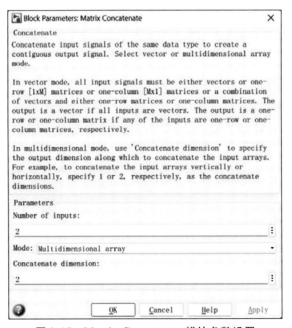

图 2.15　Matrix Concatenate 模块参数设置

7. 示波器模块

如图 2.16 所示，从 Simulink – Sinks 库中添加示波器 Scope 模块，添加后双击该模块进行设置：⊡按钮可以将图像缩放到合适大小，方便对图像整体进行把握，但需要注意该按钮只能在仿真结束后才能单击；◎按钮可以对示波器模块进行限制，最好在仿真开始前将"History"选项卡中"Limit data points to last"前的复选框取消勾选，否则在仿真时长较长或者步长较小时，容易导致图像显示不全。

将图像缩放到合适大小　　　示波器设置　　　此处不勾选，否则图像显示不完整

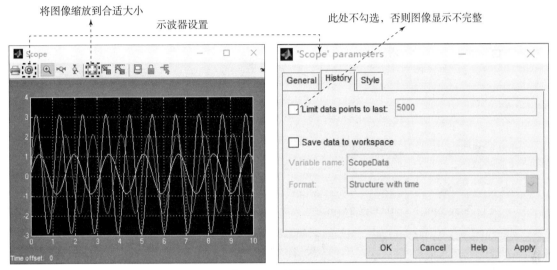

图 2.16　示波器设置

8. 姿态角初值设置

姿态角初值设置与图 2.8 所示的对角速度初值设置类似，此处不再赘述。

9. 仿真环境设置

在 Simulink 界面中，从"Simulink"选项卡中选择"Model Configuration Parameters"，可以打开图 2.17 所示的界面。在该界面中，可以对仿真开始时间、仿真结束时间、积分器类型进行设置与选取。

仿真开始时间　选取定步长 积分求解器　仿真步长　仿真结束时间　选择求解器

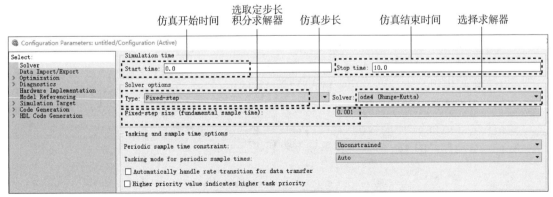

图 2.17　仿真环境设置

2.7 MATLAB GUI 界面设计

本节主要基于本章中前述关于航天器姿态动力学与运动学的建模过程,采用 MATLAB 的 GUI 功能完成对应人机交互界面的设计,其具体设计步骤如下。

1. 界面设计

航天器姿态动力学与运动学仿真的 GUIDE 布局如图 2.18 所示。

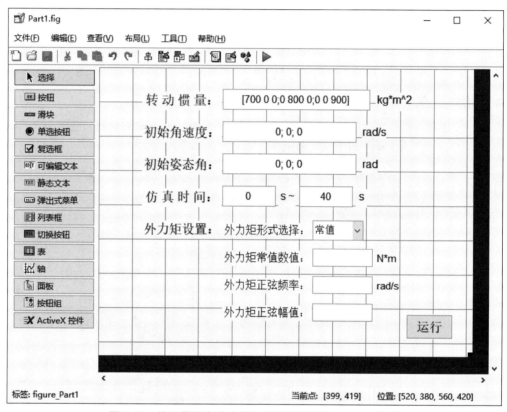

图 2.18 航天器姿态动力学与运动学仿真的 GUIDE 布局

设计界面主要包括以下元素:

(1) 1 个窗口对象:作为航天器姿态动力学与运动学仿真界面主窗口。

(2) 16 个静态文本控件:用来显示参数名称与信息。

(3) 8 个可编辑文本控件:用来输入所需参数的值。

(4) 1 个下拉菜单控件:用来选择所需的外力矩形式。

(5) 1 个"运行"按钮:用来开始仿真进程并显示结果图像。

所有元素与控件的 Tag 值以及其属性设置如表 2.3 所示。

表 2.3 元素与控件的 Tag 值及其属性设置

类型	Tag 值	属性设置
窗口对象	figure_Part1	Name→航天器姿态动力学与运动学仿真
静态文本控件	text1_Part1	String→转动惯量:；FontSize→14
	text2_Part1	String→初始角速度:；FontSize→14
	text3_Part1	String→初始姿态角:；FontSize→14
	text4_Part1	String→kg * m^2；FontSize→12
	text5_Part1	String→rad/s；FontSize→12
	text6_Part1	String→rad；FontSize→12
	text7_Part1	String→外力矩设置:；FontSize→14
	text8_Part1	String→外力矩形式选择:；FontSize→12
	text9_Part1	String→外力矩常值数值:；FontSize→12
	text10_Part1	String→N * m；FontSize→11
	text11_Part1	String→外力矩正弦幅值:；FontSize→12
	text13_Part1	String→外力矩正弦频率:；FontSize→12
	text14_Part1	String→rad/s；FontSize→11
	text15_Part1	String→仿真时间:；FontSize→14
	text16_Part1	String→s ~ ；FontSize→12
	text17_Part1	String→s；FontSize→12
可编辑文本控件	edit1_Part1	String→[100 0 0；0 150 0；0 0 200]；FontSize→11；TooltipString→请输入符合 MATLAB 格式的 3 ×3 的矩阵
	edit2_Part1	String → [0.00001；0.00003； − 0.02]；FontSize → 11；TooltipString→请输入符合 MATLAB 格式的 3 ×1 的向量
	edit3_Part1	String→0.03； − 0.01；0.01；FontSize→11；TooltipString→请输入符合 MATLAB 格式的 3 ×1 的向量
	edit4_Part1	String→" "；FontSize→10；TooltipString→请输入符合 MATLAB 格式的 3 ×1 的向量
	edit5_Part1	String→" "；FontSize→10；TooltipString→请输入符合 MATLAB 格式的 3 ×1 的向量
	edit6_Part1	String→" "；FontSize→10；TooltipString→请输入符合 MATLAB 格式的 3 ×1 的向量
	edit7_Part1	String→0；FontSize→11
	edit8_Part1	String→40；FontSize→11
下拉菜单控件	popupmenu1_Part1	String→{ '常值'，'正弦'}；FontSize→11
"运行" 按钮	pushbutton1_Run_Part1	String→运行；FontSize→14

2. 程序设计

1）窗口 figure_Part1 的 OpeningFcn 函数

代码如下：

```
function Part1_OpeningFcn(hObject,eventdata,handles,varargin)
% 为 Part1 选择默认的命令行输出
handles. output = hObject;
% 将"外力矩正弦幅值"text 和 edit 控件与"外力矩常值数值"text 和 edit 控件位置重合
set(handles. text11_Part1,'Position',get(handles. text9_Part1,'Position'));
set(handles. edit5_Part1,'Position',get(handles. edit4_Part1,'Position'));
% 更新句柄结构
guidata(hObject,handles);
```

2）窗口 figure_Part1 的 OutputFcn 函数

代码如下；

```
function varargout = Part1_OutputFcn(hObject,eventdata,handles)
% 弹出窗口时将窗口移动至屏幕中心
movegui(handles. figure_Part1,'center');
set(handles. figure_Part1,'Visible','on');
% 从句柄结构获取默认的命令行输出
varargout{1} = handles. output;
```

3）下拉菜单 popupmenu1_Part1 的 Callback 函数

代码如下；

```
function popupmenu1_Part1_Callback(hObject,eventdata,handles)
% 获取当前下拉菜单所选项的序号
val = get(handles. popupmenu1_Part1,'Value');
% 根据下拉菜单的当前所选项,设置对应参数设置控件可见性
switch val
    case 1
        % 清空正弦参数设置内容并隐藏对应控件
        set(handles. text11_Part1,'Visible','off');
        set(handles. text13_Part1,'Visible','off');
        set(handles. text14_Part1,'Visible','off');
        set(handles. edit5_Part1,'String','','Visible','off');
        set(handles. edit6_Part1,'String','','Visible','off');
        % 显示常值参数设置对应的控件
        set(handles. text9_Part1,'Visible','on');
        set(handles. edit4_Part1,'Visible','on');
    case 2
        % 清空常值参数设置内容并隐藏对应控件
        set(handles. text9_Part1,'Visible','off');
```

```
    set( handles. edit4_Part1 ,'String' ,'' ,'Visible' ,'off' ) ;
    %　显示正弦参数设置对应的控件
    set( handles. text11_Part1 ,'Visible' ,'on' ) ;
    set( handles. text13_Part1 ,'Visible' ,'on' ) ;
    set( handles. text14_Part1 ,'Visible' ,'on' ) ;
    set( handles. edit5_Part1 ,'Visible' ,'on' ) ;
    set( handles. edit6_Part1 ,'Visible' ,'on' ) ;
  otherwise
    beep;
    errordlg('外力矩形式选择程序报错！' ,'错误' ,'modal' ) ;
end
```

4）"运行"按钮 pushbutton1_Run_Part1 的 Callback 函数

代码如下：

```
function pushbutton1_Run_Part1_Callback( hObject ,eventdata ,handles)
% 建立全局变量参数
global I T Tw TA Tmode;
% 获取当前下拉菜单所选项的序号
val = get( handles. popupmenu1_Part1 ,'Value' ) ;
% 获取转动惯量、初始姿态角速度、初始姿态角、仿真起始时间、仿真终止时间
I = str2num( get( handles. edit1_Part1 ,'String' ) ) ;
w0 = str2num( get( handles. edit2_Part1 ,'String' ) ) ;
if size( w0 ,1 ) == 1 && size( w0 ,2 ) == 3
  w0 = w0' ;
end
angle0 = str2num( get( handles. edit3_Part1 ,'String' ) ) ;
if size( angle0 ,1 ) == 1 && size( angle0 ,2 ) == 3
  angle0 = angle0' ;
end
t0 = str2num( get( handles. edit7_Part1 ,'String' ) ) ;
tf = str2num( get( handles. edit8_Part1 ,'String' ) ) ;
% 判断所有参数是否都按照正确格式填写
if( val == 1 && isempty( get( handles. edit1_Part1 ,'String' ) ) ||
isempty( get( handles. edit2_Part1 ,'String' ) ) ||
isempty( get( handles. edit3_Part1 ,'String' ) ) ||
isempty( get( handles. edit7_Part1 ,'String' ) ) ||
isempty( get( handles. edit8_Part1 ,'String' ) ) ||
isempty( get( handles. edit4_Part1 ,'String' ) ) ) ) || ( val == 2 &&
( isempty( get( handles. edit1_Part1 ,'String' ) ) ||
isempty( get( handles. edit2_Part1 ,'String' ) ) ||
isempty( get( handles. edit3_Part1 ,'String' ) ) ||
isempty( get( handles. edit7_Part1 ,'String' ) ) ||
```

```
            isempty( get( handles. edit8_Part1 ,'String') ) ||
            isempty( get( handles. edit5_Part1 ,'String') ) ||
            isempty( get( handles. edit6_Part1 ,'String') ) ) ) )
        beep;
        hw = warndlg('存在参数未填写！','警告','modal');
        movegui( hw,'center') ;
    elseif size( I,1) ~=3 || size( I,2) ~=3
        beep;
        hw = warndlg('转动惯量填写格式有误！','警告','modal');
        movegui( hw,'center') ;
    elseif length( w0) ~=3
        beep;
        hw = warndlg('初始角速度填写格式有误！','警告','modal');
        movegui( hw,'center') ;
    elseif length( angle0) ~=3
        beep;
        hw = warndlg('初始姿态角填写格式有误！','警告','modal');
        movegui( hw,'center') ;
    elseif length( t0) ~=1 || length( tf) ~=1
        beep;
        hw = warndlg('仿真时间填写格式有误！','警告','modal');
        movegui( hw,'center') ;
    elseif val ==1 && length( str2num( get( handles. edit4_Part1 ,'String') ) ) ~=3
        beep;
        hw = warndlg('外力矩常值数值填写格式有误！','警告','modal');
        movegui( hw,'center') ;
    elseif val ==2 &&( length( str2num( get( handles. edit5_Part1 ,'String') ) ) ~=3 ||
    length( str2num( get( handles. edit6_Part1 ,'String') ) ) ~=3)
        beep;
        hw = warndlg('外力矩正弦幅值或频率填写格式有误！','警告','modal');
        movegui( hw,'center') ;
    else
        %  根据当前选择的外力矩形式,获取对应的外力矩
        Tmode = val;
        switch val
            case 1
                T = str2num( get( handles. edit4_Part1 ,'String') ) ;
                if size( T,1) ==1 && size( T,2) ==3
                    T = T';
                end
                TA = [0;0;0];
                Tw = [0;0;0];
```

```
    case 2
        T = [0;0;0];
        TA = str2num(get(handles. edit5_Part1,'String'));
        if size(TA,1) == 1 && size(TA,2) == 3
            TA = TA';
        end
        Tw = str2num(get(handles. edit6_Part1,'String'));
        if size(Tw,1) == 1 && size(Tw,2) == 3
            Tw = Tw';
        end
    otherwise
        beep;
        errordlg('外力矩形式选择程序报错!','错误','modal');
    end
    % 使用所有输入的参数,进行航天器姿态动力学与运动学仿真,得到结果数据
    tspan = [t0,tf];% 时间历程
    x0 = [w0,angle0];% 初值数组
    option = odeset('RelTol',1e-4);% 相对误差精度设置
    [t_atti,x_atti] = ode45('attidyn_dae',tspan,x0,option);% 利用 ode45 方法进行数值积分
    % 绘制角速度变化曲线和姿态角变化曲线
    hf = figure('NumberTitle','off','Name','角速度与姿态角随时间变化的曲线','Units','Pixels','
Position',[560 380 1120 420],'Visible','off');
    movegui(hf,'center');
    set(hf,'Units','Normalized');
    plotfunc(t_atti,x_atti);
    set(hf,'Visible','on');
    % 清除全局变量
    clear global I T Tw TA Tmode;
end
```

其中,函数 attidyn_dae 和 plotfunc 参考 2.5 节中的同名函数。

综上,完成了航天器姿态动力学与运动学仿真的 GUI 设计与实现。输入相关参数后,运行结果如图 2.19~图 2.22 所示。

图 2.19　常值外力矩作用下的仿真界面

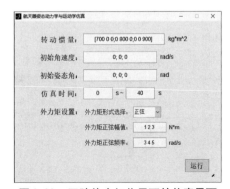

图 2.20　正弦外力矩作用下的仿真界面

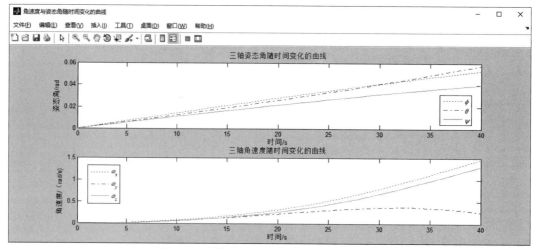

图 2.21   常值外力矩作用下的仿真结果曲线

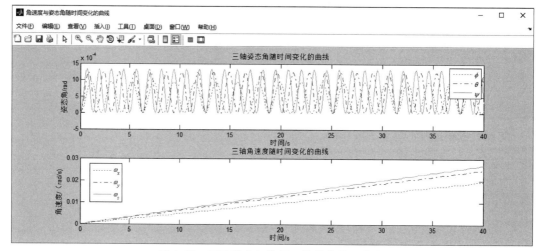

图 2.22   正弦外力矩作用下的仿真结果曲线

参 考 文 献

[1]刘暾,赵钧.空间飞行器动力学[M].哈尔滨:哈尔滨工业大学出版社,2003.

[2]郑传文.单质点绕参考点的转动与动量矩定理[J].内蒙古师范大学学报:教育科学版,1990(Z1):113-115.

[3]韩慕松.刚体平面运动对瞬时速度中心的角动量定理[J].大学物理,1986(7):1.

[4]孙平,刘昆.基于MATLAB的空间环境力矩建模与仿真[C]// 系统仿真技术及其应用学术会议,2007.

[5]WIE B. Solar sail attitude control and dynamics,part 1[J]. Journal of Guidance, Control, and Dynamics,2004,27(4):526-535.

[6]王鹏,郑伟,张洪波,等.低轨微小卫星姿态控制方案[J].国防科技大学学报,2011,33(3):18-22.

[7]周军. 航天器控制原理[M]. 西安:西北工业大学出版社,2001.

[8]李太玉,张育林. 气动力矩和重力梯度矩实现微小卫星三轴姿态控制[J]. 中国空间科学技术,2001,21(4):7.

[9]沈长寿,资民筠. 用 AE 卫星资料检验大气模式密度值的适用程度[C]//中国空间科学学会空间探测专业委员会第十次学术会议,1997.

[10]刘暾,赵志萍. 卫星太阳光压力矩计算中有效作用面积的计算[J]. 南京理工大学学报,2007,31(6):5.

[11]钟炀,管彦武,石甲强,等. 利用 IGRF 模型计算全张量地磁梯度[J]. 物探与化探,2020,44(3):9.

[12]李太玉,张育林. 利用地磁场给飞轮卸载的新方法[J]. 中国空间科学技术,2001,21(6):6.

[13]易忠,史尧宜. 地磁场中测量卫星磁矩的一种新的方法[J]. 航天器环境工程,1996(4):14-24.

第 3 章
航天器姿态控制器设计及仿真分析

姿态控制是指根据当前估计的航天器姿态信息，以合适的控制律输出期望控制力矩的过程。所谓的姿态，是指航天器相对于空间某参考坐标系的方位或指向。因此，姿态控制的过程实际包含姿态确定和姿态控制两方面内容[1]。姿态确定是研究航天器相对于某个基准的姿态确定方法，将在第 4 章进行详细介绍。姿态控制是指航天器在规定或预先确定的方向上定向的过程。

根据控制任务的不同，航天器姿态控制可以分为姿态稳定和姿态机动。姿态稳定是指使姿态保持在指定方向，姿态机动是指航天器从一个姿态过渡到另一个姿态的再定向过程。按照是否消耗星上能源（电能或燃料化学能）或获得控制力矩的方式，航天器姿态控制可分为被动控制和主动控制，以及介于二者之间的半被动控制和半主动控制[2]。被动姿态控制是指航天器可利用航天器本身的动力学特性（如角动量、惯性矩），或航天器与周围环境相互作用产生的外力矩作为控制力矩源，包括自旋稳定、重力梯度稳定、磁稳定和气动稳定等。早期的卫星多采用被动控制，特别是自旋稳定，如苏联的"人造地球卫星"1 号、美国的"探险者"1 号、中国的"东方红"1 号均为自旋稳定卫星。半被动姿态控制是指在被动姿态稳定的基础上，施加一些辅助控制机构以提高姿态稳定性能（但以消耗星上能源为代价）的系统。例如，在重力梯度稳定卫星的一个横向轴（垂直于指向地心的最小惯量轴）方向增加一个高速旋转的飞轮（动量轮）。半主动姿态控制是指在被动姿态稳定的基础上，利用姿态敏感器测量姿态误差，并依此信息来实现部分主动控制的系统。例如，在自旋稳定的基础上增加姿态敏感器（用以测量和确定自旋轴的指向及自旋转速和相位）和执行机构（如反作用推进系统和磁力矩器），以实现卫星自旋转速控制和自旋轴在空间的定向和进动控制。主动姿态控制是指利用星上能源（电能或推进剂工质），依靠直接或间接敏感到的姿态信息，按一定的控制律操纵控制力矩器实现姿态控制的方式。

本章以单刚体航天器为控制对象，在介绍姿态控制任务、姿态控制分类、刚体航天器姿态控制方法的基础上，分别介绍两种控制方法——PID 控制方法和滑模控制方法，并介绍利用两种控制方法进行航天器姿态控制系统设计与分析的思路。

3.1 航天器姿态控制简介

3.1.1 姿态控制任务

不同的航天器姿态控制任务对姿态控制系统的要求也有差别，主要分为以下几类：

（1）要求克服内外干扰力矩使航天器姿态对参考目标保持定向的控制任务，称为姿态稳定。例如，光学侦察卫星要求卫星姿态保证相机镜头对着地面[3]，通信卫星要求其定向天线的波束捕获地球上某一目标区域。通信卫星的姿态变化将直接导致星载点波束天线的指向发生偏移，从而改变点波束的覆盖区域，降低用户的通信质量[4]。这些任务均需航天器在运行中对地球或其他基准方位保持准确的姿态。

（2）要求航天器从一种姿态转到另一种姿态，这称为姿态机动或姿态再定向。例如，地球同步卫星在远地点发动机点火前需要将卫星姿态从机动前状态变更到满足变轨要求的状态[5]。

（3）要求保持对活动目标的定向，这称为姿态跟踪[6]。例如，成像卫星进行序列目标相继观测时的姿态调整[7]；侦察卫星在执行空间绕飞任务时要时刻调整姿态[8]；等等。

3.1.2　姿态控制分类

本节主要介绍被动姿态控制和主动姿态控制的概念。

1. 被动姿态控制

被动姿态控制是指由卫星自身旋转产生的力矩或卫星受到的环境力矩来实现姿态控制，常见的被动姿态控制方式包括引力梯度式、空气动力式、地磁式、太阳光压式、自旋式、双自旋式等及其组合[9]。被动姿态控制不必设置姿态敏感器和执行机构，因此不消耗体载能源，但其控制精度低，且不具备机动能力。

自旋稳定的原理是角动量守恒，即不受外力矩时，航天器角动量指向在惯性空间中保持恒定。但是它不具有控制自旋速度、再定向或使自旋轴进动的能力，自旋轴指向（姿态）精度较低。理想刚性航天器绕最大（或最小）惯量主轴旋转均稳定，但由于实际在轨应用时必然存在能量耗散，因此航天器只有绕最大惯量主轴旋转时才稳定。理论上，自旋稳定系统在起旋后不需要施加控制，但当受恒值干扰力矩作用时，其自旋轴会产生等速漂移（即自旋航天器的章动现象），这会导致定向精度下降，所以不适用于长期任务。自旋稳定系统简单且抗干扰能力强，但是其自旋速度不能控制且姿态指向精度低，如早期的自旋稳定卫星的指向精度在 $1° \sim 10°$[8]。自旋稳定系统进一步发展为双自旋稳定系统，即用一个自旋体携带一个消旋体，使自旋稳定系统在应用上具有三轴稳定系统的优点。但与自旋稳定一样，其也需要定期调整航天器姿态和转子转速以及进行章动阻尼[1]。

环境力矩稳定是利用环境力对航天器质心之矩产生控制力矩源，包括对地球定向的重力梯度稳定、对磁场定向的磁稳定、对轨道速度定向的气动稳定和对太阳定向的太阳辐射压稳定。环境力矩由于其控制力矩小、响应速度慢、精度低，且力矩的大小和方向受到环境固有规律的限制等缺点，难以应用到高精度的航天器姿态控制任务中。

2. 主动姿态控制

主动姿态控制是指通过航天器姿态敏感器获取姿态信息后计算姿态误差，并按照姿态控制律计算期望控制力矩以实现姿态控制，其控制框图如图 3.1 所示。

根据执行机构的类型，可以将主动姿态控制系统分为喷气式、角动量交换式和地磁力矩式。执行机构的类型将在第 5 章进行详细介绍。主动姿态控制系统具备完整的控制回路，能够实现更高的控制精确度，达到快速响应的能力，但整个姿态控制系统涉及的部件较多，可能降低系统可靠性，并且会增加对能源的消耗[1]。

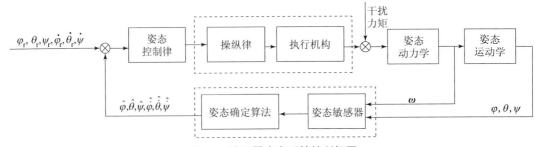

图 3.1　航天器姿态反馈控制框图

3.1.3　刚体航天器姿态控制方法

早期的航天器姿态控制算法是基于将航天器的运动学模型和动力学模型进行泰勒（Taylor）级数展开并忽略高阶项得到的线性化模型[10]。然而，实际航天器动力学模型在受到环境干扰带来的不确定性影响时，常常表现出时变及高非线性特征，航天器存在较大范围的姿态误差，基于线性化模型设计的姿态控制器可能导致系统不稳定。这是因为，航天器姿态控制系统的非线性不能得到恰当的补偿。因此，刚体航天器姿态控制的策略主要有线性控制和非线性控制两种。其中，线性控制主要有状态反馈控制和输出反馈控制[11]；非线性控制包含的种类较多，主要有滑模控制[12]、自适应控制[13]、最优控制[14]等。下面介绍几种常用的刚体航天器姿态控制方法。

1. 经典 PID 控制

PID 控制是最经典的航天器姿态控制方法。在 PID 控制中，比例信号的引入可提高系统的通频带宽、加速系统的响应速度、加速消除误差，但使系统对外来干扰较为敏感；积分信号可提高系统稳态精度；微分信号可改善系统的动态过程，增加系统的阻尼系数。通过选择相应的系数，可以保证航天器姿态控制系统具有较高的控制精度和良好的动态性能。在实际应用中，经典 PID 控制以其技术成熟和实践简单而得到广泛应用。

2. 滑模控制

滑模控制具有快速响应、对参数摄动及外干扰不敏感等优势，多种滑模控制方法已经被应用于航天器姿态控制系统。

3. 自适应控制

自适应控制是一种处理不确定系统的有效方法，目前主要用于动态系统结构已知但有未知参数（或时变参数）的系统，自适应控制可以通过在线参数估计来尽可能消除系统的不确定性。自适应控制广泛应用于存在外界干扰和模型参数不确定性的刚体航天器姿态控制系统。

3.2　PID 控制器及 MATLAB 实现

3.2.1　PID 控制器的介绍

在实际工程中，应用最广泛的控制器为比例（proportional）控制、积分（integral）控制以及微分（differential）控制，一起使用时称为 PID 控制。PID 控制原理简单、使用方便、适应性强、鲁棒性强，并且对被控对象不敏感，广泛应用于多种控制场合中。

比例控制又称为 P 控制，其控制量与误差成正比，可以描述为

$$u(t) = k_{\mathrm{p}}e(t) \tag{3.1}$$

式中，$u(t)$——控制器的输出值；

$e(t)$——系统输出值与参考值的误差；

k_{p}——比例增益。

对式（3.1）进行拉普拉斯变换，得到比例控制的传递函数为

$$G_{\mathrm{P}}(s) = k_{\mathrm{p}} \tag{3.2}$$

积分控制又称为 I 控制，其控制量与误差对时间的积分成正比，可以描述为

$$u(t) = k_{\mathrm{i}}\int e(t)\,\mathrm{d}t \tag{3.3}$$

式中，k_{i}——积分增益。

对式（3.3）进行拉普拉斯变换，得到积分控制的传递函数为

$$G_{\mathrm{I}}(s) = \frac{k_{\mathrm{i}}}{s} \tag{3.4}$$

微分控制又称为 D 控制，其控制量与误差的变化率成正比，可以描述为

$$u(t) = k_{\mathrm{d}}\frac{\mathrm{d}e(t)}{\mathrm{d}t} \tag{3.5}$$

式中，k_{d}——微分增益。

对式（3.4）进行拉普拉斯变换，得到微分控制的传递函数为

$$G_{\mathrm{D}}(s) = k_{\mathrm{d}}s \tag{3.6}$$

综上所述，PID 控制的方程为

$$u = k_{\mathrm{p}}e + k_{\mathrm{i}}\int e\,\mathrm{d}t + k_{\mathrm{d}}\frac{\mathrm{d}e}{\mathrm{d}t} \tag{3.7}$$

其传递函数为

$$G_{\mathrm{c}}(s) = k_{\mathrm{p}} + \frac{k_{\mathrm{i}}}{s} + k_{\mathrm{d}}s \tag{3.8}$$

由式（3.7）可知，P 控制关注当前的误差，I 控制关注过去的误差（过去所有时刻的误差对时间的积分），D 控制关注将来的误差（误差的导数表明接下来误差会发生怎样的变化）。设计 PID 控制的过程，就是利用过去、现在与将来的误差信息，输出控制量的过程。

以生活中调节水温为例，其输入是旋钮的角度、输出是水的温度，若希望水温保持在一个稳定的期望值，可以对系统引入反馈，然后设计控制器来控制系统的输入，以达到期望目的。实际上，放水的过程就是根据期望水温与实际水温的差值来调节旋钮的角度。若温差过小（即当前实际水温低于期望水温），就把热水旋钮角度旋大，若当前实际水温快要接近期望水温，就把热水旋钮角度旋小，这样根据当前的误差来调节控制器输出的过程就是比例控制。若放水一段时间后，实际水温仍然低于期望水温，就把热水旋钮角度再旋大一点，这样根据过去累积的误差来调节控制器的输出就是积分控制。若实际水温变化过快，就把热水旋钮的旋转速度降低，这样根据误差的变化率来调节控制器的输出就是微分控制。

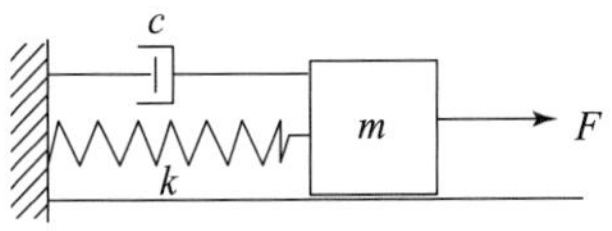

接下来，基于图 3.2 所示的弹簧 – 质量系统，详细介绍

图 3.2　弹簧 – 质量系统

PID 控制器对系统性能的影响。

根据牛顿第二运动定律可得

$$m\ddot{x} + c\dot{x} + kx = F \tag{3.9}$$

式中，m——质量块的质量；

c——阻尼系数；

k——弹簧系数；

F——外部作用力。

令

$$\omega_n = \sqrt{\frac{k}{m}}, \quad \xi = \frac{c}{2\sqrt{km}}, \quad u = \frac{F}{\omega_n^2} \tag{3.10}$$

式中，ω_n 的单位为弧度/秒（rad/s）。

式（3.10）可以写为

$$\ddot{x} + 2\xi\omega_n\dot{x} + \omega_n^2x = \omega_n^2u \tag{3.11}$$

取系统输入 u 为单位阶跃函数，在零初始条件下，考虑过阻尼（$0 < \xi < 1$）情形，求二阶常系数非齐次线性微分方程（式（3.11）），得系统的单位阶跃响应：

$$x(t) = 1 - e^{-\xi\omega_n t}\frac{1}{\sqrt{1-\xi^2}}\sin(\omega_d t + \varphi) \tag{3.12}$$

式中，ω_d——系统存在阻尼时的固有频率，简称阻尼固有频率，$\omega_d = \omega_n\sqrt{1-\xi^2}$。

令 $m = 2$ kg，$k = 2$ N/m，$c = 2$ N/(m·s^{-1})，则弹簧 – 质量系统在过阻尼情况下的单位阶跃响应如图 3.3 所示，系统响应表现出振荡衰减的趋势，且最终稳定于单位阶跃函数幅值 1。

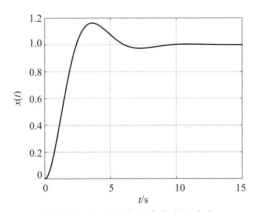

图 3.3　无控制时系统的阶跃响应

在弹簧 – 质量系统中引入 PID 控制，取 PID 控制参数 $k_p = 4.4$，$k_i = 1.65$，$k_d = 4.1$，对弹簧 – 质量系统进行 MATLAB 仿真，得弹簧 – 质量系统在过阻尼情况下的单位阶跃响应，如图 3.4 所示。

由图 3.3 与图 3.4 可知，与无 PID 控制时相比，加入 PID 控制后，弹簧 – 质量系统单位阶跃响应的超调量明显降低、稳定时间明显缩短，但响应速度无明显变化，因此 PID 控制可以调节系统的瞬态性能和稳态性能。在工程中，在满足系统稳定的前提下，可以根据不同的控制需求调节 PID 控制参数。MATLAB 仿真见程序 3.1 和程序 3.2。

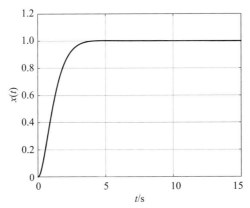

图 3.4　加入 PID 控制后系统的阶跃响应

程序 3.1　弹簧 - 质量系统微分方程函数 pid_dae. m

```
%% 输入:时间,状态量
%% 输出:状态量的导数
function dstate = pid_dae( t,state)
m = 2;k = 2;c = 2;
xd = 1;                              % 控制目标
vd = 0;
kp = 4. 4;                           % PID 控制参数
ki = 2. 1;
kd = 3. 0;
% 提取状态量
x = state(1);                        % 第一个状态量:位置
v = state(2);                        % 第二个状态量:速度
intx = state(3);                     % 第三个状态量:误差对时间的积分
Fc = kp * (xd - x) + kd * (vd - v) + ki * intx;
dx = v;                              % 第一个状态量对时间求导:速度
dv = (Fc/m) - (c/m) * v - (k/m) * x; % 第二个状态量对时间求导:加速度
dintx = xd - x;                      % 第三个状态量对时间求导:误差
dstate = [ dx;dv;dintx];             % 组成状态量的导数,以便输出
end
%% pid_dae. m 内容结束
```

程序 3.2　弹簧 - 质量系统仿真主程序 pid_main. m

```
%%%%%%% 该程序利用 ode45 对弹簧 - 质量系统方程进行数值仿真%%%%%%%
clc;clear all;close all;
x0 = 0;                              % 初始条件
v0 = 0;
intx0 = 0;
```

```
value0 = [ x0,v0,intx0 ];                           % 初值数组
t0 = 0;
tend = 15;
tspan = [ t0 tend ];
option = odeset('RelTol',1e-4);                      % 相对误差精度设置
[ t,state ] = ode45('pid_dae',tspan,value0,option);  % 利用 ode45 进行数值积分
figure;
plot( t,state( :,1),'k -','LineWidth',1);grid;
set( gca,'FontSize',14);
xlabel('t/s','FontSize',14,'FontName','Times New Roman');
ylabel(' x(t)','FontSize',14,'FontName','Times New Roman');
% % pid_main. m 内容结束
```

接下来，通过 MATLAB 仿真来分析比例控制、积分控制和微分控制对系统性能的影响。

1. 比例控制

以弹簧 – 质量系统为被控制系统，取输入信号 u 为单位阶跃函数，取比例增益 $k_p = 4,8,12$，得到弹簧 – 质量系统在过阻尼情况下取不同比例增益时的单位阶跃响应，如图 3.5 所示。

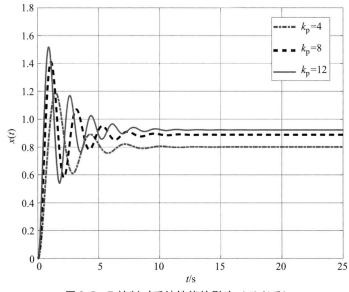

图 3.5 P 控制对系统性能的影响（附彩图）

由图 3.5 可知，系统的超调量会随着比例增益 k_p 的增大而变大。k_p 越大，系统的振荡次数就越多，调节时间就越长，但无论如何调节 k_p，系统始终存在稳态误差。因此，单纯的比例控制无法消除系统的稳态误差。

2. 积分控制

以弹簧 – 质量系统为被控制系统，取输入信号 u 为单位阶跃函数，取积分增益 $k_i = 0.4$，

0.6，0.8，得到弹簧－质量系统在过阻尼情况下取不同积分增益时的单位阶跃响应，如图 3.6 所示。

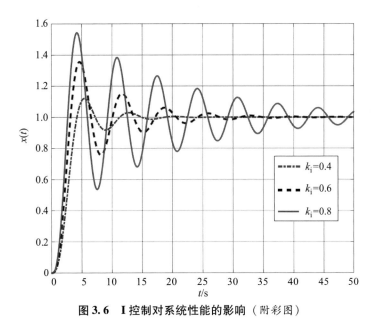

图 3.6　I 控制对系统性能的影响（附彩图）

由图 3.6 可知，积分控制可以消除系统的稳态误差，但系统的超调量随着 k_i 的增大而变大，响应速度也随之变慢，稳定时间也变长。

3. 微分控制

以弹簧－质量系统为被控制系统，取输入信号 u 为单位阶跃函数，取 PD 控制器参数 $k_p = 12$，$k_d = 0.1, 0.3, 0.6$，得到弹簧－质量系统在过阻尼情况下取不同微分增益时的单位阶跃响应，如图 3.7 所示。

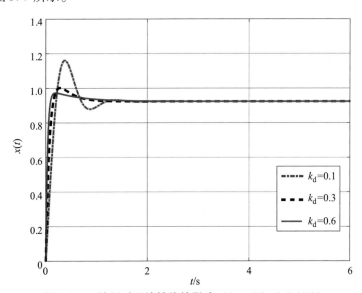

图 3.7　D 控制对系统性能的影响（$k_p = 12$）（附彩图）

由图 3.7 可知，微分控制有利于加快系统的响应速度，使系统超调量变小、稳定性增加，但会减弱系统对干扰的抑制能力。

综上所述，得到 PID 控制器对系统性能的影响如表 3.1 所示。

表 3.1　PID 控制器对系统性能的影响

控制器类型	优点	缺点
P	提高系统的开环增益，有利于系统动态性能的提高	无法消除系统的稳态误差，对系统的稳态性能不利
I	消除系统的稳态误差，有利于系统稳态性能的提高	反应速度较慢，对系统的稳定性不利
D	提高稳定性，改善系统的动态响应	对高频噪声过于敏感

3.2.2　PID 姿态控制器的设计

航天器姿态反馈控制如图 3.1 所示，为了直接设计姿态控制器，在此对航天器姿态反馈控制系统作如下假设：

（1）忽略姿态敏感器和姿态确定算法，默认控制系统直接获取航天器的实际姿态。

（2）忽略执行机构的作用，默认实际输出力矩可以直接作用于航天器。

（3）因为磁力矩、太阳光压力矩、气动力矩的影响较小，因此环境干扰力矩只考虑重力梯度力矩。

简化后的航天器姿态反馈控制如图 3.8 所示，控制系统的输入为航天器实际姿态（$\varphi, \theta, \psi, \dot{\varphi}, \dot{\theta}, \dot{\psi}$），根据期望姿态（$\varphi_r, \theta_r, \psi_r, \dot{\varphi}_r, \dot{\theta}_r, \dot{\psi}_r$），设计控制系统的输出为指令三轴姿态控制力矩 $\boldsymbol{T}_c$。

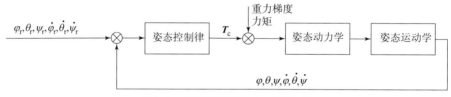

图 3.8　航天器简化姿态反馈控制

由 2.3 节的推导和以上假设，得到单刚体航天器姿态动力学模型如下：

$$\boldsymbol{I}\dot{\boldsymbol{\omega}}_b + \boldsymbol{\omega}_b^{\times}\boldsymbol{I}\boldsymbol{\omega}_b = \boldsymbol{T}_c + \boldsymbol{T}_d \tag{3.13}$$

式中，$\boldsymbol{I}$——航天器的转动惯量矩阵；

　　　$\boldsymbol{\omega}_b$——航天器角速度矢量在本体坐标系中的分量列阵；

　　　$\boldsymbol{T}_c$——作用于航天器的控制力矩；

　　　$\boldsymbol{T}_d$——重力梯度力矩。

由 2.4.1 节可知，重力梯度力矩的表达式[15]为

$$T_{\mathrm{d}} = \begin{bmatrix} -3\omega_0^2(I_y - I_z)\varphi \\ -3\omega_0^2(I_x - I_z)\theta \\ 0 \end{bmatrix} \tag{3.14}$$

式中，ω_0——轨道角速度。

以轨道坐标系作为航天器本体坐标系的期望姿态，根据 2.1 节的推导，将式（2.5）代入式（3.13），根据小角度假设（即 $\varphi, \theta, \psi, \dot{\varphi}, \dot{\theta}, \dot{\psi}$ 均为较小值），根据线性化思想（$\sin\varphi \approx \varphi$，$\sin\theta \approx \theta$，$\sin\psi \approx \psi$，$\cos\varphi \approx 1$，$\cos\theta \approx 1$，$\cos\psi \approx 1$，角度均为弧度），忽略角度和角度变化率的乘积，得到简化后的单刚体航天器姿态动力学模型如下：

$$\begin{bmatrix} I_x(\ddot{\varphi} - \dot{\psi}\omega_0) + (I_y - I_z)(\omega_0^2\varphi + \omega_0\dot{\psi}) \\ I_y\ddot{\theta} \\ I_z(\ddot{\psi} + \dot{\varphi}\omega_0) + (I_y - I_x)(\omega_0^2\psi - \omega_0\dot{\varphi}) \end{bmatrix} = \begin{bmatrix} T_{cx} + T_{dx} \\ T_{cy} + T_{dy} \\ T_{cz} + T_{dz} \end{bmatrix} \tag{3.15}$$

将式（3.14）代入式（3.15），得到用于设计 PID 姿态控制器的动力学模型如下：

$$\begin{cases} I_x\ddot{\varphi} + \omega_0(I_y - I_x - I_z)\dot{\psi} + 4\omega_0^2(I_y - I_z)\varphi = T_{cx} \\ I_y\ddot{\theta} + 3\omega_0^2(I_x - I_z)\theta = T_{cy} \\ I_z\ddot{\psi} + \omega_0(I_x + I_z - I_y)\dot{\varphi} + 4\omega_0^2(I_y - I_x)\psi = T_{cz} \end{cases} \tag{3.16}$$

由式（3.16）可知，滚转 – 偏航通道的动力学方程耦合，而俯仰通道的动力学方程解耦。对于俯仰通道，姿态控制器可以单独设计；对滚转 – 偏航通道，需要在设计控制器时考虑耦合问题。

接下来，利用 PID 控制思想设计姿态稳定控制器，并认为滚转 – 偏航通道的耦合项可通过测量后间接计算得到，则可得到以下姿态控制律表达式：

$$\begin{cases} T_{cx} = \omega_0(I_y - I_x - I_z)\dot{\psi} + k_{p1}\Delta\varphi + k_{d1}\Delta\dot{\varphi} + k_{i1}\int_0^t \Delta\varphi \mathrm{d}t \\ T_{cy} = k_{p2}\Delta\theta + k_{d2}\Delta\dot{\theta} + k_{i2}\int_0^t \Delta\theta \mathrm{d}t \\ T_{cz} = \omega_0(I_x + I_z - I_y)\dot{\varphi} + k_{p3}\Delta\psi + k_{d3}\Delta\dot{\psi} + k_{i3}\int_0^t \Delta\psi \mathrm{d}t \end{cases} \tag{3.17}$$

式中，$\Delta\varphi = \varphi_r - \varphi$，$\Delta\theta = \theta_r - \theta$，$\Delta\psi = \psi_r - \psi$，表示姿态角的期望值与实际值之差。

对于航天器姿态稳定控制，其控制目标是姿态角及姿态角速度都趋于 0（即期望值为 0），因此 $\Delta\varphi = -\varphi$，$\Delta\theta = -\theta$，$\Delta\psi = -\psi$。将式（3.17）重新写为如下形式：

$$\begin{cases} T_{cx} = \omega_0(I_y - I_x - I_z)\dot{\psi} - k_{p1}\varphi - k_{d1}\dot{\varphi} - k_{i1}\int_0^t \varphi \mathrm{d}t \\ T_{cy} = -k_{p2}\theta - k_{d2}\dot{\theta} - k_{i2}\int_0^t \theta \mathrm{d}t \\ T_{cz} = \omega_0(I_x + I_z - I_y)\dot{\varphi} - k_{p3}\psi - k_{d3}\dot{\psi} - k_{i3}\int_0^t \psi \mathrm{d}t \end{cases} \tag{3.18}$$

接下来，利用经典控制理论中的劳斯稳定性判据证明确定使系统稳定的控制参数 k_p = $\mathrm{diag}(k_{p1}, k_{p2}, k_{p3})$，$k_i = \mathrm{diag}(k_{i1}, k_{i2}, k_{i3})$，$k_d = \mathrm{diag}(k_{d1}, k_{d2}, k_{d3})$。

1. 俯仰通道

利用动力学方程（式（3.16））确定俯仰通道传递函数，并得到加入 PID 控制后俯仰通道控制回路框图，如图 3.9 所示。

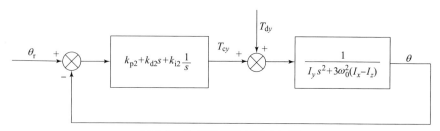

图 3.9　俯仰通道控制回路框图

系统开环传递函数如下：

$$G(s) = \frac{k_{d2}s^2 + k_{p2}s + k_{i2}}{I_y s^3 + 3\omega_0^2(I_x - I_z)s} \tag{3.19}$$

特征方程：

$$D(s) = I_y s^3 + k_{d2}s^2 + [3\omega_0^2(I_x - I_z) + k_{p2}]s + k_{i2} = 0 \tag{3.20}$$

根据劳斯稳定性判据，得到使俯仰通道稳定时各参数应满足的条件为

$$k_{d2} > 0, k_{i2} < \frac{k_{d2}[3\omega_0^2(I_x - I_z) + k_{p2}]}{I_y} \tag{3.21}$$

2. 滚转通道

利用动力学方程（式（3.16））确定滚转通道传递函数，并得到加入 PID 控制后滚转通道控制回路框图，如图 3.10 所示。

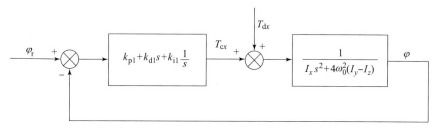

图 3.10　滚转通道控制回路框图

系统开环传递函数如下：

$$G(s) = \frac{k_{d1}s^2 + k_{p1}s + k_{i1}}{I_x s^3 + 4\omega_0^2(I_y - I_z)s} \tag{3.22}$$

特征方程：

$$D(s) = I_x s^3 + k_{d1}s^2 + [4\omega_0^2(I_y - I_z) + k_{p1}]s + k_{i1} = 0 \tag{3.23}$$

根据劳斯稳定性判据，得到使滚转通道稳定时各参数应满足的条件为

$$k_{d1} > 0, k_{i1} < \frac{k_{d1}[4\omega_0^2(I_y - I_z) + k_{p1}]}{I_x} \tag{3.24}$$

3. 偏航通道

利用动力学方程（式（3.16））确定偏航通道传递函数，并得到加入 PID 控制后偏航通道控制回路框图，如图 3.11 所示。

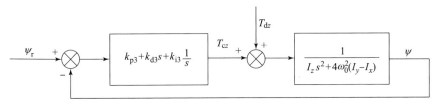

图 3.11　偏航通道控制回路框图

系统开环传递函数如下：

$$G(s) = \frac{k_{d3}s^2 + k_{p3}s + k_{i3}}{I_z s^3 + \omega_0^2(I_y - I_x)s} \tag{3.25}$$

特征方程：

$$D(s) = I_z s^3 + k_{d3}s^2 + \left[\omega_0^2(I_y - I_x) + k_{p3}\right]s + k_{i3} = 0 \tag{3.26}$$

根据劳斯稳定性判据，得到使偏航通道稳定时各参数应满足的条件为

$$k_{d3} > 0, k_{i3} < \frac{k_{d3}\left[3\omega_0^2(I_y - I_x) + k_{p3}\right]}{I_z} \tag{3.27}$$

以上控制参数只是确定系统稳定的基本条件，在实际应用中，系统不仅要保证姿态稳定，还要满足一定的动态和稳态性能（如稳定时间、超调量、振荡次数、稳定精度等），系统的控制参数需根据具体需求进行调整。3.2.1 节详细阐述了 PID 控制器的各控制参数对系统性能的影响特性，在工程应用中，航天器姿态稳定控制的比例增益一般略小于航天器各轴惯量的量级，而微分增益要比比例增益大一个量级，积分增益一般取 0.1 左右。

3.2.3　MATLAB 环境下实现 PID 姿态稳定控制

本节基于 MATLAB 的 m 文件仿真实现 PID 姿态稳定控制，见程序 3.3 和程序 3.4。

程序 3.3　航天器姿态动力学与运动学微分方程函数 PID_attidyn_dae. m

```
%% 函数:用于描述航天器姿态动力学与运动学的微分方程
%% 输入:时间,状态量
%% 输出:状态量的导数
function dx = PID_attidyn_dae(t,x)
global I Ix Iy Iz   omega0 omega_oI
global kp1 kd1 ki1 kp2 kd2 ki2 kp3 kd3 ki3
w = x(1:3,1);            % 从状态量 x 中提取角速度
w_x = x(1);             % 从状态量 x 中提取第一个角速度
w_y = x(2);             % 从状态量 x 中提取第二个角速度
w_z = x(3);             % 从状态量 x 中提取第三个角速度
phi = x(4);             % 从状态量 x 中提取第一个姿态角
theta = x(5);           % 从状态量 x 中提取第二个姿态角
pothe = x(6);           % 从状态量 x 中提取第三个姿态角
int_phi = x(7);         % 从状态量 x 中提取第一个姿态角对时间的积分
int_theta = x(8);       % 从状态量 x 中提取第二个姿态角对时间的积分
int_pothe = x(9);       % 从状态量 x 中提取第三个姿态角对时间的积分
% PID 姿态稳定控制器
```

```
    Tx = omega0 * (Iy - Ix - Iz) * (w_z - phi * omega0) - kp1 * phi - kd1 * (w_x - pothe * omega0) - ki1 *
int_phi;
    Ty = - kp2 * theta - kd2 * (w_y + omega0) - ki2 * int_theta;
    Tz = omega0 * (Ix + Iz - Iy) * (w_x - pothe * omega0) - kp3 * pothe - kd3 * (w_z - phi * omega0) - ki3 *
int_pothe;
    T = [Tx Ty Tz]';
    Tc = T;
    % 动力学方程
    dw = inv(I) * (Tc - cross(w,I * w));
    % 轨道坐标系相对于惯性坐标系的旋转矩阵
    A_bo = [cos(theta) * cos(pothe)    cos(theta) * sin(pothe)    - sin(theta);
        sin(phi) * sin(theta) * cos(pothe) - cos(phi) * sin(pothe)
    sin(phi) * sin(theta) * sin(pothe) + cos(phi) * cos(pothe)
    sin(phi) * cos(theta);
        cos(phi) * sin(theta) * cos(pothe) + sin(phi) * sin(pothe)
    cos(phi) * sin(theta) * sin(pothe) - sin(phi) * cos(pothe)
    cos(pothe) * cos(theta)];
    % 运动学方程
    w_bo = w - A_bo * omega_oI;
    dangle = [1    tan(theta) * sin(phi)    tan(theta) * cos(phi);
        0    cos(phi)    - sin(phi);
        0    sin(phi)/cos(theta)    cos(phi)/cos(theta)] * w_bo;
    dintangle = [- phi; - theta; - pothe];
    dx = [dw;dangle;dintangle];        % 组成状态量的导数,以便输出
    end
    %% PID_attidyn_dae. m 内容结束
```

程序 3.4   PID 姿态稳定控制仿真主程序 PID_attidyn_main. m

```
    %% 利用 ode45 对 PID 姿态稳定控制系统进行数值仿真
    clear all;clc;              % 清除命令行窗口及工作区中的内容
    global I Ix Iy Iz omega0 omega_oI
    global kp1 kd1 ki1 kp2 kd2 ki2 kp3 kd3 ki3
    I = diag([700;800;900]);        % 航天器转动惯量矩阵
    Ix = 700;
    Iy = 800;
    Iz = 900;
    mu = 3. 986005e14;              % 地球引力常数
    Re = 6371e3;                  % 地球平均半径
    r = Re + 500e3;              % 轨道半径
    omega0 = (mu/r^3)^0. 5;        % 轨道角速率
    omega_oI = [0; - omega0;0];    % 轨道角速度
    kp1 = 490;                    % 滚转通道 PID 参数
```

```
kd1 = 2100;
ki1 = 0.0001;
kp2 = 560;                          % 俯仰通道 PID 参数
kd2 = 2400;
ki2 = 0.001;
kp3 = 630;                          % 偏航通道 PID 参数
kd3 = 2700;
ki3 = 0.001;
t0 = 0;                             % 初始时刻
tf = 40;                            % 结束时刻
tspan = [t0, tf];                   % 时间历程
w0 = [0.00001; 0.00003; -0.02];     % 角速度初值(rad/s)
angle0 = [0.03; -0.01; 0.01];       % 姿态角初值(rad)
intangle0 = [0;0;0];                % 姿态角对时间的积分的初值
x0 = [w0, angle0, intangle0];       % 初值数组
option = odeset('RelTol', 1e-4);    % 相对误差精度设置
[t_atti, x_atti] = ode45('PID_attidyn_dae', tspan, x0, option); % 利用 ode45 进行数值积分
Plotfunc(t_atti, x_atti);           % 调用绘图函数
% % PID_attidyn_main. m 内容结束
```

程序运行结果如图 3.12 所示。

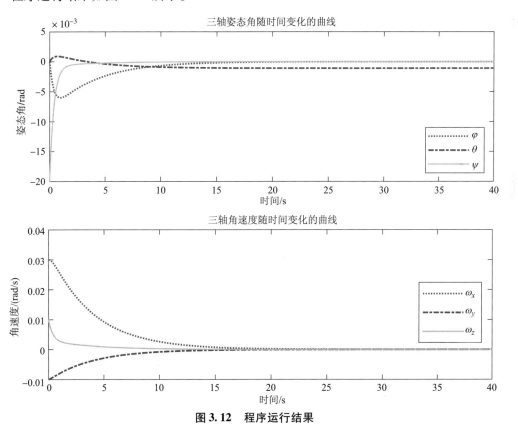

图 3.12　程序运行结果

3.2.4 Simulink 方式实现 PID 姿态稳定控制

本节以轨道坐标系作为航天器的期望姿态，根据 PID 姿态稳定控制器（式（3.18）），在 Simulink 中搭建航天器姿态稳定控制回路。2.6 节已经详细介绍了单刚体航天器运动学和动力学的 Simulink 仿真设计，本节主要介绍 PID 姿态稳定控制器子模块。PID 姿态稳定控制回路如图 3.13 所示。

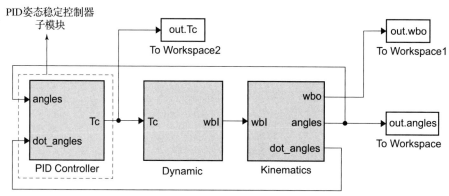

图 3.13　PID 姿态稳定控制回路

PID 姿态稳定控制器子模块如图 3.14 所示。

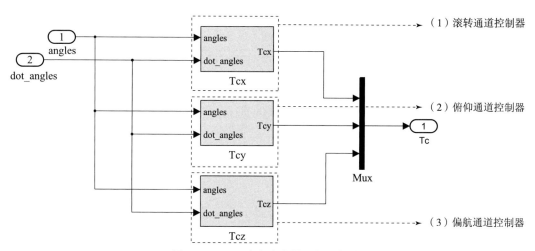

图 3.14　PID 姿态稳定控制器子模块

（1）滚转通道控制器。根据式（3.18）设置滚转通道控制器，如图 3.15 所示。
（2）俯仰通道控制器。根据式（3.18）设置俯仰通道控制器，如图 3.16 所示。
（3）偏航通道控制器。根据式（3.18）设置偏航通道控制器，如图 3.17 所示。
（4）在 MATLAB 工作区设置仿真参数，仿真动态系统，见程序 3.5。

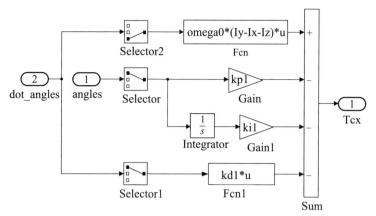

图 3.15　滚转通道控制器子模块

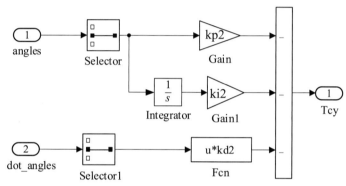

图 3.16　俯仰通道控制器子模块

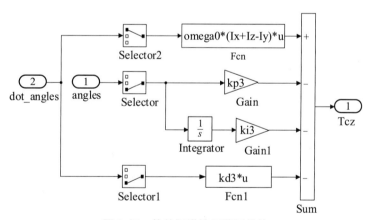

图 3.17　偏航通道控制器子模块

程序 3.5　仿真 PID 姿态稳定控制系统 initial_parameters. m

```
%% 在 MATLAB 工作区设置仿真参数,仿真动态系统
clear all;clc
I = diag([700;800;900]);                % 单刚体航天器转动惯量
Ix = 700;
Iy = 800;
```

```
Iz = 900;
angleb0 = [0.03; -0.01;0.01];                % 姿态角初值
wb0 = [0.00001;0.00003; -0.02];              % 角速度初值
% 轨道角速度
mu = 3.986005e14;                            % 地球引力常数
Re = 6371e3;                                 % 地球平均半径
r = Re + 500e3;                              % 轨道半径
omega0 = (mu/r^3)^0.5;                       % 轨道角速率
omega_oI = [0; -omega0;0];                   % 轨道角速度:轨道坐标系相对于惯性坐标系的角
                                               速度表示在轨道坐标系下

% PID 姿态稳定控制器参数
kp1 = 490;                                   % 滚转通道 PID 姿态控制器参数
kd1 = 2100;
ki1 = 0.0001;

kp2 = 560;                                   % 俯仰通道 PID 姿态控制器参数
kd2 = 2400;
ki2 = 0.001;

kp3 = 630;                                   % 偏航通道 PID 姿态控制器参数
kd3 = 2700;
ki3 = 0.001;
% 动态系统仿真
sim('PID_attitude_steady_controller');
% 绘图
close all;
t = 0:0.01:100;
% 绘制姿态角
Angles = ans.angles;
figure;
plot(t,Angles(:,1),'r',"Linewidth",2);hold on;
plot(t,Angles(:,2),'b:',"Linewidth",2);hold on;
plot(t,Angles(:,3),'k --',"Linewidth",2);
set(gca,'FontSize',14);                      % 设置当前坐标区字体大小
legend('\phi','\theta','\psi','FontSize',14,'FontName','Times New Roman');
xlabel('时间/s');ylabel('姿态角/rad');
grid on;
% 绘制角速度
omega = ans.wbo;
figure;
plot(t,omega(:,1),'r',"Linewidth",2);hold on;
plot(t,omega(:,2),'b:',"Linewidth",2);hold on;
plot(t,omega(:,3),'k --',"Linewidth",2);
set(gca,'FontSize',14);                      % 设置当前坐标区字体大小
```

```
legend('\omega_x','\omega_y','\omega_z','FontSize',14,'FontName','Times New Roman')
xlabel('时间/s');ylabel('角速度/(rad/s)');
grid on;
% 绘制控制力矩
Tc = ans. Tc;
figure;
plot(t,Tc(:,1),'r',"Linewidth",2);hold on;
plot(t,Tc(:,2),'b:',"Linewidth",2);hold on;
plot(t,Tc(:,3),'k--',"Linewidth",2);
set(gca,'FontSize',14);                  % 设置当前坐标区字体大小
legend('Tc_x','Tc_y','Tc_z','FontSize',14,'FontName','Times New Roman')
xlabel('时间/s');ylabel('控制力矩/(N\cdot m)');
grid on;
% % initial_parameters. m 内容结束
```

（5）PID 姿态稳定控制的仿真结果如图 3.18 ~ 图 3.20 所示。

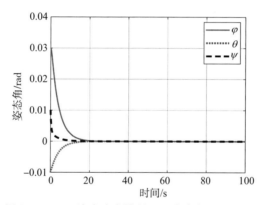

图 3.18　PID 姿态稳定控制——姿态角（附彩图）

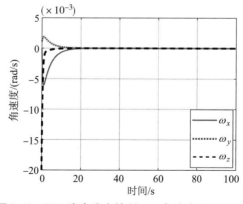

图 3.19　PID 姿态稳定控制——角速度（附彩图）

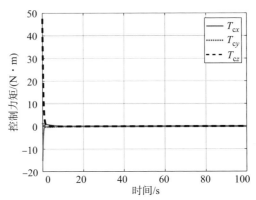

图 3.20   PID 姿态稳定控制——控制力矩（附彩图）

由图 3.18 ~ 图 3.20 所示的输出结果可知：利用 PID 控制理论设计的姿态稳定控制器对单刚体航天器进行控制时，姿态角在 35 s 达到稳定值并趋于稳定，角速度在 30 s 左右达到稳定值并趋于稳定，最大控制力矩为 50 N·m。

3.3   滑模控制器及 MATLAB 实现

航天器在轨运行时会受到复杂的空间扰动，这些扰动对航天器的运动状态产生影响，导致航天器建模复杂；同时，航天器的质量和质心也会随着元器件的老化、燃料的消耗等原因而发生变化。上述因素导致航天器动力学模型中存在参数不确定性[16]，这对姿态控制器的鲁棒性提出了较高的要求。设计 PID 控制可以使具有不确定性因素的控制系统具有一定的鲁棒性，但需要根据设计者的经验选取合适的 PID 控制器参数。

滑模控制源于对二阶系统相平面的研究，是一种非线性控制器。滑模控制的特点在于控制律并不固定，而是在动态过程中，根据系统当前的状态（如姿态角、角速度等）有目的地不断变化，使系统能够按照预定"滑动模态"的状态轨迹运动。滑模控制具有响应快速、对应参数变化不灵敏、无须系统在线辨识、物理实现简单等优点。然而，其状态轨迹到达滑模面时，难以严格地沿着滑模面向着平衡点滑动，而是在滑模面两侧来回穿越，使滑模控制在滑动模态下伴随着高频抖振，抖振会影响系统的精确性、破坏系统性能，并损坏控制器部件。本节针对外部干扰存在上界的情况，以单刚体航天器为控制对象，详细介绍滑模姿态稳定控制器的设计以及利用 MATLAB/Simulink 进行数值仿真的全过程。

3.3.1   滑模控制器的介绍

滑模控制可以根据系统当前的状态、误差及其各阶导数发生变化，迫使系统按照预定"滑动模态"的状态轨迹作小幅度、高频率的上下运动[17]。对于如下非线性系统：

$$\dot{\boldsymbol{x}} = f(\boldsymbol{x}, t) + B(\boldsymbol{x}, t)\boldsymbol{u} \tag{3.28}$$

式中，$\boldsymbol{x} \in \mathbf{R}^n$，$\boldsymbol{u} \in \mathbf{R}^m$，$t \in \mathbf{R}$。选取切换函数 $s(\boldsymbol{x}) \in \mathbf{R}^m$，并寻求如下控制：

$$u_i(\boldsymbol{x}) = \begin{cases} u_i^+(\boldsymbol{x}), & s_i(\boldsymbol{x}) > 0 \\ u_i^-(\boldsymbol{x}), & s_i(\boldsymbol{x}) < 0 \end{cases} \tag{3.29}$$

选取切换函数 $s(\boldsymbol{x})$ 为

$$s(\boldsymbol{x}) = \boldsymbol{\lambda}\boldsymbol{x} = \sum_{i=1}^{n-1} \lambda_i x_i + x_n \qquad (3.30)$$

式中，x_i——系统状态及其各阶导数，$i = 1,2,\cdots,n$；

$\boldsymbol{\lambda} = [\lambda_1, \lambda_2, \cdots, \lambda_{n-1}, 1]$，$\lambda_i$ 均为实数。

$$a^{n-1} + \lambda_{n-1}a^{n-2} + \cdots + \lambda_2 a + \lambda_1 = 0 \qquad (3.31)$$

λ_i 的选取需要满足一定条件，即对于如式（3.31）所示的关于任意变量 a 的多项式，其所有根均具有负实部，这样可以保证系统的"滑动模态"运动是稳定的。

使滑模面以外的相轨迹在有限时间内到达滑模面称为到达条件，即满足下式：

$$\lim_{s \to 0^+} \dot{s} < 0, \ \lim_{s \to 0^-} \dot{s} > 0 \qquad (3.32)$$

式（3.32）也可以写成

$$\lim_{t \to \infty} s\dot{s} < 0 \qquad (3.33)$$

此时，系统的运动称为趋近运动。滑模面上的降阶系统（当系统处于滑模面上，此时系统阶次降低，称为降阶系统）的运动渐近稳定，即到达滑模面的相轨迹能够最终保持在滑模面上且到达期望的点，此时系统的运动称为滑动模态运动，简称滑模运动。系统相轨迹由滑模面趋向系统原点的过程如图 3.21 所示，这种通过切换控制迫使系统产生一种良好动态品质的滑动模态运动的控制系统称为滑模控制。

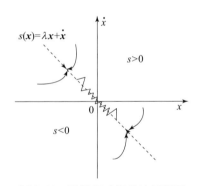

图 3.21　滑模运动相轨迹示意图

设计滑模控制的基本步骤包括两个相对独立的部分[18]：设计切换函数 $s(\boldsymbol{x})$，令 $s(\boldsymbol{x}) = 0$，使其所确定的滑动模态渐近稳定且具有良好的动态品质；寻求滑模控制器 $\boldsymbol{u}^{\pm}(\boldsymbol{x})$，使系统满足滑模到达条件，从而形成滑动模态。

这样，滑模控制既能保证趋近运动在有限时间内到达滑模面，又能保证滑模面是滑动模态区。一旦确定切换函数 $s(\boldsymbol{x})$ 和滑模控制器 $\boldsymbol{u}^{\pm}(\boldsymbol{x})$，就建立起了滑模控制系统。

3.3.2　滑模姿态控制器的设计

针对单刚体航天器姿态稳定控制问题，本节将第 2 章中通过假设化简后得到的单刚体航天器动力学模型作为被控对象，下式为单刚体航天器动力学方程：

$$\boldsymbol{I}\dot{\boldsymbol{\omega}}_{\mathrm{b}} + \boldsymbol{\omega}_{\mathrm{b}}^{\times}\boldsymbol{I}\boldsymbol{\omega}_{\mathrm{b}} = \boldsymbol{T}_{\mathrm{c}} + \boldsymbol{T}_{\mathrm{d}} \qquad (3.34)$$

式中，$\boldsymbol{I}$——单刚体航天器转动惯量；

$\boldsymbol{\omega}_b$——角速度矢量在本体坐标系中的分量列阵；

$\boldsymbol{T}_c, \boldsymbol{T}_d$——作用在航天器上的控制向量和干扰向量。

本节考虑 $\boldsymbol{T}_d$ 有上界[19]，即

$$\max\{|T_{di}|, i = 1,2,3\} \leqslant T_{d\max} \tag{3.35}$$

式中，$T_{d\max}$——干扰的上界。

针对 $T_{d\max}$ 已知的情况，设计滑模姿态稳定控制器，使得在控制器的作用下单刚体航天器的姿态角达到期望值。

若考虑轨道角速度，则以轨道坐标系作为航天器本体坐标系的期望姿态，定义姿态角误差和角速度误差[20]如下：

$$\begin{cases} \boldsymbol{x}_1 = \boldsymbol{\Theta} - \boldsymbol{\Theta}_d \\ \boldsymbol{x}_2 = \boldsymbol{\omega}_{bo} - \boldsymbol{\omega}_d \end{cases} \tag{3.36}$$

式中，$\boldsymbol{\Theta}$——姿态角，$\boldsymbol{\Theta} = [\varphi, \theta, \psi]^T$；

$\boldsymbol{\Theta}_d$——期望姿态角，$\boldsymbol{\Theta}_d = [\varphi_d, \theta_d, \psi_d]^T$；

$\boldsymbol{\omega}_{bo}$——航天器本体坐标系相对于轨道坐标系的角速度表示在航天器本体坐标系中的分量列阵，$\boldsymbol{\omega}_{bo} = [\omega_{box}, \omega_{boy}, \omega_{boz}]^T$；

$\boldsymbol{\omega}_d$——期望角速度，$\boldsymbol{\omega}_d = [\omega_{dx}, \omega_{dy}, \omega_{dz}]^T$。

由于姿态稳定的要求，可以得到 $\boldsymbol{\Theta}_d = 0, \boldsymbol{\omega}_d = 0$，因此将式（3.36）写为

$$\begin{cases} \boldsymbol{x}_1 = \boldsymbol{\Theta} \\ \boldsymbol{x}_2 = \boldsymbol{\omega}_{bo} \end{cases} \tag{3.37}$$

根据运动学方程（式（2.5）），可得

$$\begin{bmatrix} \dot{\varphi} \\ \dot{\theta} \\ \dot{\psi} \end{bmatrix} = \begin{bmatrix} 1 & \sin\varphi\tan\theta & \cos\varphi\tan\theta \\ 0 & \cos\varphi & -\sin\varphi \\ 0 & \sin\varphi\sec\theta & \cos\varphi\sec\theta \end{bmatrix} \begin{bmatrix} \omega_{box} \\ \omega_{boy} \\ \omega_{boz} \end{bmatrix} \tag{3.38}$$

由式（3.37），可得

$$\dot{\boldsymbol{\Theta}} = \boldsymbol{G}(\boldsymbol{\Theta})\boldsymbol{\omega}_{bo} \tag{3.39}$$

式中，$\boldsymbol{G}(\boldsymbol{\Theta}) = \begin{bmatrix} 1 & \sin\varphi\tan\theta & \cos\varphi\tan\theta \\ 0 & \cos\varphi & -\sin\varphi \\ 0 & \sin\varphi\sec\theta & \cos\varphi\sec\theta \end{bmatrix}$。

由第 1 章中对旋转矩阵的定义和第 2 章中对运动学方程的推导可知，以轨道坐标系作为航天器的期望姿态时，航天器本体坐标系相对于轨道坐标系的运动学方程在本体坐标系下表示为

$$\boldsymbol{\omega}_{bo} = \boldsymbol{\omega}_b - \boldsymbol{A}_{bo}\boldsymbol{\omega}_{oI} \tag{3.40}$$

式中，$\boldsymbol{A}_{bo}$——航天器本体坐标系相对于轨道坐标系的旋转矩阵；

$\boldsymbol{\omega}_{oI}$——轨道坐标系相对于惯性坐标系的角速度在轨道坐标系中的分量列阵。

因此，

$$\dot{\boldsymbol{\Theta}} = \boldsymbol{G}(\boldsymbol{\Theta})(\boldsymbol{\omega}_b - \boldsymbol{A}_{bo}\boldsymbol{\omega}_{oI}) \tag{3.41}$$

将式（3.34）写成状态空间表达式形式：

$$\begin{cases} \dot{\boldsymbol{x}}_1 = \dot{\boldsymbol{\Theta}} = \boldsymbol{G}(\boldsymbol{\Theta})\boldsymbol{\omega}_{\mathrm{bo}} = \boldsymbol{G}(\boldsymbol{\Theta})\boldsymbol{x}_2 \\ \dot{\boldsymbol{x}}_2 = \dot{\boldsymbol{\omega}}_{\mathrm{bo}} = \dot{\boldsymbol{\omega}}_{\mathrm{b}} - \dot{\boldsymbol{A}}_{\mathrm{bo}}\boldsymbol{\omega}_{\mathrm{oI}} \end{cases} \tag{3.42}$$

由式（1.34）~式（1.36）可推导旋转矩阵变化率为

$$\dot{\boldsymbol{A}}_{\mathrm{bo}} = -\boldsymbol{\omega}_{\mathrm{bo}}^{\times}\boldsymbol{A}_{\mathrm{bo}} \tag{3.43}$$

由式（3.34）和式（3.43）可得

$$\begin{cases} \dot{\boldsymbol{x}}_1 = \dot{\boldsymbol{\Theta}} = \boldsymbol{G}(\boldsymbol{\Theta})\boldsymbol{\omega}_{\mathrm{bo}} = \boldsymbol{G}(\boldsymbol{\Theta})\boldsymbol{x}_2 \\ \dot{\boldsymbol{x}}_2 = \boldsymbol{I}^{-1}(\boldsymbol{T}_{\mathrm{c}} + \boldsymbol{T}_{\mathrm{d}} - \boldsymbol{\omega}_{\mathrm{b}}^{\times}\boldsymbol{I}\boldsymbol{\omega}_{\mathrm{b}}) + \boldsymbol{\omega}_{\mathrm{bo}}^{\times}\boldsymbol{A}_{\mathrm{bo}}\boldsymbol{\omega}_{\mathrm{oI}} = \boldsymbol{I}^{-1}(\boldsymbol{T}_{\mathrm{c}} + \boldsymbol{T}_{\mathrm{d}} - \boldsymbol{\omega}_{\mathrm{b}}^{\times}\boldsymbol{I}\boldsymbol{\omega}_{\mathrm{b}}) + \boldsymbol{x}_2^{\times}\boldsymbol{A}_{\mathrm{bo}}\boldsymbol{\omega}_{\mathrm{oI}} \end{cases}$$
$$\tag{3.44}$$

本节针对式（3.42）设计滑模姿态稳定控制器。滑模控制器设计的关键在于滑模面的选取。定义以下切换函数：

$$\boldsymbol{s} = \boldsymbol{\lambda}\boldsymbol{x}_1 + \boldsymbol{x}_2 \tag{3.45}$$

式中，$\boldsymbol{\lambda}$——对角元素均为正数的对角矩阵，$\boldsymbol{\lambda} = \mathrm{diag}(\lambda_1, \lambda_2, \lambda_3)$。

当系统由滑模面外运动到滑模面上并且保持在滑模面上，即 $\boldsymbol{s} = \boldsymbol{0}$ 时，有下式成立：

$$\boldsymbol{x}_1 = -\boldsymbol{\lambda}^{-1}\boldsymbol{x}_2 \tag{3.46}$$

为证明当系统状态到达滑模面上后能够收敛到平衡点，定义李雅普诺夫（Lyapunov）函数如下：

$$V_1 = \frac{1}{2}\boldsymbol{x}_1^{\mathrm{T}}\boldsymbol{\lambda}\boldsymbol{x}_1 \tag{3.47}$$

对 V_1 求导，可得

$$\dot{V}_1 = \boldsymbol{x}_1^{\mathrm{T}}\boldsymbol{\lambda}\dot{\boldsymbol{x}}_1 \tag{3.48}$$

将式（3.42）中的第 1 个等式和式（3.46）代入式（3.48），可得

$$\begin{aligned} \dot{V}_1 &= (\boldsymbol{\lambda}^{-1}\boldsymbol{x}_2)^{\mathrm{T}}\boldsymbol{\lambda}(\boldsymbol{G}(\boldsymbol{\Theta})\boldsymbol{x}_2) \\ &= -\boldsymbol{x}_2^{\mathrm{T}}\boldsymbol{G}(\boldsymbol{\Theta})\boldsymbol{x}_2 \\ &\leqslant -\boldsymbol{G}(\boldsymbol{\Theta})_{\mathrm{min}}\parallel\boldsymbol{x}_2\parallel_2^2 \\ &\leqslant 0 \end{aligned} \tag{3.49}$$

式中，$\boldsymbol{G}(\boldsymbol{\Theta})_{\mathrm{min}}$——矩阵 $\boldsymbol{G}(\boldsymbol{\Theta})$ 的最小特征值；

　　　$\parallel\boldsymbol{x}_2\parallel_2$——向量 $\boldsymbol{x}_2$ 的 2 范数。

当且仅当 $\boldsymbol{x}_2 = \boldsymbol{0}$ 时，$\dot{V}_1 = 0$，因此 $\boldsymbol{x}_1$ 和 $\boldsymbol{x}_2$ 同时收敛到 $\boldsymbol{0}$。

设计滑模姿态稳定控制器如下：

$$\boldsymbol{T}_{\mathrm{c}} = \boldsymbol{T}_{\mathrm{eq}} + \boldsymbol{T}_{\mathrm{sw}} \tag{3.50}$$

式中，$\boldsymbol{T}_{\mathrm{eq}}$——等效控制，其作用是保证系统能够达到滑模面；

　　　$\boldsymbol{T}_{\mathrm{sw}}$——切换控制，其作用是保证系统在滑模面上运动。

首先，设计切换控制函数：

$$\boldsymbol{T}_{\mathrm{sw}} = -\boldsymbol{K}\boldsymbol{s} - T_{\mathrm{dmax}}\boldsymbol{P}(\boldsymbol{s}) \tag{3.51}$$

式中，$\boldsymbol{K}$——对角线均为正数的对角矩阵，$\boldsymbol{K} = \mathrm{diag}(k_1, k_2, k_3)$；

　　　$\boldsymbol{P}(\boldsymbol{s})$——切换函数，其定义为

$$\boldsymbol{P}(\boldsymbol{s}) = \begin{bmatrix} \mathrm{sgn}(s_1), \mathrm{sgn}(s_2), \mathrm{sgn}(s_3) \end{bmatrix}^{\mathrm{T}} \tag{3.52}$$

式中，$\mathrm{sgn}(\cdot)$——符号函数。

对于等效控制 T_{eq}，在不考虑 T_d 的情况下，定义 Lyapunov 函数如下：

$$V_2 = \frac{1}{2}s^{\mathrm{T}}Is \tag{3.53}$$

令 $T_d = 0$，对式（3.53）求导，可得

$$\dot{V}_2 = \frac{1}{2}s^{\mathrm{T}}I(\lambda\dot{x}_1 + \dot{x}_2)$$

$$= s^{\mathrm{T}}I[\lambda G(\Theta)x_2 + I^{-1}(T_c - \omega_b^\times I\omega_b) + x_2^\times A_{bo}\omega_{oI}] \tag{3.54}$$

令 $\dot{V}_2 = 0$，可得

$$T_{eq} = \omega_b^\times I\omega_b - I\lambda G(\Theta)x_2 - Ix_2^\times A_{bo}\omega_{oI} \tag{3.55}$$

根据式（3.51）与式（3.55），可得滑模控制器如下：

$$T_c = T_{eq} + T_{sw}$$

$$= \omega_b^\times I\omega_b - I\lambda G(\Theta)x_2 - Ix_2^\times A_{bo}\omega_{oI} - Ks - T_{dmax}P(s) \tag{3.56}$$

定理 3-1： 考虑单刚体航天器的动力学模型（式（3.42）），如果已知干扰上界，则在控制器（式（3.56））的作用下，闭环系统稳定且满足以下性质：

$$\begin{cases} \lim_{t\to\infty} x_1(t) = 0 \\ \lim_{t\to\infty} x_2(t) = 0 \\ \lim_{t\to\infty} s(t) = 0 \end{cases}$$

证明： 考虑 Lyapunov 函数（式（3.53）），并对其求导，结合式（3.45）和式（3.56）可得

$$\dot{V}_2 = \frac{1}{2}s^{\mathrm{T}}I(\lambda\dot{x}_1 + \dot{x}_2)$$

$$= s^{\mathrm{T}}I[\lambda G(\Theta)x_2 + I^{-1}(T_c + T_d - \omega_{bI}^\times I\omega_{bI}) + x_2^\times A_{bo}\omega_{oI}]$$

$$= s^{\mathrm{T}}I[\lambda G(\Theta)x_2 + I^{-1}(T_c + T_d - \omega_{bI}^\times I\omega_{bI}) + x_2^\times A_{bo}\omega_{oI}]$$

$$= s^{\mathrm{T}}T_d - s^{\mathrm{T}}Ks - T_{dmax}s^{\mathrm{T}}P(s) \tag{3.57}$$

式中，

$$s^{\mathrm{T}}T_d \leq T_{dmax}\|s\|_1 \tag{3.58}$$

式中，$\|s\|_1$——向量 s 的 1 范数。

由于 K 为对角元素均为正数的对角矩阵，因此有

$$s^{\mathrm{T}}Ks \leq K_{min}\|s\|_2^2 \tag{3.59}$$

式中，K_{min}——矩阵 K 的最小特征值；

$\|s\|_2$——向量 s 的 2 范数。

根据式（3.52）可得

$$T_{dmax}s^{\mathrm{T}}P(s) = T_{dmax}\|s\|_1 \tag{3.60}$$

由式（3.58）和式（3.60），可以将式（3.57）写为

$$\dot{V}_2 \leq T_{dmax}\|s\|_1 - K_{min}\|s\|_2^2 - T_{dmax}\|s\|_1$$

$$\leq -K_{min}\|s\|_2^2$$

$$\leq 0 \tag{3.61}$$

由式（3.61）可知，当且仅当 $s=0$ 时，$\dot{V}_2 = 0$。由式（3.49）可知，当系统保持在滑模面上

时，$\boldsymbol{x}_1$ 和 $\boldsymbol{x}_2$ 同时收敛到 $\boldsymbol{0}$。利用 Lyapunov 函数稳定性理论，可得系统（式（3.42））渐近稳定，并且有下式成立：

$$\begin{cases} \lim_{t\to\infty} \boldsymbol{x}_1(t) = \boldsymbol{0} \\ \lim_{t\to\infty} \boldsymbol{x}_2(t) = \boldsymbol{0} \\ \lim_{t\to\infty} \boldsymbol{s}(t) = \boldsymbol{0} \end{cases}$$

证毕。

为了减弱抖振对单刚体航天器姿态稳定的影响，可采用文献 [21] 中改进的切换函数，使用反正切函数来替代符号函数，能有效减弱系统的抖振现象。改进的切换函数的定义如下：

$$\boldsymbol{P}_1(\boldsymbol{s}) = [P_1(s_1), P_1(s_2), P_1(s_3)]^{\mathrm{T}} \tag{3.62}$$

其中，

$$P_1(s_i) = \begin{cases} 1, & s_i > 1 \\ \arctan(hs_i), & -1 \leqslant s_i \leqslant 1, i = 1,2,3 \\ -1, & s_i < -1 \end{cases} \tag{3.63}$$

式中，$h = \tan(1) \approx 1.5574$。

将滑模姿态稳定控制器（式（3.56））重新设计为

$$\begin{aligned} \boldsymbol{T}_{\mathrm{c}} &= \boldsymbol{T}_{\mathrm{eq}} + \boldsymbol{T}_{\mathrm{sw}} \\ &= \boldsymbol{\omega}_{\mathrm{b}}^{\times}\boldsymbol{I}\boldsymbol{\omega}_{\mathrm{b}} - \boldsymbol{I}\boldsymbol{\lambda}\boldsymbol{G}(\boldsymbol{\Theta})\boldsymbol{x}_2 - \boldsymbol{I}\boldsymbol{x}_2^{\times}\boldsymbol{A}_{\mathrm{bo}}\boldsymbol{\omega}_{\mathrm{oI}} - \boldsymbol{K}\boldsymbol{s} - T_{\mathrm{dmax}}\boldsymbol{P}_1(\boldsymbol{s}) \end{aligned} \tag{3.64}$$

将重新设计的滑模姿态稳定控制器（式（3.64））作用于系统（式（3.42）），证明在改进型滑模姿态稳定控制器（式（3.64））的作用下，系统稳定并且满足如下情况：

$$\begin{cases} \lim_{t\to\infty} \boldsymbol{x}_1(t) = \boldsymbol{0} \\ \lim_{t\to\infty} \boldsymbol{x}_2(t) = \boldsymbol{0} \\ \lim_{t\to\infty} \boldsymbol{s}(t) = \boldsymbol{0} \end{cases}$$

证明：将式（3.64）代入式（3.57），可得

$$\dot{V}_2 = \boldsymbol{s}^{\mathrm{T}}\boldsymbol{T}_{\mathrm{d}} - \boldsymbol{s}^{\mathrm{T}}\boldsymbol{K}\boldsymbol{s} - T_{\mathrm{dmax}}\boldsymbol{s}^{\mathrm{T}}\boldsymbol{P}_1(\boldsymbol{s}) \tag{3.65}$$

对于切换函数 $\boldsymbol{P}_1(\boldsymbol{s})$，当 $s_i > 1$ 和 $s_i < -1$ 时，下式成立：

$$\begin{aligned} \dot{V}_2 &= \boldsymbol{s}^{\mathrm{T}}\boldsymbol{T}_{\mathrm{d}} - \boldsymbol{s}^{\mathrm{T}}\boldsymbol{K}\boldsymbol{s} - T_{\mathrm{dmax}}\boldsymbol{s}^{\mathrm{T}}\boldsymbol{P}_1(\boldsymbol{s}) \\ &\leqslant T_{\mathrm{dmax}}\|\boldsymbol{s}\|_1 - K_{\min}\|\boldsymbol{s}\|_2^2 - T_{\mathrm{dmax}}\|\boldsymbol{s}\|_1 \\ &\leqslant -K_{\min}\|\boldsymbol{s}\|_2^2 \\ &\leqslant 0 \end{aligned} \tag{3.66}$$

当 $-1 \leqslant s_i \leqslant 1$ 时，存在大于 0 的常数 $\boldsymbol{\eta}$，使得以下不等式成立：

$$0 \leqslant |s_i| - s_i\arctan(hs_i) \leqslant \boldsymbol{\eta} \tag{3.67}$$

定义如下函数：

$$y = |s_i| - s_i\arctan(hs_i), \quad -1 \leqslant s_i \leqslant 1 \tag{3.68}$$

式中，y 和 s_i 的关系如图 3.22 所示。

根据图 3.22 可知，式（3.67）成立。由式（3.67）可得

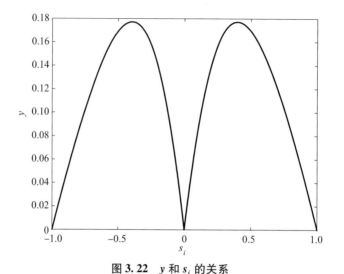

图 3.22 y 和 s_i 的关系

$$
\begin{aligned}
\dot{V}_2 &= \boldsymbol{s}^{\mathrm{T}} \boldsymbol{T}_{\mathrm{d}} - \boldsymbol{s}^{\mathrm{T}} \boldsymbol{K} \boldsymbol{s} - T_{\mathrm{dmax}} \boldsymbol{s}^{\mathrm{T}} \boldsymbol{P}_1(\boldsymbol{s}) \\
&\leqslant T_{\mathrm{dmax}} \parallel \boldsymbol{s} \parallel_1 - K_{\min} \parallel \boldsymbol{s} \parallel_2^2 - T_{\mathrm{dmax}} \boldsymbol{s}^{\mathrm{T}} \boldsymbol{P}_1(\boldsymbol{s}) \\
&\leqslant T_{\mathrm{dmax}} \parallel \boldsymbol{s} \parallel_1 - K_{\min} \parallel \boldsymbol{s} \parallel_2^2 - \sum_{i=1}^{3} T_{\mathrm{dmax}} s_i \arctan(h s_i) \\
&\leqslant T_{\mathrm{dmax}} \parallel \boldsymbol{s} \parallel_1 - K_{\min} \parallel \boldsymbol{s} \parallel_2^2 + \sum_{i=1}^{3} T_{\mathrm{dmax}} (\eta - \mid s_i \mid) \\
&= - K_{\min} \parallel \boldsymbol{s} \parallel_2^2 + 3 T_{\mathrm{dmax}} \eta \\
&= - \xi I_{\min} \boldsymbol{s}^{\mathrm{T}} \boldsymbol{s} + 3 T_{\mathrm{dmax}} \eta \\
&\leqslant - \xi \boldsymbol{s}^{\mathrm{T}} \boldsymbol{I} \boldsymbol{s} + 3 T_{\mathrm{dmax}} \eta \\
&\leqslant - \xi V_2 + \xi_1
\end{aligned}
\tag{3.69}
$$

式中，$\xi = K_{\min}/I_{\min}$，$I_{\min}$ 是矩阵 $\boldsymbol{I}$ 的最小特征值；

$\xi_1 = 3 T_{\mathrm{dmax}} \eta$，是一个常数。

因此，可以得到系统一致有界稳定。证毕。

3.3.3　MATLAB 环境下实现滑模姿态控制器

本节基于 MATLAB 的 m 文件，仿真实现滑模姿态稳定控制，见程序 3.6 ~ 程序 3.8。

程序 3.6　航天器姿态动力学与运动学微分方程函数 SM_attidyn_dae. m

```
%% 函数:用于描述航天器姿态动力学与运动学微分方程
%% 输入:时间,状态量
%% 输出:状态量的导数
function dx = SM_attidyn_dae( t,x)
global I omega_oI
global lambda K Tdmax
w = x(1:3,1);                    % 从状态量 x 中提取角速度
```

```
w_x = x(1);                   % 从状态量 x 中提取第一个角速度
w_y = x(2);                   % 从状态量 x 中提取第二个角速度
w_z = x(3);                   % 从状态量 x 中提取第三个角速度
phi = x(4);                   % 从状态量 x 中提取第一个姿态角
theta = x(5);                 % 从状态量 x 中提取第二个姿态角
pothe = x(6);                 % 从状态量 x 中提取第三个姿态角
int_phi = x(7);               % 从状态量 x 中提取第一个姿态角对时间的积分
int_theta = x(8);             % 从状态量 x 中提取第二个姿态角对时间的积分
int_pothe = x(9);             % 从状态量 x 中提取第三个姿态角对时间的积分
% 滑模姿态稳定控制器
angle = [phi;theta;pothe];
G_angle = [1   tan(theta) * sin(phi)   tan(theta) * cos(phi);
           0   cos(phi)   - sin(phi);
           0   sin(phi)/cos(theta)   cos(phi)/cos(theta)];
% 轨道坐标系相对于惯性坐标系的旋转矩阵
A_bo = [cos(theta) * cos(pothe)   cos(theta) * sin(pothe)   - sin(theta);
    sin(phi) * sin(theta) * cos(pothe) - cos(phi) * sin(pothe)
sin(phi) * sin(theta) * sin(pothe) + cos(phi) * cos(pothe)
sin(phi) * cos(theta);
    cos(phi) * sin(theta) * cos(pothe) + sin(phi) * sin(pothe)
cos(phi) * sin(theta) * sin(pothe) - sin(phi) * cos(pothe)
cos(pothe) * cos(theta)];
w_bo = w - A_bo * omega_oI;        % 航天器本体坐标系相对于轨道坐标系的角速度
T_eq = cross(w,I * w) - I * lambda * G_angle * w_bo - I * cross(w_bo,A_bo * omega_oI);
s = lambda * angle + w_bo;
T_sw = - K * s - Tdmax * P1_s('s');
T = T_eq + T_sw;
Tc = T;
% 动力学方程
dw = inv(I) * (Tc - cross(w,I * w));
% 运动学方程
dangle = G_angle * w_bo;
dintangle = [ - phi; - theta; - pothe];
dx = [dw;dangle;dintangle];        % 组成状态量的导数,以便输出
end
%% SM_attidyn_dae. m 内容结束
```

程序 3.7　滑模姿态稳定控制仿真主程序 SM_attidyn_main. m

```
%% 主函数:利用 ode45 对滑模姿态稳定控制进行数值仿真
clear all;clc;                    % 清除命令行窗口与工作区中的内容
global I Ix Iy Iz omega0 omega_oI
```

```
global lambda K Tdmax
I = diag([700;800;900]);                    % 航天器转动惯量矩阵
Ix = 700;
Iy = 800;
Iz = 900;
mu = 3.986005e14;                           % 地球引力常数
Re = 6371e3;                                % 地球平均半径
r = Re + 500e3;                             % 轨道半径
omega0 = (mu/r^3)^0.5;                      % 轨道角速率
omega_oI = [0; -omega0;0];                  % 轨道角速度
lambda = diag([800,1000,800]);             % 滑模姿态稳定控制器参数
K = diag([800,1000,800]);
Tdmax = 5;
t0 = 0;                                      % 初始时刻
tf = 40;                                     % 结束时刻
tspan = [t0,tf];                             % 时间历程
w0 = [0.00001;0.00003; -0.02];             % 角速度初值(rad/s)
angle0 = [0.03; -0.01;0.01];               % 姿态角初值(rad)
intangle0 = [0;0;0];                         % 角速度对时间积分的初值
x0 = [w0,angle0,intangle0];                 % 初值数组
option = odeset('RelTol',1e-4);            % 相对误差精度设置
[t_atti,x_atti] = ode45('SM_attidyn_dae',tspan,x0,option);   % 利用 ode45 进行数值积分
Plotfunc(t_atti,x_atti);                    % 调用绘图函数
% % SM_attidyn_main. m 内容结束
```

程序 3.8 切换函数 P1(s)P1_s. m

```
% % 函数:用于描述符号函数式(3.62)
% % 输入:s
% % 输出:P1(s)
function P1 = P1_s(u)
if(u > 1)
   P1 = 1;
elseif(u >= -1 && u <= 1)
   P1 = atan(1.5574 * u);
else
   P1 = -1;
end
% % P1_s. m 内容结束
```

程序运行结果如图 3.23 所示。

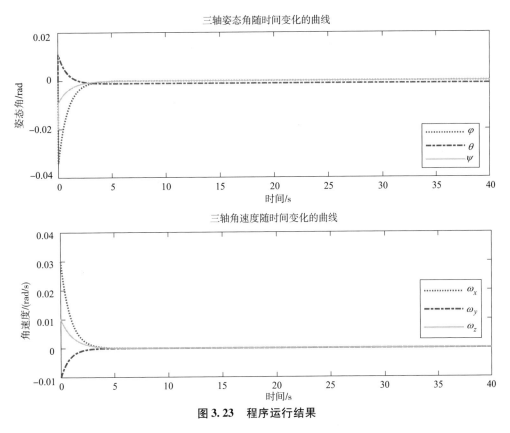

图 3.23　程序运行结果

3.3.4　Simulink 方式实现滑模姿态稳定控制

下面以航天器对地稳定为控制目标（即期望本体坐标系与轨道坐标系重合），根据滑模姿态稳定控制器（式（3.64）），在 Simulink 中搭建航天器滑模姿态稳定控制回路，如图 3.24 所示。2.6 节已经详细介绍了单刚体航天器运动学和动力学的 Simulink 仿真设计，本节主要介绍滑模姿态稳定控制器子模块，如图 3.25 所示。

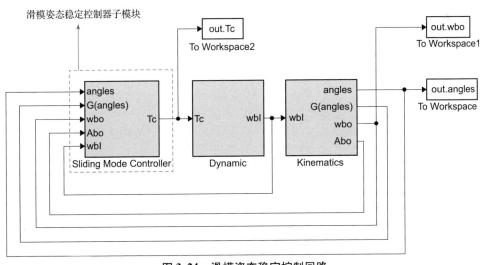

图 3.24　滑模姿态稳定控制回路

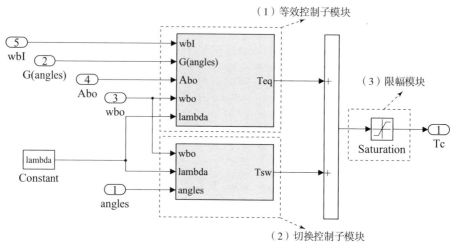

图 3.25　滑模姿态稳定控制器子模块

（1）等效控制子模块。根据式（3.55）设计等效控制子模块，如图 3.26 所示。

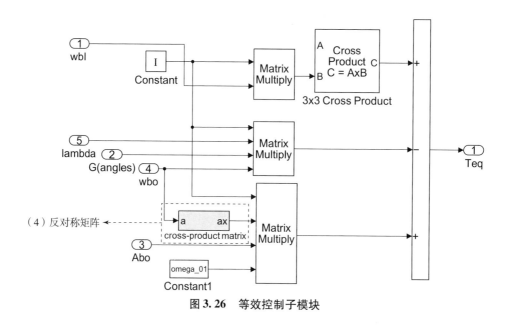

图 3.26　等效控制子模块

（2）切换控制子模块。根据式（3.51）和式（3.62）设计切换控制子模块，如图 3.27 所示。

（3）限幅模块。对比 PID 姿态稳定控制，将滑模姿态稳定控制的输出力矩限制在 ± 10 N·m。从 Simulink – Sources 库中添加 Saturation 模块，添加后双击该模块进行设置，设置内容如图 3.28 所示。

（4）反对称矩阵。反对称矩阵的 Simulink 设计如图 1.62 所示。

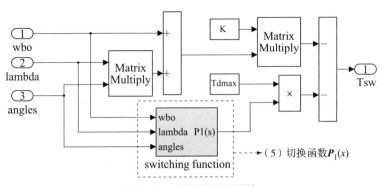

图 3.27　切换控制子模块

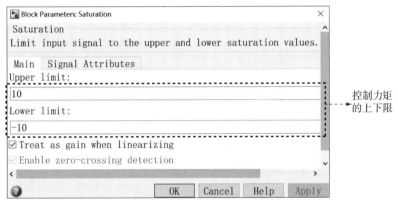

图 3.28　限幅模块设置界面

（5）切换函数 $P_1(s)$。根据式（3.62）和式（3.63）设计切换函数 $P_1(s)$，如图 3.29 所示。

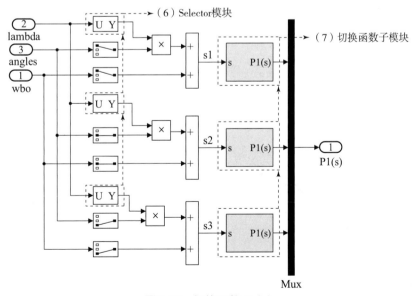

图 3.29　切换函数 $P_1(s)$

（6）Selector 模块。由式（3.45）可知，$\boldsymbol{\lambda} = \mathrm{diag}(\lambda_1,\lambda_2,\lambda_3) \in \mathbf{R}^{3\times3}$ 是对角元素均为正数的对角矩阵。为了选取 $\boldsymbol{\lambda}$ 的对角元素，从 Simulink – Sources 库中添加 Selector 模块，添加后双击该模块进行设置，设置内容如图 3.30 所示。

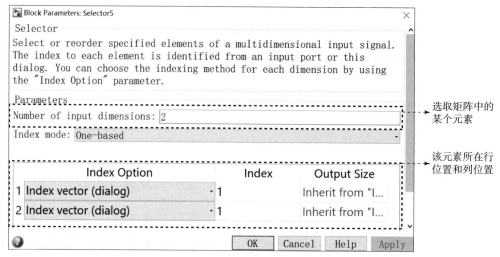

图 3.30　Selector 模块

（7）切换函数子模块。从 Simulink – Sources 库中添加 Subsystem 模块，添加后双击该模块进行设置，设置内容如图 3.31 所示。

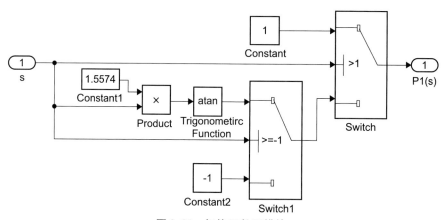

图 3.31　切换函数子模块

（8）在 MATLAB 工作区设置仿真参数，仿真动态系统，见程序 3.9。

程序 3.9　仿真滑模姿态稳定控制系统 initial_parameters. m

```
%% 在 MATLAB 工作区设置仿真参数,仿真动态系统
clear all;clc
I = diag([700;800;900]);    % 单刚体航天器转动惯量
Ix = 700;
Iy = 800;
```

```matlab
Iz = 900;
angleb0 = [0.03; -0.01; 0.01];
wb0 = [0.00001; 0.00003; -0.02];
mu = 3.986005e14;                    % 地球引力常数
Re = 6371e3;                         % 地球平均半径
r = Re + 500e3;                      % 轨道半径
omega0 = (mu/r^3)^0.5;               % 轨道角速率
omega_oI = [0; -omega0; 0];          % 轨道角速度
% 滑模姿态稳定控制器参数
lambda = diag([800,1000,800]);
K = diag([800,1000,800]);
Tdmax = 5;
% 动态系统仿真
sim('SM_attitude_steady_controller');
% 绘图
close all;
t = 0:0.01:100;
% 绘制姿态角
Angles = ans.angles;
figure;
plot(t,Angles(:,1),'r',"Linewidth",2); hold on;
plot(t,Angles(:,2),'b:',"Linewidth",2); hold on;
plot(t,Angles(:,3),'k--',"Linewidth",2);
set(gca,'FontSize',14);              % 设置当前坐标区字体大小
legend('\phi','\theta','\psi','FontSize',14,'FontName','Times New Roman');
xlabel('时间/s'); ylabel('姿态角/rad');
grid on;
% 绘制角速度
omega = ans.wbo;
figure;
plot(t,omega(:,1),'r',"Linewidth",2); hold on;
plot(t,omega(:,2),'b:',"Linewidth",2); hold on;
plot(t,omega(:,3),'k--',"Linewidth",2);
set(gca,'FontSize',14);
legend('\omega_x','\omega_y','\omega_z','FontSize',14,'FontName','Times New Roman')
xlabel('时间/s'); ylabel('角速度/(rad/s)');
grid on;
% 绘制控制力矩
Tc = ans.Tc;
figure;
plot(t,Tc(:,1),'r',"Linewidth",2); hold on;
plot(t,Tc(:,2),'b:',"Linewidth",2); hold on;
```

```
plot(t,Tc(:,3),'k --',"Linewidth",2);
set(gca,'FontSize',14);
legend('Tc_x','Tc_y','Tc_z','FontSize',14,'FontName','Times New Roman')
xlabel('时间/s');ylabel('控制力矩/(N\cdot m)');
grid on;
%% initial_parameters. m 内容结束
```

（9）滑模姿态稳定控制仿真结果。由图 3.32 ~ 图 3.34 所示的仿真结果可得：设计滑模姿态稳定控制器对单刚体航天器进行姿态稳定控制时，姿态角和角速度在 15 s 时达到稳定值并趋于稳定，控制力矩限制在 ±10 N·m。

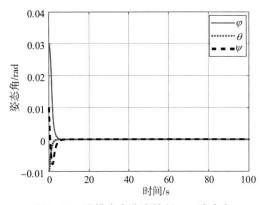

图 3.32　滑模姿态稳定控制——姿态角
（附彩图）

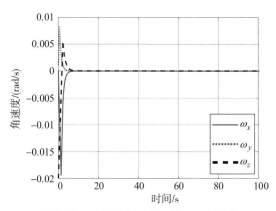

图 3.33　滑模姿态稳定控制——角速度
（附彩图）

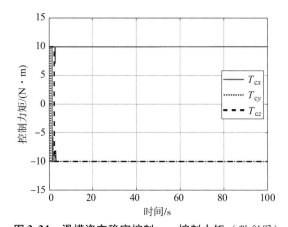

图 3.34　滑模姿态稳定控制——控制力矩（附彩图）

由 PID 姿态稳定控制仿真结果和滑模姿态稳定仿真结果可知，滑模姿态稳定控制器对存在外界扰动的航天器的姿态稳定有较强的鲁棒性。

3.4　基于 MATLAB – GUI 界面的姿态控制器设计与仿真

本节主要基于本章中前述关于航天器姿态控制方法的介绍，采用 MATLAB 的 GUI 功能对包括动力学、运动学以及控制律在内的航天器姿态控制方法仿真的人机交互界面进行设计与实现。

对该仿真对象进行分析可知，航天器姿态控制方法的仿真部分主要关注在某种控制律所生成的期望控制力矩的作用下，某一刚体航天器的角速度和姿态角随时间变化，其初始角速度与姿态角最终趋向于期望角速度和姿态角的过程。其中，界面所实现的控制律包括 PID 控制和滑模控制两种方法。考虑到其中涉及的参数较多，因此本节基于 GUIDE 进行人机交互界面的设计，其具体设计步骤如下。

1. 界面设计

界面设计如图 3. 35 和图 3. 36 所示。

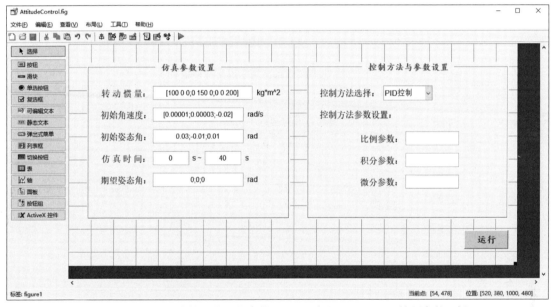

图 3. 35　航天器姿态控制方法仿真的 GUIDE 布局（显示 PID 控制参数面板）

设计界面主要包括以下元素：

（1）1 个窗口对象：作为航天器姿态控制方法仿真界面主窗口。

（2）4 个面板对象：用来分区域放置所需控件。

（3）21 个静态文本控件：用来显示参数名称与信息。

（4）13 个可编辑文本控件：用来输入所需参数的值。

（5）2 个下拉菜单控件：用来选择所使用的方法或趋近律。

（6）1 个"运行"按钮：用来开始仿真进程并显示结果图像。

所有元素与控件的 Tag 值以及其属性设置如表 3. 2 所示。

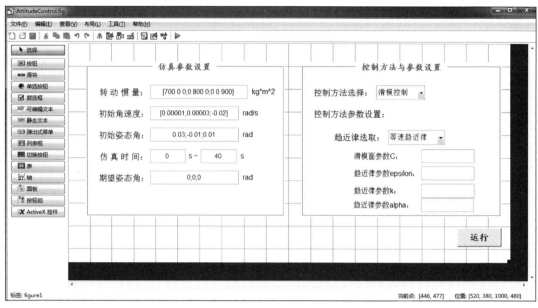

图 3.36　航天器姿态控制方法仿真的 GUIDE 布局（显示滑模控制参数面板）

表 3.2　控件 Tag 值及其属性设置程序设计

控件类型	控件 Tag 值	控件属性设置
窗口对象	figure1	Name→航天器姿态控制方法仿真
面板对象	uipanel1	String→仿真参数设置；FontName→楷体；FontSize→14；FontWeight→bold；ForegroundColor→[0, 0.45, 0.74]
	uipanel2	String→控制方法与参数设置；FontName→楷体；FontSize→14；FontWeight→bold；ForegroundColor→[0, 0.45, 0.74]
	uipanel3	String→""；BorderType→none
	uipanel4	String→""；BorderType→none
静态文本控件	text1	String→转动惯量：；FontSize→14
	text2	String→初始角速度：；FontSize→14
	text3	String→初始姿态角：；FontSize→14
	text4	String→kg * m^2；FontSize→12
	text5	String→rad/s；FontSize→12
	text6	String→rad；FontSize→12
	text7	String→仿　真　时　间：；FontSize→14
	text8	String→s ~ ；FontSize→12
	text9	String→s；FontSize→12
	text10	String→期望姿态角：；FontSize→14
	text11	String→rad；FontSize→12

续表

控件类型	控件 Tag 值	控件属性设置
静态文本控件	text12	String→控制方法选择：；FontSize→14
	text13	String→控制方法参数设置：；FontSize→14
	text14	String→比例参数：；FontSize→14
	text15	String→积分参数：；FontSize→14
	text16	String→微分参数：；FontSize→14
	text17	String→趋近律选取：；FontSize→14
	text18	String→滑模面参数 C：；FontSize→12
	text19	String→趋近律参数 epsilon：；FontSize→12
	text20	String→趋近律参数 k：；FontSize→12
	text21	String→趋近律参数 alpha：；FontSize→12
可编辑文本控件	edit1	String→[100 0 0；0 150 0；0 0 200]；FontSize→11；TooltipString→请输入符合 MATLAB 格式的 3×3 的矩阵
	edit2	String→[0.00001；0.00003；−0.02]；FontSize→11；TooltipString→请输入符合 MATLAB 格式的 3×1 的向量
	edit3	String→0.03；−0.01；0.01；FontSize→11；TooltipString→请输入符合 MATLAB 格式的 3×1 的向量
	edit4	String→0；FontSize→11
	edit5	String→40；FontSize→11
	edit6	String→0；0；0；FontSize→11；TooltipString→请输入符合 MATLAB 格式的 3×1 的向量
	edit7	String→""；FontSize→11
	edit8	String→""；FontSize→11
	edit9	String→""；FontSize→11
	edit10	String→""；FontSize→11
	edit11	String→""；FontSize→11
	edit12	String→""；FontSize→11
	edit13	String→""；FontSize→11
下拉菜单控件	popupmenu1	String→{'PID 控制','滑模控制'}；FontSize→13
	popupmenu2	String→{'等速趋近律','指数趋近律','幂次趋近律'}；FontSize→13
"运行"按钮	pushbutton1	String→运行；FontName→楷体；FontSize→16；FontWeight→bold；ForegroundColor→[0.68，0.92，1]

2. 程序设计

1）窗口 figure1 的 OpeningFcn 函数

代码如下:

```
function AttitudeControl_OpeningFcn(hObject,eventdata,handles,varargin)
% 为 AttitudeControl 选择默认的命令行输出
handles. output = hObject;
% 调整所需的控件位置重合
set(handles. uipanel4,'Position',get(handles. uipanel3,'Position'));
set(handles. text21,'Position',get(handles. text19,'Position'));
set(handles. edit13,'Position',get(handles. edit11,'Position'));
% 更新句柄结构
guidata(hObject,handles);
```

2)窗口 figure1 的 OutputFcn 函数

代码如下:

```
function varargout = AttitudeControl_OutputFcn(hObject,eventdata,handles)
% 弹出窗口时将窗口移动至屏幕中心
movegui(handles. figure1,'center');
set(handles. figure1,'Visible','on');
% 从句柄结构获取默认的命令行输出
varargout{1} = handles. output;
```

3)下拉菜单 popupmenu1 的 Callback 函数

代码如下:

```
function popupmenu1_Callback(hObject,eventdata,handles)
val1 = get(handles. popupmenu1,'Value');
% 根据当前所选的控制方法,切换对应面板控件
switch val1
    case 1
        set(handles. uipanel3,'Visible','on');
        set(handles. uipanel4,'Visible','off');
    case 2
        set(handles. uipanel4,'Visible','on');
        set(handles. uipanel3,'Visible','off');
    otherwise
end
```

4)下拉菜单 popupmenu2 的 Callback 函数

代码如下:

```
function popupmenu2_Callback(hObject,eventdata,handles)
val2 = get(handles. popupmenu2,'Value');
% 根据当前所选的滑模控制趋近律,切换对应控件
switch val2
```

```
    case 1
        set( handles. text19,'Visible','on') ;
        set( handles. text20,'Visible','off') ;
        set( handles. text21,'Visible','off') ;
        set( handles. edit11,'Visible','on') ;
        set( handles. edit12,'Visible','off') ;
        set( handles. edit13,'Visible','off') ;
    case 2
        set( handles. text19,'Visible','on') ;
        set( handles. text20,'Visible','on') ;
        set( handles. text21,'Visible','off') ;
        set( handles. edit11,'Visible','on') ;
        set( handles. edit12,'Visible','on') ;
        set( handles. edit13,'Visible','off') ;
    case 3
        set( handles. text19,'Visible','off') ;
        set( handles. text20,'Visible','on') ;
        set( handles. text21,'Visible','on') ;
        set( handles. edit11,'Visible','off') ;
        set( handles. edit12,'Visible','on') ;
        set( handles. edit13,'Visible','on') ;
    otherwise
end
```

5）"运行"按钮 pushbutton1 的 Callback 函数

```
function pushbutton1_Callback( hObject, eventdata, handles)
% hObject pushbutton1 的句柄(详情见 GCBO)
% eventdata 保留项,将会在未来的 MALTAB 版本中定义
% handles 包含句柄和用户数据的结构体(详情见 GUIDATA)
mu = 3. 986005e14 ;                              % 地球引力常数
Re = 6371e3 ;                                    % 地球平均半径
global I Ix Iy Iz omega0 omega_oI
global kp1 kd1 ki1 kp2 kd2 ki2 kp3 kd3 ki3
global lambda K Tdmax
I = str2num( get( handles. edit1,'string') ) ;   % 航天器转动惯量矩阵
Ix = I(1,1) ; Iy = I(2,3) ; Iz = I(3,3) ;
w0 = str2num( get( handles. edit2,'string') ) ;  % 角速度初值( rad/s)
angle0 = str2num( get( handles. edit3,'string') ) ; % 姿态角初值( rad)
t0 = str2num( get( handles. edit4,'string') ) ;  % 初始时刻
tf = str2num( get( handles. edit5,'string') ) ;  % 结束时刻
num1 = get( handles. popupmenu1,'value') ;       % 获取当前所选控制方法序号
```

```
if num1 == 1                                      % 若当前使用 PID 控制
    r = Re + 500e3 ;                              % 轨道半径
    omega0 = (mu/r^3)^0.5 ;                       % 轨道角速率
    omega_oI = [0; -omega0;0] ;                   % 轨道角速度
    kp123 = str2num(get(handles. edit7,'string')) ;   % 三通道比例参数
    ki123 = str2num(get(handles. edit8,'string')) ;   % 三通道积分参数
    kd123 = str2num(get(handles. edit9,'string')) ;   % 三通道微分参数
    kp1 = kp123(1) ;ki1 = ki123(1) ;kd1 = kd123(1) ;   % 滚转通道 PID 参数
    kp2 = kp123(2) ;ki2 = ki123(2) ;kd2 = kd123(2) ;   % 俯仰通道 PID 参数
    kp3 = kp123(3) ;ki3 = ki123(3) ;kd3 = kd123(3) ;   % 偏航通道 PID 参数
    tspan = [t0,tf] ;                             % 时间历程
    intangle0 = [0;0;0] ;                         % 姿态角对时间的积分的初值
    x0 = [w0,angle0,intangle0] ;                  % 初值数组
    option = odeset('RelTol',1e-4) ;              % 相对误差精度设置
    [t_atti,x_atti] = ode45('PID_attidyn_dae',tspan,x0,option) ;    % 利用 ode45 进行数值积分
    hf = figure('NumberTitle','off','Name','PID 控制:角速度与姿态角随时间变化的曲线','Visible','off') ;
    movegui(hf,'center') ;
    set(hf,'Units','Normalized') ;
    plotfunc(t_atti,x_atti) ;                     % 调用绘图函数
    set(hf,'Visible','on') ;
else                                              % 若当前使用滑模控制
    r = Re + 500e3 ;                              % 轨道半径
    omega0 = (mu/r^3)^0.5 ;                       % 轨道角速率
    omega_oI = [0; -omega0;0] ;                   % 轨道角速度
    lambda = diag([800,1000,800]) ;              % 滑模姿态稳定控制器参数
    K = diag([800,1000,800]) ;
    Tdmax = 5 ;
    tspan = [t0,tf] ;                             % 时间历程
    intangle0 = [0;0;0] ;                         % 角速度对时间积分的初值
    x0 = [w0,angle0,intangle0] ;                  % 初值数组
    option = odeset('RelTol',1e-4) ;              % 相对误差精度设置
    [t_atti,x_atti] = ode45('SM_attidyn_dae',tspan,x0,option) ;     % 利用 ode45 进行数值积分
    hf = figure('NumberTitle','off','Name','滑模控制:角速度与姿态角随时间变化的曲线','Visible','off') ;
    movegui(hf,'center') ;
    set(hf,'Units','Normalized') ;
    plotfunc(t_atti,x_atti) ;                     % 调用绘图函数
    set(hf,'Visible','on') ;
end
clear global I Ix Iy Iz omega0 omega_oI
clear global kp1 kd1 ki1 kp2 kd2 ki2 kp3 kd3 ki3
clear global lambda K Tdmax
```

其中使用的 PID_attidyn_dae、SM_attidyn_dae、P1_s 和 plotfunc 函数均与程序 3.3、程序 3.6、程序 3.8、程序 2.4 中的同名函数相同。综上，就完成了航天器姿态控制方法仿真的 GUI 设计与实现。输入相关参数后，运行结果如图 3.37 所示。

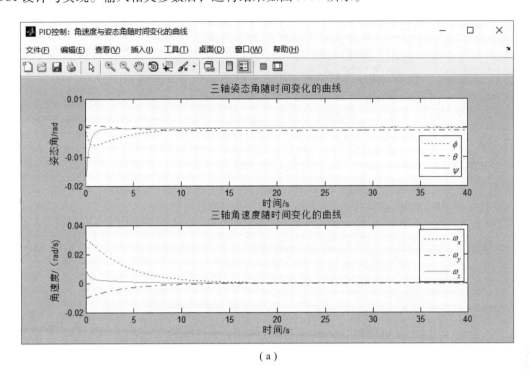

（a）

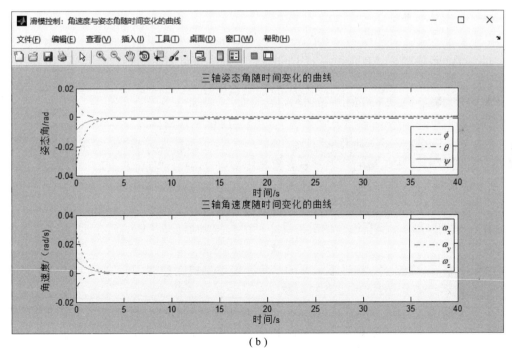

（b）

图 3.37　基于 MATLAB – GUI 界面的航天器姿态控制仿真运行结果

（a）PID 控制下角速度与姿态角变化曲线；（b）滑模控制下角速度与姿态角变化曲线

参 考 文 献

[1]周军．航天器控制原理[M]．西安:西北工业大学出版社,2001.

[2]屠善澄．卫星姿态动力学与控制[M]．北京:宇航出版社,1998.

[3]冯少栋,汪宏武,詹晓庄．照相侦察卫星[J]．卫星与网络,2007(3):54－57.

[4]韩湘,郭新哲,屈会鹏．GEO通信卫星姿态对点波束天线指向影响分析[J]．飞行器测控学报,2015,34(1):77－82.

[5]周文忠．地球同步卫星远地点变轨期间的三轴姿态稳定[J]．航天控制,1993(2):7－15.

[6]胡庆雷．挠性航天器姿态机动的主动振动控制[D]．哈尔滨:哈尔滨工业大学,2006.

[7]苗悦．快速响应成像卫星在轨任务规划与姿态控制[D]．哈尔滨:哈尔滨工业大学,2020.

[8]袁国平．航天器姿态系统的自适应鲁棒控制[D]．哈尔滨:哈尔滨工业大学,2013.

[9]肖业伦．航天器飞行动力学原理[M]．北京:宇航出版社,1995.

[10]LIANG J J,DONG C Y,WANG Q. A fault－tolerant attitude control system for a satellite based on fuzzy global sliding mode control algorithm[C]// The 7th International Symposium on Instrumentation and Control Technology,2008:7128.

[11]ZOU A M,KUMAR K D,HOU Z G. Quaternion－based adaptive output feedback attitude control of spacecraft using Chebyshev neural networks[J]. IEEE Transactions on Neural Networks,2010,21(9):1457－1471.

[12]GUI H,VUKOVICH G. Adaptive fault－tolerant spacecraft attitude control using a novel integral terminal sliding mode[J]. International Journal of Robust and Nonlinear Control,2017,27(16):3174－3196.

[13]HAN Y,BIGGS J D,CUI N. Adaptive fault－tolerant control of spacecraft attitude dynamics with actuator failures[J]. Journal of Guidance Control and Dynamics,2015,38(10):2033－2042.

[14]PARK Y. Robust and optimal attitude control of spacecraft with disturbances[J]. International Journal of Systems Science,2015,46(7):1222－1233.

[15]章仁为．卫星轨道姿态动力学与控制[M]．北京:北京航空航天大学出版社,1998.

[16]秦浩．带柔性太阳帆板的航天器姿态控制实验研究[D]．北京:北京理工大学,2015.

[17]刘金琨．滑模变结构控制MATLAB仿真[M]．北京:清华大学出版社,2005.

[18]王丽新．基于滑模理论的四旋翼直升机的姿态控制研究[D]．沈阳:东北大学,2009.

[19]梁康．基于Stewart隔振平台的航天器主动隔振控制器设计[D]．哈尔滨:哈尔滨工业大学,2019.

[20]吴希岩,管萍,戈新生．挠性航天器的二阶滑模姿态机动控制[J]．北京信息科技大学学报(自然科学版),2021,36(2):22－27.

[21]QI W,QIN W. Sliding mode attitude control for flexible spacecraft[C]// Proceedings of the 14th International Conference on Mechatronics,Control and Electronic Engineering,2014:566－570.

第4章
航天器姿态确定技术及编程实践

姿态确定是姿态控制的前提，它的任务是利用星上的姿态敏感器测量所得的信息，经过适当处理后，精确、及时地获取航天器的姿态信息。姿态确定系统主要由姿态敏感器和相应的信息处理算法（即姿态确定算法）组成，姿态确定精度取决于姿态敏感器硬件精度和姿态确定算法的性能。

目前常见的姿态确定方法主要是卡尔曼滤波方法以及各类推广的卡尔曼方法，其流程如图4.1所示。首先，根据当前航天器所受力矩，依靠航天器动力学与运动学预测航天器的姿态信息，同时通过姿态敏感器测量航天器的姿态信息；然后，结合环境噪声以及各敏感器的测量噪声对航天器姿态信息的预测结果进行校正，以获得精度更高姿态估计结果，作为当前的姿态确定结果。此外，姿态确定过程可以视作将系统状态方程的预测结果与敏感器的观测结果进行加权平均，来获得精度更高的姿态确定结果，两部分的权重由各自的测量精度决定。

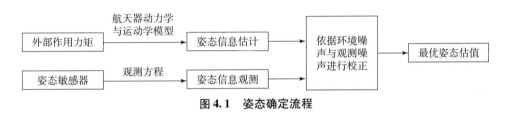

图4.1 姿态确定流程

4.1 常用敏感器及其测量模型

航天器上携带的姿态敏感器主要包括陀螺仪、星敏感器、太阳敏感器、磁强计和红外地平仪等。这些敏感器的特性如表4.1所示[1-2]。

表4.1 多种敏感器特性对比

敏感器	类别	测量基准方位	测量输出	特点
陀螺仪	惯性敏感器	惯性空间	姿态角速度	自主性强，有限时间内精度高，但易漂移、易磨损、质量大
星敏感器	光学敏感器	恒星（星光入射矢量）	姿态角	精度高，不受轨道影响，但结构复杂、成本高、信号弱，容易受太阳光影响，星识别复杂

敏感器	类别	测量基准方位	测量输出	特点
太阳敏感器	光学敏感器	太阳（太阳光入射矢量）	姿态角	信号源强、功耗低、质量轻，但精度相对较低，受阴影区影响
磁强计	其他	地磁场（地磁矢量）	姿态角	成本低、功耗低，受轨道影响较大，对低轨卫星灵敏度高，要求星体内部磁清洁
红外地平仪	光学敏感器	地球（地面红外辐射）	姿态角	适用于近地轨道卫星，信号强，轮廓清晰，但一般需要扫描机构，且受轨道影响较大，需要防止太阳光干扰

需要注意的是，要想完全确定一个航天器的姿态，需要获取 3 个轴的角度信息。但是从一个方位基准最多只能得到两个轴的角度信息，这说明单一矢量无法完成姿态确定。因此，要确定航天器的三轴姿态至少要有两个方位基准，即满足双矢量定姿原则。

4.1.1 陀螺仪

陀螺仪利用了高速旋转陀螺的定轴性和进动性，用于感知陀螺仪自旋轴在惯性空间的变化[1]。根据 2.2 节所描述的动量矩定理，定轴性指当陀螺不受外力矩作用时，陀螺旋转轴相对于惯性空间保持方向不变；进动性指当陀螺受到外力矩作用时，陀螺旋转轴将沿最短的途径趋向于外力矩矢量，进动角速度正比于外力矩大小。

陀螺仪的测量存在漂移，这导致即使陀螺仪在测量静止的物体时，经过一段时间后也会有读数。漂移所引起的误差随时间积累将降低测量精度。陀螺仪测量的数学模型可以表示为[3]

$$\begin{cases} U = \omega_{bi} + b + d + v_g \\ \dot{b} = 0 \\ \dot{d} = -\dfrac{1}{\tau}d + v_d \end{cases} \tag{4.1}$$

式中，U——陀螺仪对角速度的测量结果；

ω_{bi}——星体真实姿态角速度；

b——陀螺仪的常值漂移；

d——陀螺仪的随机漂移，通常描述为一阶马尔可夫过程；

τ——时间相关常数，通常为 0.3 ~ 3 h；

v_g——陀螺仪的测量噪声，假设为零均值白噪声：$v_g \sim N(0, \sigma_g^2)$；

v_d——陀螺仪漂移斜率白噪声，$v_d \sim N(0, \sigma_d^2)$。

经过陀螺仪的误差标定，常值漂移项 b 可以归入测量噪声，陀螺仪的测量模型改写为如下形式：

$$\begin{cases} U = \omega_{bi} + d + v_g \\ \dot{d} = -\dfrac{1}{\tau}d + v_d \end{cases} \tag{4.2}$$

4.1.2 太阳敏感器

太阳敏感器通过测量太阳光入射矢量与航天器某一确定轴之间的夹角来获取航天器姿态

信息，在航天器的姿态确定中应用广泛[4]。太阳光源的强度较强，故太阳敏感器结构简单，功率要求也很低。此外，根据不同的太阳敏感器精度需求，敏感器的视场角能够在几角分到一百多度的较大范围内调整，从而使太阳敏感器的分辨率可以从几角秒到几度之间调整[5]。太阳敏感器具有 3 种基本类型——模拟式、数字式和太阳指示器。其中，模拟式和数字式较为常用。这里以两轴数字式太阳敏感器为例，对太阳敏感器的工作原理进行介绍。

数字式太阳敏感器利用覆盖掩膜的图像传感器作为探测器平面，并通过提取所捕获图像上的条纹或质心信息来判断太阳角度。在结构上，它主要由狭缝、码盘、光敏元件阵列、放大器和缓冲寄存器组成，光敏元件阵列是由一排相互平行且独立的光电池条组成，其数量决定了太阳敏感器输出编码的位数，从而在一定程度上影响敏感器的分辨率[6]。

两轴数字式太阳敏感器的测量原理如图 4.2 所示。其中，$OX_sY_sZ_s$ 表示敏感器仪器坐标系；OZ_s 轴与敏感器的进光狭缝平面垂直，称为瞄准轴；两条进光狭缝分别与 OX_s、OY_s 轴平行，OX_s、OY_s 轴称为测量轴。太阳光线射入狭缝后，经过内部光学玻璃折射，在敏感器底部形成两条明线，明线的位置可由码盘读出，由此确定太阳光入射矢量的方位。太阳敏感器的测量输出可描述为：太阳光入射矢量在敏感器测量轴垂直方向的方向余弦与在瞄准轴方向的方向余弦之比值，即

$$D_\xi = \tan\xi = \frac{S_{sx}}{S_{sz}}, \quad D_\eta = \tan\eta = \frac{S_{sy}}{S_{sz}} \tag{4.3}$$

式中，S_{sx}, S_{sy}, S_{sz}——太阳方向单位矢量在敏感器坐标系中的坐标。

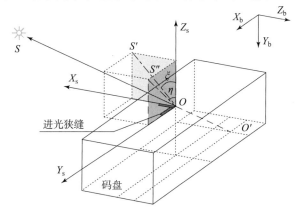

图 4.2　两轴数字式太阳敏感器测量原理示意图

为了获得最佳的测量灵敏度，一般测量轴应和被测量的姿态轴平行。将敏感器的瞄准轴沿星体俯仰轴负向，测量轴分别平行于星体滚转轴和偏航轴。

太阳敏感器的测量方程可表示如下：

$$\begin{cases} D_\xi = \tan\xi = \dfrac{S_{bx}}{-S_{bz}} + v_s \\[2mm] D_\eta = \tan\eta = \dfrac{-S_{by}}{-S_{bz}} + v_s \end{cases} \tag{4.4}$$

式中，$\boldsymbol{S}_b = \begin{bmatrix} S_{bx} & S_{by} & S_{bz} \end{bmatrix}^T$——单位太阳光入射矢量在星体坐标系中的表示；

v_s——测量误差，包括常值偏差和随机噪声，常值偏差可事先进行精确的标定，因此可假设测量误差为零均值白噪声：$v_s \sim N(0, \sigma_s^2)$。

4.1.3 星敏感器

星敏感器是以某一些亮度高于 +2 相对星等的恒星为基准，通过对恒星星光的敏感来测量航天器的某一个基准轴与该恒星视线之间的夹角。由于恒星张角非常小，因此星敏感器的测量精度很高，通常可以达到角秒级[7-8]。

但是星敏感器存在明显缺点。由于恒星星光强度弱，为了实现对星光的有效测量，其成像装置需要使用高灵敏度的析像管或光电倍增管，使得敏感器结构复杂、能耗大、质量大并且价格昂贵[3]。同时，由于星敏感器需要实时地对测量数据进行识别与处理，因此对计算机的计算性能要求较高。本节以 CCD（charged – coupled device，电荷耦合器件）星敏感器[9]为例，对星敏感器的测量原理进行介绍。

CCD 星敏感器由筒镜光学系统和 CCD 面阵光敏元件组成，其测量原理如图 4.3 所示，其中 f_{ovx} 与 f_{ovy} 为星敏感器的视场角。敏感器采用电荷耦合器件图像列阵作为检测器，电荷耦合器具有垂直和水平像素。来自星光的平行光经过光学系统，在 CCD 面阵上聚焦成像，散布在像平面上，按能量中心法确定星像的中心位置。与其他星敏感器相比较，CCD 星敏感器具有非常突出的优点。它能够同时跟踪多颗星，这使得一个星敏感器就可以测得星矢量相对于本体的方位角。CCD 星敏感器被认为是最有发展前途的星敏感器，我国目前也正在积极发展这一技术[10]。

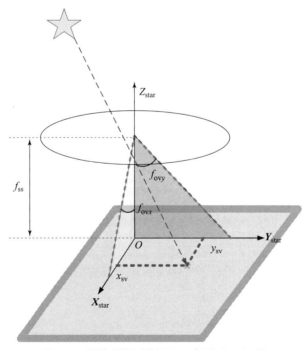

图 4.3　星敏感器测量原理示意图（附彩图）

根据几何关系，若某颗星在星敏感器的像平面上成像点的位置坐标为 $\begin{bmatrix} x_{sv} & y_{sv} \end{bmatrix}^T$，那么有如下关系成立：

$$\boldsymbol{u}_{\text{star}} = \begin{bmatrix} u_{\text{star}}^x \\ u_{\text{star}}^y \\ u_{\text{star}}^z \end{bmatrix} = \frac{\boldsymbol{A}_{\text{er}}\boldsymbol{A}_{\text{rb}}\boldsymbol{A}_{\text{bs}}}{\sqrt{x_{\text{sv}}^2 + y_{\text{sv}}^2 + f_{\text{ss}}^2}} \left(\begin{bmatrix} -x_{\text{sv}} \\ -y_{\text{sv}} \\ f_{\text{ss}} \end{bmatrix} + \boldsymbol{v}_{\text{ss}} \right) \tag{4.5}$$

式中，$\boldsymbol{u}_{\text{star}} = \begin{bmatrix} u_{\text{star}}^x & u_{\text{star}}^y & u_{\text{star}}^z \end{bmatrix}^{\text{T}}$——惯性坐标系下该星位置单位矢量的坐标；

　　　　f_{ss}——星敏感器光学系统的焦距；

　　　　$\boldsymbol{A}_{\text{er}}$——轨道坐标系到惯性坐标系的转换矩阵；

　　　　$\boldsymbol{A}_{\text{rb}}$——本体坐标系到轨道坐标系的转换矩阵；

　　　　$\boldsymbol{A}_{\text{bs}}$——敏感器坐标系到本体坐标系的转换矩阵；

　　　　$\boldsymbol{v}_{\text{ss}}$——星敏感器的观测误差。

4.1.4　磁强计

　　磁强计可以测量航天器所处位置的磁场强度，由于地球周围每一点的磁场强度都可以由地球磁场模型事先确定，因此利用航天器上的磁强计测得的信息与之对比，便可以确定航天器相对于地球磁场的姿态。磁强计具有质量小、性能可靠、耗功率低、工作温度范围宽以及没有活动部件等优点，因而得到广泛应用。但是地球磁场模型仅是对地球磁场的近似描述，所以磁强计姿态测量精度不高。此外，由于某点地球磁场强度与该点距地心的距离的 3 次方成反比，故中高轨道上地球磁场强度很弱，这限制了磁强计的应用。

　　在 2.4.4 节有关地磁力矩的描述中，根据球谐函数描述的地磁场模型[11]，可得空间某处磁场强度在北东地坐标系中的分量列阵 $\boldsymbol{B}_\lambda = \begin{bmatrix} B_x & B_y & B_z \end{bmatrix}^{\text{T}}$。根据地理坐标系、惯性坐标系和轨道坐标系及星体坐标系之间的转换矩阵，即可确定磁场强度在卫星本体坐标系下的矢量列阵 $\boldsymbol{B}_{\text{b}}$：

$$\boldsymbol{B}_{\text{b}} = \boldsymbol{T}_{\text{bo}}\boldsymbol{T}_{\text{oi}}\boldsymbol{T}_{\text{i}\lambda}\boldsymbol{B}_\lambda \tag{4.6}$$

式中，$\boldsymbol{T}_{\text{i}\lambda}$——北东地坐标系和地心惯性坐标系之间的转换矩阵；

　　　　$\boldsymbol{T}_{\text{oi}}$——地心惯性坐标系和轨道坐标系之间的转换矩阵；

　　　　$\boldsymbol{T}_{\text{bo}}$——轨道坐标系和卫星本体坐标系之间的转换矩阵。

　　因此，与卫星本体相固连的磁强计测量输出卫星本体坐标系下的地磁场强度，可以表示为

$$\boldsymbol{B}_{\text{b}} = \boldsymbol{T}_{\text{bo}}(\boldsymbol{\Theta}_{\text{b}})\boldsymbol{B}_{\text{o}} + \boldsymbol{v}_{\text{m}} \tag{4.7}$$

式中，$\boldsymbol{B}_{\text{o}}$——地磁场矢量在轨道坐标系的矢量列阵；

　　　　$\boldsymbol{T}_{\text{bo}}(\boldsymbol{\Theta}_{\text{b}})$——通过卫星姿态欧拉角 $\boldsymbol{\Theta}_{\text{b}}$ 表达的本体坐标系和轨道坐标系之间的转换矩阵，$\boldsymbol{\Theta}_{\text{b}} = \begin{bmatrix} \varphi & \theta & \psi \end{bmatrix}^{\text{T}}$；

　　　　$\boldsymbol{v}_{\text{m}}$——磁强计的测量噪声，是零均值白噪声。

4.1.5　红外地平仪

　　红外地平仪是一类利用地球自身的红外辐射，测量航天器相对于当地垂线或者当地地平方位的姿态敏感器，简称地平仪。目前红外地平仪主要有 3 种形式：地平穿越式、边界跟踪式和射热平衡式。其中地平穿越式地平仪的扫描视场最大，其余两种地平仪的工作视场较小，只能适用于小范围的姿态测量，但精度较高[3]。

圆锥扫描红外地平仪是地平穿越式地平仪的一种，广泛用于对地定向三轴稳定卫星，用来确定卫星的俯仰角和滚转角。单轨迹红外地平仪的测量原理如图4.4所示。其中，P 和 R 分别为定义在仪器坐标系中的俯仰角和滚转角（由地平仪确定），当其旋转方向与相应坐标轴正方向一致时为正。将地平仪坐标系与星体坐标系平行安装，则安装矩阵为单位矩阵。

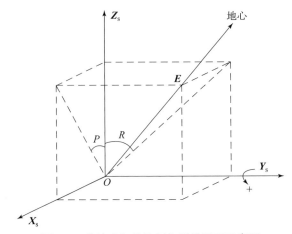

图 4.4 单轨迹红外地平仪测量原理示意图

由图4.4可得

$$R = \arctan \frac{E_{\mathrm{by}}}{E_{\mathrm{bz}}}, \quad P = -\arctan \frac{E_{\mathrm{bx}}}{E_{\mathrm{bz}}} \tag{4.8}$$

式中，$\boldsymbol{E}_{\mathrm{b}} = \begin{bmatrix} E_{\mathrm{bx}} & E_{\mathrm{by}} & E_{\mathrm{bz}} \end{bmatrix}^{\mathrm{T}}$——卫星 – 地心单位矢量在星体坐标系中的表示。由星体坐标系和轨道坐标系的转换矩阵，可得

$$\boldsymbol{E}_{\mathrm{b}} = \boldsymbol{T}_{\mathrm{bo}}(\psi, \varphi, \theta)\boldsymbol{E}_{\mathrm{o}} = \begin{bmatrix} -\sin\theta\cos\varphi \\ \sin\varphi \\ \cos\theta\cos\varphi \end{bmatrix} \tag{4.9}$$

由式（4.9）可得星体滚转角、俯仰角与星地矢量的关系：

$$\varphi = \arctan \frac{E_{\mathrm{by}}}{\sqrt{E_{\mathrm{bz}}^2 + E_{\mathrm{bx}}^2}}, \quad \theta = -\arctan \frac{E_{\mathrm{bx}}}{E_{\mathrm{bz}}} \tag{4.10}$$

当俯仰角为小角度时，$E_{\mathrm{bx}} \ll E_{\mathrm{bz}}$。由此，根据式（4.10）可得地平仪输出角与星体姿态角的关系为

$$\varphi \approx R, \theta = P \tag{4.11}$$

因此，单轨迹地平仪的测量方程可描述为

$$\begin{bmatrix} \varphi_{\mathrm{m}} \\ \theta_{\mathrm{m}} \end{bmatrix} = \begin{bmatrix} R \\ P \end{bmatrix} + \begin{bmatrix} w_{\mathrm{e}} \\ w_{\mathrm{e}} \end{bmatrix} = \begin{bmatrix} \varphi \\ \theta \end{bmatrix} + \begin{bmatrix} w_{\mathrm{e}} \\ w_{\mathrm{e}} \end{bmatrix} \tag{4.12}$$

式中，$\varphi_{\mathrm{m}}, \theta_{\mathrm{m}}$——地平仪测量得到的实际滚转角和俯仰角；

w_{e}——地平仪测量误差，其中含有常值测量偏差和随机噪声；

P, R——地平仪的输出角。

因此，地平仪测量方程又可表示为

$$\begin{bmatrix} \varphi_{\mathrm{m}} \\ \theta_{\mathrm{m}} \end{bmatrix} = \begin{bmatrix} \varphi \\ \theta \end{bmatrix} + \begin{bmatrix} \varphi_{\mathrm{bias}} \\ \theta_{\mathrm{bias}} \end{bmatrix} + \begin{bmatrix} v_{\mathrm{e}} \\ v_{\mathrm{e}} \end{bmatrix} \tag{4.13}$$

式中，φ_{bias}，θ_{bias}——地平仪的常值测量偏差；

$\quad\quad v_{\mathrm{e}}$——零均值白噪声：$v_{\mathrm{e}} \sim N(0, \sigma_{\mathrm{e}}^2)$。

4.2　航天器姿态确定算法

航天器姿态确定算法的目的主要是依据航天器自身动力学与运动学特性以及敏感元件测量结果，计算获得航天器姿态信息。目前航天器姿态确定算法主要分为两类——静态确定性算法和动态状态估计算法。

4.2.1　静态确定性算法

静态确定性算法利用两个（或多个）矢量测量信息确定卫星姿态，典型算法有 Euler – q 方法、MLS 方法、TRIAD 方法、QUEST 方法、SVD 方法和 FOAM 方法等[12]。

本节以 Euler – q 方法为例，简要介绍基于星敏感器的姿态信息测量过程。4.1 节中对星敏感器的测量原理进行了简单介绍，在实际应用中，敏感器依据星图获知多个恒星星光在敏感器内部的像点信息，并经过敏感器的处理，测量输出航天器的姿态观测结果。这一过程本质上属于 Wahba 问题[13]。1965 年，Wahba[13] 提出了利用矢量观测信息确定航天器姿态的问题，其关键在于求解行列式为 1 的正交矩阵 $\boldsymbol{A}$，使如下损失函数最小：

$$L(\boldsymbol{A}) = \frac{1}{2} \sum a_i |\boldsymbol{b}_i - \boldsymbol{A}\boldsymbol{r}_i|^2 \tag{4.14}$$

式中，a_i——第 i 颗星的准确性权重，与星的距离和亮度等因素相关，$a_i \geq 0$；

$\quad\quad \boldsymbol{b}_i$——星敏感器所观测的第 i 颗星位置的单位向量在惯性系中的坐标；

$\quad\quad \boldsymbol{r}_i$——第 i 颗星的观测矢量在星敏感器坐标系下的单位向量的坐标。

考虑到 $|\boldsymbol{b}_i - \boldsymbol{A}\boldsymbol{r}_i|^2 = (\boldsymbol{b}_i - \boldsymbol{A}\boldsymbol{r}_i) \cdot (\boldsymbol{b}_i - \boldsymbol{A}\boldsymbol{r}_i)$，可以将式（4.14）展开：

$$\begin{aligned}
L(\boldsymbol{A}) &= \sum \frac{1}{2} a_i |\boldsymbol{b}_i - \boldsymbol{A}\boldsymbol{r}_i|^2 \\
&= \sum \frac{1}{2} a_i (\boldsymbol{b}_i - \boldsymbol{A}\boldsymbol{r}_i) \cdot (\boldsymbol{b}_i - \boldsymbol{A}\boldsymbol{r}_i) \\
&= \sum \frac{1}{2} a_i (|\boldsymbol{b}_i|^2 + |\boldsymbol{A}\boldsymbol{r}_i|^2 - 2\boldsymbol{b}_i^{\mathrm{T}}\boldsymbol{A}\boldsymbol{r}_i) \\
&= \sum a_i - \sum a_i \boldsymbol{b}_i^{\mathrm{T}}\boldsymbol{A}\boldsymbol{r}_i
\end{aligned} \tag{4.15}$$

考虑到矩阵迹的定义，有

$$\begin{aligned}
\sum a_i \boldsymbol{b}_i^{\mathrm{T}}\boldsymbol{A}\boldsymbol{r}_i &= \sum a_i (\boldsymbol{A}\boldsymbol{r}_i)^{\mathrm{T}}\boldsymbol{b}_i \\
&= \mathrm{tr}\left(\sum a_i \boldsymbol{A}\boldsymbol{r}_i\boldsymbol{b}_i^{\mathrm{T}} \right) \\
&= \mathrm{tr}\left(\boldsymbol{A} \sum a_i \boldsymbol{r}_i\boldsymbol{b}_i^{\mathrm{T}} \right)
\end{aligned} \tag{4.16}$$

若定义下式：

$$\boldsymbol{B} \equiv \sum a_i \boldsymbol{r}_i \boldsymbol{b}_i^{\mathrm{T}} \tag{4.17}$$

那么要使式（4.14）的 $L(\boldsymbol{A})$ 最小，就等价于已知矩阵 $\boldsymbol{B}$，求矩阵 $\boldsymbol{A}$，使 $\mathrm{tr}(\boldsymbol{AB})$ 最大。这样，就将利用星敏感器进行姿态确定的过程转化成了最大化矩阵之积的迹的问题。

参考文献 [14] 的推导过程，采用四元数 $\boldsymbol{Q} = [\boldsymbol{q}^{\mathrm{T}} \quad q_4]^{\mathrm{T}} = [q_1 \quad q_2 \quad q_3 \quad q_4]^{\mathrm{T}}$ 来表达航天器的姿态，那么转换矩阵 $\boldsymbol{A}(\boldsymbol{Q})$ 是 $\boldsymbol{Q}$ 的齐次二次函数：

$$
\begin{aligned}
\boldsymbol{A}(\boldsymbol{Q}) &= \begin{bmatrix} q_1^2 - q_2^2 - q_3^2 + q_4^2 & 2(q_1 q_2 + q_3 q_4) & 2(q_1 q_3 - q_2 q_4) \\ 2(q_1 q_2 - q_3 q_4) & -q_1^2 + q_2^2 - q_3^2 + q_4^2 & 2(q_2 q_3 + q_1 q_4) \\ 2(q_1 q_3 + q_2 q_4) & 2(q_2 q_3 - q_1 q_4) & -q_1^2 - q_2^2 + q_3^2 + q_4^2 \end{bmatrix} \\
&= (q_4^2 - \boldsymbol{q}^{\mathrm{T}} \boldsymbol{q}) \boldsymbol{E}_3 + 2\boldsymbol{q}\boldsymbol{q}^{\mathrm{T}} - 2q_4 \boldsymbol{q}^{\times}
\end{aligned} \tag{4.18}
$$

式中，$\boldsymbol{q}^{\times}$ —— $\boldsymbol{q}$ 的斜对称矩阵。

因此，有

$$
\begin{aligned}
\mathrm{tr}(\boldsymbol{AB}) &= \mathrm{tr}[(q_4^2 - \boldsymbol{q}^{\mathrm{T}}\boldsymbol{q})\boldsymbol{B} + 2\boldsymbol{q}\boldsymbol{q}^{\mathrm{T}}\boldsymbol{B} - 2q_4\boldsymbol{q}^{\times}\boldsymbol{B}] \\
&= (q_4^2 - \boldsymbol{q}^{\mathrm{T}}\boldsymbol{q})\mathrm{tr}(\boldsymbol{B}) + 2\mathrm{tr}(\boldsymbol{q}\boldsymbol{q}^{\mathrm{T}}\boldsymbol{B}) - 2q_4\mathrm{tr}(\boldsymbol{q}^{\times}\boldsymbol{B}) \\
&= (q_4^2 - \boldsymbol{q}^{\mathrm{T}}\boldsymbol{q})\mathrm{tr}(\boldsymbol{B}) + 2\mathrm{tr}(\boldsymbol{q}^{\mathrm{T}}\boldsymbol{B}\boldsymbol{q}) - 2q_4(q_2 B_{31} - q_3 B_{21} + q_3 B_{12} - q_1 B_{32} + q_1 B_{23} - q_2 B_{13}) \\
&= (q_4^2 - \boldsymbol{q}^{\mathrm{T}}\boldsymbol{q})\mathrm{tr}(\boldsymbol{B}) + 2\boldsymbol{q}^{\mathrm{T}}\boldsymbol{B}\boldsymbol{q} - 2q_4[B_{23} - B_{32} \quad B_{31} - B_{13} \quad B_{12} - B_{21}]\boldsymbol{q} \\
&= [\boldsymbol{q}^{\mathrm{T}} \quad q_4] \begin{bmatrix} -\mathrm{tr}(\boldsymbol{B})\boldsymbol{E}_3 + \boldsymbol{B} + \boldsymbol{B}^{\mathrm{T}} & \boldsymbol{B}_{\mathrm{cross}} \\ \boldsymbol{B}_{\mathrm{cross}}^{\mathrm{T}} & \mathrm{tr}(\boldsymbol{B}) \end{bmatrix} \begin{bmatrix} \boldsymbol{q} \\ q_4 \end{bmatrix} \\
&= \boldsymbol{Q}^{\mathrm{T}} \boldsymbol{K} \boldsymbol{Q}
\end{aligned} \tag{4.19}
$$

式中，$\mathrm{tr}(\boldsymbol{q}\boldsymbol{q}^{\mathrm{T}}\boldsymbol{B}) = \boldsymbol{q}^{\mathrm{T}}\boldsymbol{B}\boldsymbol{q} = \boldsymbol{q}^{\mathrm{T}}\boldsymbol{B}^{\mathrm{T}}\boldsymbol{q}$；$\boldsymbol{B} + \boldsymbol{B}^{\mathrm{T}}$ 保证了矩阵的对称性，而且有

$$
\begin{cases} \boldsymbol{B}_{\mathrm{cross}} = [B_{23} - B_{32} \quad B_{31} - B_{13} \quad B_{12} - B_{21}] = (\sum a_i \boldsymbol{b}_i \times \boldsymbol{r}_i)^{\mathrm{T}} \\ \boldsymbol{K} = \begin{bmatrix} -\mathrm{tr}(\boldsymbol{B})\boldsymbol{E}_3 + \boldsymbol{B} + \boldsymbol{B}^{\mathrm{T}} & \boldsymbol{B}_{\mathrm{cross}} \\ \boldsymbol{B}_{\mathrm{cross}}^{\mathrm{T}} & \mathrm{tr}(\boldsymbol{B}) \end{bmatrix} \end{cases} \tag{4.20}
$$

接下来，利用拉格朗日乘子法求使 $\boldsymbol{Q}^{\mathrm{T}}\boldsymbol{K}\boldsymbol{Q}$ 最大的 $\boldsymbol{Q}$，约束条件为四元数的数学约束，即

$$\max \ J = \boldsymbol{Q}^{\mathrm{T}}\boldsymbol{K}\boldsymbol{Q} \tag{4.21}$$
$$\mathrm{s.\,t.} \ \boldsymbol{Q}^{\mathrm{T}}\boldsymbol{Q} = 1$$

令

$$L_J = \boldsymbol{Q}^{\mathrm{T}}\boldsymbol{K}\boldsymbol{Q} - \lambda_J(\boldsymbol{Q}^{\mathrm{T}}\boldsymbol{Q} - 1) \tag{4.22}$$

那么有

$$
\begin{cases} \dfrac{\partial L_J}{\partial \boldsymbol{Q}} = 2\boldsymbol{K}\boldsymbol{Q} - 2\lambda_J \boldsymbol{Q} = 0 \\ \dfrac{\partial L_J}{\partial \lambda_J} = \boldsymbol{Q}^{\mathrm{T}}\boldsymbol{Q} - 1 = 0 \end{cases} \tag{4.23}
$$

显然，当 $\boldsymbol{Q}_{\mathrm{opt}}$ 为 $\boldsymbol{K}$ 的单位特征向量、λ_{opt} 为 $\boldsymbol{K}$ 的特征值时，式（4.23）成立，即

$$J = \boldsymbol{Q}_{\mathrm{opt}}^{\mathrm{T}}\boldsymbol{K}\boldsymbol{Q}_{\mathrm{opt}} = \lambda_{\mathrm{opt}}\boldsymbol{Q}_{\mathrm{opt}}^{\mathrm{T}}\boldsymbol{Q}_{\mathrm{opt}} = \lambda_{\mathrm{opt}} \tag{4.24}$$

所以，使性能指标最优的四元数即 $\boldsymbol{K}$ 矩阵最大特征值所对应的单位特征向量，由此便

完成了对航天器姿态的确定。需要注意的是，若 K 矩阵有多个最大特征值，则姿态确定的结果不唯一，这是观测信息不足或奇异导致的，其根本原因在于通过单一观测矢量无法确定航天器姿态。

4.2.2　动态状态估计算法

动态状态估计算法是依据测量信息以及航天器姿态运动模型，建立状态方程和观测方程，将测量过程中的不确定因素作为被估参数进行状态估计。它能有效克服不确定因素的影响，进而得到统计意义下的最优估计[15]，其中应用最为广泛的是各类滤波算法。

卡尔曼滤波（Kalman filter，KF）最初是由美国学者卡尔曼于 1960 年首次提出的[16]，此后迅速被广泛应用于工程实际中[17]，并在实践中不断被完善和扩展。在传统卡尔曼滤波方法的基础上，许多学者对其进行了研究与改进，形成了扩展卡尔曼滤波[18]（extended Kalman filter，EKF），无迹卡尔曼滤波[19]（unscented Kalman filter，UKF）和容积卡尔曼滤波[20]（cubature Kalman filter，CKF）等多种滤波算法，各种滤波算法之间既有关联性又各有特点[21]。本书以 EKF 为例，对滤波原理与算法结构进行介绍。

首先，考虑 n 维离散时间非线性动态系统：

$$x_{k+1} = f_k(x_k, u_k, w_k) \tag{4.25}$$

$$z_k = h_k(x_k, v_k) \tag{4.26}$$

式中，k——当前时刻；

$\quad x_k$——k 时刻系统的状态向量，$x_k \in \mathbf{R}^n$；

$\quad f_k$——系统状态演化映射，表征系统如何根据当前状态以及输入演化到下一时刻的状态，$f_k : \mathbf{R}^n \times \mathbf{R}^n \to \mathbf{R}^n$；

$\quad u_k$——n 维外部输入向量，$u_k \in \mathbf{R}^n$；

$\quad w_k$——n 维的过程演化噪声，$w_k \in \mathbf{R}^n$；

$\quad z_k$——k 时刻对系统状态向量的量测向量，$z_k \in \mathbf{R}^m$；

$\quad h_k$——量测映射，$h_k : \mathbf{R}^m \times \mathbf{R}^m \to \mathbf{R}^m$；

$\quad v_k$——量测噪声，$v_k \in \mathbf{R}^m$。

假设 f_k 与 h_k 均对其自变量可微，并假设初始状态 x_0 任意分布，其均值和协方差矩阵分别为

$$E(x_0) = \bar{x}_0, \quad \mathrm{cov}(x_0) = P_0 \tag{4.27}$$

过程噪声 w_k 和量测噪声 z_k 都是 0 均值的独立过程，分布任意，其协方差矩阵分别为

$$\mathrm{cov}(w_k) = Q_k, \quad \mathrm{cov}(z_k) = R_k \tag{4.28}$$

状态量初值 x_0、过程噪声 w_k 与量测噪声 z_k 之间都相互独立。

EKF 实质上是一种非线性化算法，即对线性化之后的系统方程应用卡尔曼滤波公式进行计算，其精度主要取决于系统的非线性与复杂度等。一阶 EKF 算法的步骤描述如下：

（1）假定已经获取了 $k-1$ 时刻对系统状态量的估值 $\hat{x}_{k-1|k-1}$ 以及估计误差的协方差矩阵 $P_{k-1|k-1}$，将其代入式（4.25）并进行泰勒展开，保留一次项（即线性化）可得

$$\begin{aligned} x_k &= f_{k-1}(x_{k-1}, u_{k-1}, w_{k-1}) \\ &\approx f_{k-1}(\hat{x}_{k-1|k-1}, u_{k-1}, 0) + f_{k-1}^x \tilde{x}_{k-1|k-1} + f_{k-1}^w w_{k-1} \end{aligned} \tag{4.29}$$

式中，

$$\begin{cases} \tilde{\boldsymbol{x}}_{k-1|k-1} = \boldsymbol{x}_{k-1} - \hat{\boldsymbol{x}}_{k-1|k-1} \\[2mm] \boldsymbol{f}_{k-1}^{x} = \left.\dfrac{\partial \boldsymbol{f}_{k-1}(\boldsymbol{x}_{k-1}, \boldsymbol{u}_{k-1}, \boldsymbol{w}_{k-1})}{\partial x_{k-1}}\right|_{\substack{x_{k-1}=\hat{x}_{k-1|k-1} \\ w_{k-1}=0}} \\[4mm] \boldsymbol{f}_{k-1}^{w} = \left.\dfrac{\partial \boldsymbol{f}_{k-1}(\boldsymbol{x}_{k-1}, \boldsymbol{u}_{k-1}, \boldsymbol{w}_{k-1})}{\partial w_{k-1}}\right|_{\substack{x_{k-1}=\hat{x}_{k-1|k-1} \\ w_{k-1}=0}} \end{cases}$$

（2）利用 $k-1$ 时刻对系统状态量的估值与式（4.25）对 k 时刻的系统状态量进行一步预测：

$$\hat{\boldsymbol{x}}_{k|k-1} = \boldsymbol{f}_{k-1}(\hat{\boldsymbol{x}}_{k-1|k-1}, \boldsymbol{u}_{k-1}, \boldsymbol{0}) \tag{4.30}$$

一步预测的误差为

$$\begin{aligned} \tilde{\boldsymbol{x}}_{k|k-1} &= \boldsymbol{x}_k - \hat{\boldsymbol{x}}_{k|k-1} \\ &\approx \boldsymbol{f}_{k-1}^{x} \tilde{\boldsymbol{x}}_{k-1|k-1} + \boldsymbol{f}_{k-1}^{w} \boldsymbol{w}_{k-1} \end{aligned} \tag{4.31}$$

一步预测误差的协方差矩阵为

$$\begin{aligned} \boldsymbol{P}_{k|k-1} &= \operatorname{cov}(\tilde{\boldsymbol{x}}_{k|k-1}) \\ &\approx \boldsymbol{f}_{k-1}^{x} \boldsymbol{P}_{k-1|k-1}(\boldsymbol{f}_{k-1}^{x})^{\mathrm{T}} + \boldsymbol{f}_{k-1}^{w} \boldsymbol{Q}_{k-1}(\boldsymbol{f}_{k-1}^{w})^{\mathrm{T}} \end{aligned} \tag{4.32}$$

（3）对 k 时刻的量测方程（式（4.26））进行线性化：

$$\begin{aligned} \boldsymbol{z}_k &= \boldsymbol{h}_k(\boldsymbol{x}_k, \boldsymbol{v}_k) \\ &\approx \boldsymbol{h}_k(\hat{\boldsymbol{x}}_{k|k-1}, \boldsymbol{0}) + \boldsymbol{h}_k^{x} \tilde{\boldsymbol{x}}_{k|k-1} + \boldsymbol{h}_k^{v} \boldsymbol{v}_k \end{aligned} \tag{4.33}$$

其中，

$$\begin{cases} \boldsymbol{h}_k^{x} = \left.\dfrac{\partial \boldsymbol{h}_{k-1}(\boldsymbol{x}_k, \boldsymbol{v}_k)}{\partial x_k}\right|_{\substack{x_k=\hat{x}_{k|k-1} \\ v_{k-1}=0}} \\[4mm] \boldsymbol{h}_k^{v} = \left.\dfrac{\partial \boldsymbol{h}_{k-1}(\boldsymbol{x}_k, \boldsymbol{v}_k)}{\partial v_k}\right|_{\substack{x_k=\hat{x}_{k|k-1} \\ v_{k-1}=0}} \end{cases}$$

（4）对 k 时刻状态量的一步预测为

$$\hat{\boldsymbol{z}}_{k|k-1} = \boldsymbol{h}_k(\hat{\boldsymbol{x}}_{k|k-1}, \boldsymbol{0}) \tag{4.34}$$

这一预测的误差为

$$\begin{aligned} \tilde{\boldsymbol{z}}_{k|k-1} &= \boldsymbol{z}_k - \hat{\boldsymbol{z}}_{k|k-1} \\ &\approx \boldsymbol{h}_k^{x} \tilde{\boldsymbol{x}}_{k|k-1} + \boldsymbol{h}_k^{v} \boldsymbol{v}_k \end{aligned} \tag{4.35}$$

预测误差的协方差矩阵为

$$\begin{aligned} \boldsymbol{R}_{\tilde{z}_{k|k-1}|\tilde{z}_{k|k-1}} &= \operatorname{cov}(\tilde{\boldsymbol{z}}_{k|k-1}) \\ &= \boldsymbol{h}_k^{x} \boldsymbol{P}_{k|k-1}(\boldsymbol{h}_k^{x})^{\mathrm{T}} + \boldsymbol{h}_k^{v} \boldsymbol{R}_k(\boldsymbol{h}_k^{v})^{\mathrm{T}} \end{aligned} \tag{4.36}$$

（5）利用 k 时刻得到的量测 $\boldsymbol{z}_k$ 对状态量的一步预测值进行校正，得到对 k 时刻状态量的最优估计：

$$\hat{\boldsymbol{x}}_{k|k} = \hat{\boldsymbol{x}}_{k|k-1} + \boldsymbol{K}_k(\boldsymbol{z}_k - \hat{\boldsymbol{z}}_{k|k-1}) \tag{4.37}$$

这一最优估计的误差协方差矩阵为

$$\boldsymbol{P}_{k|k} = (\boldsymbol{I} - \boldsymbol{K}_k \boldsymbol{h}_k^{x}) \boldsymbol{P}_{k|k-1} (\boldsymbol{I} - \boldsymbol{K}_k \boldsymbol{h}_k^{x})^{\mathrm{T}} + \boldsymbol{K}_k \boldsymbol{h}_k^{v} \boldsymbol{R}_k (\boldsymbol{h}_k^{v})^{\mathrm{T}} \boldsymbol{K}_k^{\mathrm{T}} \tag{4.38}$$

而 k 时刻的卡尔曼增益矩阵为

$$\boldsymbol{K}_k = \boldsymbol{P}_{k|k-1}\boldsymbol{h}_k^x\big[\,\boldsymbol{h}_k^x\boldsymbol{P}_{k|k-1}(\boldsymbol{h}_k^x)^{\mathrm{T}} + \boldsymbol{h}_k^v\boldsymbol{R}_k(\boldsymbol{h}_k^v)^{\mathrm{T}}\big]^{-1} \tag{4.39}$$

　　至此，经过基于状态方程的系统运动预测与基于测量的观测校正，得到了对 k 时刻系统状态量的最优估计。对于航天器姿态确定问题，将该最优估计视为航天器在该时刻的真实姿态，并将其应用于后续的姿态控制过程。

4.3　组合姿态确定算法

　　航天器的姿态确定过程需要同时对姿态角速度和姿态角进行估计，因此需要使用陀螺仪测量姿态角速度，同时使用一种（或几种）姿态测量敏感元件获取姿态角信息。对于不同需求的航天器，依据测量精度、成本和计算量等选择敏感器组合模式。

　　星敏感器能够获取高精度的卫星姿态，但会引入随机误差，并且测量时间相对滞后。陀螺仪在获取测量值时不仅存在随机误差，而且存在时间漂移。将陀螺仪与星敏感器组合，能够进行测量特性上的互补，是目前国际主流的航天器姿态确定配置方式[22]。

　　姿态确定的误差主要有两个来源，即系统的硬件条件及软件条件。其中，硬件条件是指敏感器精度极限和星载计算机处理能力，软件条件则指定姿算法优化和敏感器标定补偿算法等。对于陀螺仪来说，其安装误差、漂移以及刻度因子误差等是系统误差的重要组成，若不对其进行抑制，在姿态确定的过程中将造成姿态发散等问题；星敏感器的测量误差包括岁差与章动、光行差、安装误差、光学系统误差、低频误差等[23-25]，其量级可达角分级，这意味着若不对星敏感器校准其精度将降低一个量级。因此，在使用星敏感器和陀螺仪前需要对其误差进行标定和补偿，以提升系统的姿态确定能力。本节不具体描述标定过程，所使用的各敏感器均认为已经完成了标定。

　　本节的推导过程将航天器视作质量不变的刚体，并且仅考虑航天器绕自身质心的转动，不考虑平移运动。航天器配置有陀螺仪和星敏感器对姿态进行测量，采用 EKF 算法对航天器进行姿态确定，其定姿流程如图 4.5 所示。

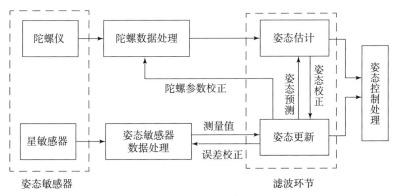

图 4.5　组合姿态确定算法流程

　　对每个时刻航天器姿态的估计都有两个主要过程——姿态预测与校正。首先，依据被测系统的状态方程对下一时刻的可能状态进行递推，将其记为状态预测值；然后，基于敏感元件的观测方程对测得的数据进行处理，获取系统状态的测量值，使用测量值对状态预测值进行校正，得到综合考虑系统状态变化规律和实际观测的系统状态最优估计值。

一般状态方程的建立方法分为两类：一类为直接法，即直接以姿态参数作为状态量对其进行估计；另一类是将姿态误差参数作为主要状态，经过状态估计得到姿态误差，再对姿态参数进行修正。往往直接法建立的状态方程以及量测方程既可能是线性的也可能是非线性的，而利用间接法建立的状态方程和量测方程为线性的。因此，在许多姿态确定相关研究中都采用间接法，以姿态误差为主要状态量实现航天器姿态确定[1-2,26]。本节主要为说明姿态确定的原理与实现过程，采用直接法建立对应的状态方程并实现姿态确定过程。

下面将分别对陀螺仪和星敏感器的测量与滤波过程进行描述。

1. 基于陀螺仪的航天器角速度测量与滤波

在陀螺仪的观测过程中，以陀螺仪的随机漂移误差 $\boldsymbol{d}$ 作为状态量，随机漂移的微分方程如式（4.1）所示，系统的状态方程为

$$\dot{\boldsymbol{d}} = -\frac{1}{\tau}\boldsymbol{d} + \boldsymbol{v}_d \tag{4.40}$$

考虑在三个轴向方向具有不同的漂移性质时，状态方程的雅可比矩阵 $\boldsymbol{F}$ 可以写为

$$\boldsymbol{F} = \frac{\partial \dot{\boldsymbol{d}}}{\partial \boldsymbol{d}} = -\operatorname{diag}\left(\frac{1}{\tau_1}, \frac{1}{\tau_2}, \frac{1}{\tau_3}\right) \tag{4.41}$$

测量输出为航天器姿态角速度 $\boldsymbol{\omega}$，观测方程为

$$\boldsymbol{\omega}_{\text{view}} = \boldsymbol{\omega}_b + \boldsymbol{d} + \boldsymbol{v}_g \tag{4.42}$$

式中，$\boldsymbol{\omega}_b$——航天器真实角速度；

$\boldsymbol{v}_g$——陀螺仪的测量噪声。

式（4.42）对状态量 $\boldsymbol{d}$ 的雅可比矩阵为

$$h_g^{\Theta} = \frac{\partial \boldsymbol{h}_g(\boldsymbol{d})}{\partial \boldsymbol{d}} = \boldsymbol{E}_3 \tag{4.43}$$

基于上述状态方程与观测方程，采用 EKF 算法对航天器角速度进行滤波估计的计算过程如下。

（1）对陀螺漂移的一步预测：

$$\begin{cases} \boldsymbol{\Phi} = \boldsymbol{I}_3 + T\boldsymbol{F} \\ \widehat{\boldsymbol{d}}_{k|k-1} = \boldsymbol{\Phi}\widehat{\boldsymbol{d}}_{k-1} \end{cases} \tag{4.44}$$

式中，T——两步之间的时间间隔。

（2）求解一步预测值 $\widehat{\boldsymbol{d}}_{k|k-1}$ 的协方差矩阵 $\boldsymbol{P}_{k|k-1}$ 及增益矩阵 $\boldsymbol{K}_k$：

$$\begin{cases} \boldsymbol{P}_{k|k-1} = \boldsymbol{\Phi}\boldsymbol{P}_{k-1}\boldsymbol{\Phi}^{\text{T}} + \boldsymbol{Q} \\ \boldsymbol{K}_k = \boldsymbol{P}_{k|k-1}h_g^{\Theta\text{T}}\left[h_g^{\Theta}\boldsymbol{P}_{k|k-1}h_g^{\Theta\text{T}} + \boldsymbol{R}_k\right]^{-1} \end{cases} \tag{4.45}$$

（3）通过上一步的陀螺漂移滤波值计算当前角速度的观测值 $\boldsymbol{\omega}_{\text{view}}$，进一步预测状态量，计算出与其对应的预测观测值 $\boldsymbol{\omega}_{\text{view\_est}}$：

$$\begin{cases} \boldsymbol{\omega}_{\text{view}} = \boldsymbol{\omega}_b + \widehat{\boldsymbol{d}}_{k-1} + \boldsymbol{v}_g \\ \boldsymbol{\omega}_{\text{view\_est}} = \boldsymbol{\omega}_b + \widehat{\boldsymbol{d}}_{k|k-1} \end{cases} \tag{4.46}$$

（4）利用观测值与预测观测值的误差对航天器漂移误差 $\boldsymbol{d}$ 的一步预测值进行校正，得到当前时刻对 $\boldsymbol{d}$ 的最佳估计 $\widehat{\boldsymbol{d}}_k$：

$$\widehat{\boldsymbol{d}}_k = \widehat{\boldsymbol{d}}_{k|k-1} + \boldsymbol{K}_k(\boldsymbol{\omega}_{\text{view}} - \boldsymbol{\omega}_{\text{view\_est}}) \tag{4.47}$$

（5）当前时刻航天器角速度的最佳估计 $\boldsymbol{\omega}_{\text{est}}$：

$$\boldsymbol{\omega}_{\text{est}} = \boldsymbol{\omega}_{\text{b}} + \widehat{\boldsymbol{d}}_k \tag{4.48}$$

（6）当前时刻陀螺漂移 $\widehat{\boldsymbol{d}}_k$ 的协方差矩阵 $\boldsymbol{P}_k$：

$$\boldsymbol{P}_k = (\boldsymbol{I} - \boldsymbol{K}_k \boldsymbol{h}_{\text{g}}^{\Theta}) \boldsymbol{P}_{k|k-1} (\boldsymbol{I} - \boldsymbol{K}_k \boldsymbol{h}_{\text{g}}^{\Theta})^{\text{T}} + \boldsymbol{K}_k \boldsymbol{R}_k \boldsymbol{K}_k^{\text{T}} \tag{4.49}$$

2. 基于星敏感器的航天器姿态角测量与滤波

对于航天器的姿态确定过程，其状态方程为航天器姿态运动学方程：

$$\boldsymbol{\Theta}_{k+1} = \boldsymbol{f}_{\text{kine}}(\boldsymbol{\Theta}_k, \boldsymbol{\omega}_k, \boldsymbol{w}_k) = \boldsymbol{\Theta}_k + T \cdot \boldsymbol{f}_{\Theta}(\boldsymbol{\Theta}_k, \boldsymbol{\omega}_k) + \boldsymbol{w}_k \tag{4.50}$$

式中，$\boldsymbol{\Theta}_k$——当前时刻真实姿态角，$\boldsymbol{\Theta}_k = [\varphi_k \quad \theta_k \quad \psi_k]^{\text{T}}$；

$\quad\quad \boldsymbol{\omega}_k$——角速度；

$\quad\quad \boldsymbol{w}_k$——过程噪声，其协方差矩阵满足 $\text{cov}(\boldsymbol{w}) = \boldsymbol{Q}$；

$\quad\quad \boldsymbol{f}_{\Theta}(\boldsymbol{\Theta}, \boldsymbol{\omega})$——系统状态矩阵，写为

$$\boldsymbol{f}_{\Theta}(\boldsymbol{\Theta}, \boldsymbol{\omega}) = \begin{bmatrix} 1 & \tan\theta\sin\varphi & \tan\theta\cos\varphi \\ 0 & \cos\varphi & -\sin\varphi \\ 0 & \sin\varphi/\cos\theta & \cos\varphi/\cos\theta \end{bmatrix} \begin{bmatrix} \omega_x \\ \omega_y \\ \omega_z \end{bmatrix}$$

$$= \begin{bmatrix} \omega_x + \omega_y\tan\theta\sin\varphi + \omega_z\tan\theta\cos\varphi \\ \omega_y\cos\varphi - \omega_z\sin\varphi \\ \omega_y\sin\varphi/\cos\theta + \omega_z\cos\varphi/\cos\theta \end{bmatrix} \tag{4.51}$$

根据式（4.29）、式（4.51），对式（4.50）求导，可以得到状态方程的雅可比矩阵：

$$\boldsymbol{f}_{\text{kine}}^{\Theta}(\widehat{\boldsymbol{\Theta}}_{k-1|k-1}, \boldsymbol{\omega}) = \frac{\partial[\boldsymbol{\Theta} + \boldsymbol{f}_{\Theta}(\boldsymbol{\Theta}, \boldsymbol{\omega}, \boldsymbol{w})]}{\partial\boldsymbol{\Theta}}$$

$$= \boldsymbol{E}_3 + T \cdot \begin{bmatrix} \dfrac{\partial f_{\Theta1}(\boldsymbol{\Theta}, \boldsymbol{\omega}, \boldsymbol{w})}{\partial\varphi} & \dfrac{\partial f_{\Theta1}(\boldsymbol{\Theta}, \boldsymbol{\omega}, \boldsymbol{w})}{\partial\theta} & \dfrac{\partial f_{\Theta1}(\boldsymbol{\Theta}, \boldsymbol{\omega}, \boldsymbol{w})}{\partial\psi} \\ \dfrac{\partial f_{\Theta2}(\boldsymbol{\Theta}, \boldsymbol{\omega}, \boldsymbol{w})}{\partial\varphi} & \dfrac{\partial f_{\Theta2}(\boldsymbol{\Theta}, \boldsymbol{\omega}, \boldsymbol{w})}{\partial\theta} & \dfrac{\partial f_{\Theta2}(\boldsymbol{\Theta}, \boldsymbol{\omega}, \boldsymbol{w})}{\partial\psi} \\ \dfrac{\partial f_{\Theta3}(\boldsymbol{\Theta}, \boldsymbol{\omega}, \boldsymbol{w})}{\partial\varphi} & \dfrac{\partial f_{\Theta3}(\boldsymbol{\Theta}, \boldsymbol{\omega}, \boldsymbol{w})}{\partial\theta} & \dfrac{\partial f_{\Theta3}(\boldsymbol{\Theta}, \boldsymbol{\omega}, \boldsymbol{w})}{\partial\psi} \end{bmatrix} \tag{4.52}$$

接着，对星敏感器的观测方程与观测矩阵进行描述。依据 4.1.3 节中对星敏感器测量过程的描述，星敏感器可直接输出航天器姿态的观测值，记为 $\boldsymbol{\Theta}_{\text{ob},k}$，其观测方程可以写为

$$\boldsymbol{\Theta}_{\text{ob},k} = \boldsymbol{h}_{\text{ss}}(\boldsymbol{\Theta}_k) = \boldsymbol{\Theta}_k + \boldsymbol{v} \tag{4.53}$$

式中，$\boldsymbol{v}$——量测噪声，其协方差矩阵满足 $\text{cov}(\boldsymbol{v}) = \boldsymbol{R}$。

对于观测方程（式（4.53）），可以求得其雅可比矩阵：

$$\boldsymbol{h}_{\text{ss}}^{\Theta} = \frac{\partial\boldsymbol{h}_{\text{ss}}(\boldsymbol{\Theta})}{\partial\boldsymbol{\Theta}} = \boldsymbol{E}_3 \tag{4.54}$$

基于上述状态方程与观测方程，采用 EKF 算法对航天器进行姿态估计的计算过程如下。

（1）对航天器姿态的一步预测：

$$\widehat{\boldsymbol{\Theta}}_{k|k-1} = \boldsymbol{f}_{\text{kine}}^{\Theta}(\widehat{\boldsymbol{\Theta}}_{k-1|k-1}, \boldsymbol{\omega}) \tag{4.55}$$

（2）求解一步预测值 $\widehat{\boldsymbol{\Theta}}_{k|k-1}$ 的协方差矩阵 $\boldsymbol{P}_{k|k-1}$：

$$P_{k|k-1} = f_{\text{kine}}^{\Theta} P_{k-1} (f_{\text{kine}}^{\Theta})^{\text{T}} + Q \tag{4.56}$$

（3）通过一步预测状态量计算出与其对应的预测观测值，与实际观测值做差得到新息：

$$\widetilde{\Theta}_{\text{ob}} = \Theta_{\text{ob}} - \bar{\Theta}_{k|k-1} \tag{4.57}$$

（4）利用新息对一步预测值进行校正，得到当前时刻对状态量的最佳估计：

$$\widehat{\Theta}_{k|k} = \widehat{\Theta}_{k|k-1} + K_k \widetilde{\Theta}_{\text{ob}} \tag{4.58}$$

（5）计算卡尔曼增益 K_k：

$$\begin{aligned}
K_k &= P_{k|k-1} (f_{\text{kine}}^{\Theta})^{\text{T}} [f_{\text{kine}}^{\Theta} P_{k|k-1} (f_{\text{kine}}^{\Theta})^{\text{T}} + h_{\text{ss}}^{\Theta} R (h_{\text{ss}}^{\Theta})^{\text{T}}]^{-1} \\
&= P_{k|k-1} (f_{\text{kine}}^{\Theta})^{\text{T}} [f_{\text{kine}}^{\Theta} P_{k|k-1} (f_{\text{kine}}^{\Theta})^{\text{T}} + R]^{-1}
\end{aligned} \tag{4.59}$$

（6）当前时刻对状态量的最佳估计的协方差矩阵：

$$P_k = (I - K_k f_{\text{kine}}^{\Theta}) P_{k|k-1} (I - K_k f_{\text{kine}}^{\Theta})^{\text{T}} + R_k \tag{4.60}$$

至此，获得了当前时刻状态量的最佳估计 $\widehat{\Theta}_{k|k}$，作为当前系统状态量传递至系统的控制器等模块，进行其他运算。

4.4　组合姿态确定方法的 MATLAB 实现

本节首先对星敏感器的姿态测量过程进行 m 文件实现，随后使用 MATLAB 的 m 文件和 Simulink 模块两种方式，分别对航天器"星敏感器 + 陀螺"组合姿态确定方法进行仿真实现。

4.4.1　MATLAB 环境下星敏感器姿态测量仿真

根据星敏感器的测量原理，敏感器通过实际测得的恒星星光矢量方向，求解航天器的姿态角。在此过程中，涉及航天器所处的轨道信息、恒星星光矢量信息、星敏感器的安装信息和视场等条件，结合 4.2 节中的姿态确定算法，星敏感器的姿态测量过程通过 MATLAB 的 m 文件方式实现，见程序 4.1 和程序 4.2。

程序 4.1　星敏感器的初值文件 StarSensorParameter. m

```
% 为星敏感器的测量赋初值
%% 基本轨道参数
orbitpara. mu = 3.986005e14;                    % 地球万有引力常数
orbitpara. Re = 6371e3;                         % 地球平均半径
orbitpara. e1 = 23.433 * pi/180;                % 黄赤交角
orbitpara. omegarise = 0 * pi/180;              % 入轨升交点赤经
orbitpara. i = 86.4 * pi/180;                   % 轨道倾角
orbitpara. e = 0;                               % 偏心率
orbitpara. omeganear = 0 * pi/180;              % 近地点幅角
orbitpara. r = orbitpara. Re + 1100e3;          % 轨道半径
orbitpara. a = orbitpara. r;                    % 半长轴
orbitpara. trueanomaly = 0 * pi/180;            % 初始真近点角
orbitpara. omega0 = (orbitpara. mu/orbitpara. r^3)^0.5;   % 轨道角速率
```

```
parameters. orbitpara = orbitpara;


%  星敏感器
%  随机生成30颗恒星在地球惯性系下星光矢量(3 * 30)
EKFpara. Star_AllNum = 30;
x_fe = 2 * (rand(1, EKFpara. Star_AllNum) - 0.5);
y_fe = sqrt(ones(1, EKFpara. Star_AllNum) - x_fe. ^2). * rand(1, EKFpara. Star_AllNum);
z_fe0 = sqrt(ones(1, EKFpara. Star_AllNum) - x_fe. ^2 - y_fe. ^2);
z_fe = z_fe0;
Neg = randperm(EKFpara. Star_AllNum, EKFpara. Star_AllNum/2);
z_fe(Neg) = - z_fe0(Neg);
EKFpara. Star_fe = [x_fe;y_fe;z_fe. ^2]


Are = cal_Are([orbitpara. omegarise;orbitpara. trueanomaly;orbitpara. i]);
EKFpara. Star_fr = Are * EKFpara. Star_fe;      % 轨道系下恒星矢量(3 * 30)


% 星敏感器安装在航天器 + X 面上,且逆时针转45°,Zs 指向东北方向,Xs 与 XOYb 共面。
Ax_fu90 = [1 0 0;0 cos( - pi/2) sin( - pi/2);0 - sin( - pi/2) cos( - pi/2)];
Ay_45 = [cos(pi/4) 0 - sin(pi/4);0 1 0;sin(pi/4) 0 cos(pi/4)];
EKFpara. AsbStar = Ay_45 * Ax_fu90;


EKFpara. f_star = 0.05;                  % 星敏焦距
EKFpara. FOV_star = 45 * pi/180;         % 星敏视场角
EKFpara. vx_star = 1e - 5;               % x 方向噪声
EKFpara. vy_star = 1e - 5;               % y 方向噪声
EKFpara. V_star = [EKFpara. vx_star;EKFpara. vy_star];
EKFpara. R_star = (5e - 7) * eye(3);     % 星敏感器测量噪声,3 * 3
       P_star = (5e - 7) * eye(3);


EKFpara. tstar = 0.1;                    % 更新频率
parameters. EKFpara = EKFpara;
```

程序 4.2 星敏感器观测函数 Zview_star. m

```
% 星敏感器的观测模型;
% 输入为系统参数 parameter,真实航天器姿态角 thetab;
% 输出为航天器姿态角的观测值 Theta_view,敏感器观测到的星数量 Num_ViewStar。
function[Theta_view,Num_ViewStar] = Zview_star( parameters,thetab)
% 恒星位置矢量真实观测值计算
AsbStar = parameters. EKFpara. AsbStar;   % 星敏感器的安装矩阵
Star_fe = parameters. EKFpara. Star_fe;   % 惯性坐标系下恒星矢量 3 * 30
Star_fr = parameters. EKFpara. Star_fr;   % 轨道坐标系下恒星矢量 3 * 30
```

```
f = parameters. EKFpara. f_star;
FOV = parameters. EKFpara. FOV_star;
vx = parameters. EKFpara. vx_star;
vy = parameters. EKFpara. vy_star;
Star_AllNum = parameters. EKFpara. Star_AllNum;
    Abr = cal_Abr(thetab);                % 此刻真实"3-1-2"的姿态转换矩阵
    Star_fs = AsbStar * Abr * Star_fr;    % 敏感器系下星光矢量

%% 通过视场约束筛选可用星光
    flags = [Star_fs(1,:).^2 + Star_fs(2,:).^2;Star_fs(3,:)];
    downs = find(flags(2,:) < 0 | flags(1,:) > sin(FOV));% 不满足视场约束的恒星所在的列数
    Num_ViewStar = Star_AllNum - length(downs);          % 能够观测到星的个数
    Star_fs(:,downs) = [];% 删除星光矢量中不满足视场约束的部分,仅保留能观测的星矢量
    Star_fe(:,downs) = [];

%% 对可用星光进行观测与处理
    ob_xy = -f * [Star_fs(1,:)./Star_fs(3,:);Star_fs(2,:)./Star_fs(3,:)];% 星光在敏感器 xy 方向
的读数
    ob = [-ob_xy;f * ones(1,Num_ViewStar)];              % 敏感器内的三维星光矢量,Z 是焦距
    noises = diag([vx vy]) * randn(2,Num_ViewStar);
    obout = ob + [noises;zeros(1,Num_ViewStar)];          % 含随机噪声的星光矢量观测结果
% 式(4.14)中的 r_i(观测矢量在星敏坐标系下的单位向量坐标)
    Star_fsob = obout./([1;1;1] * sqrt(sum(obout.^2)));

    B = Star_fsob * Star_fe';% B = r_i * b_i';
    Z = [B(2,3) - B(3,2);B(3,1) - B(1,3);B(1,2) - B(2,1)];% 式(4.20)中的 B_cross 和 K
    K = [B + B - trace(B) * eye(3)Z;Z' trace(B)];
    [qs,lanmd] = eig(K);                                  % K 的特征值 lanmd 及其对应的特征向量
    [~,ilanmd] = max(diag(lanmd));                        % 最大特征之所在的列数
    qopt = qs(:,ilanmd);                                  % 最大特征向量
    qout = qopt/norm(qopt);                               % 将其单位化
    Q = qout(1:3,1);                                      % 姿态四元数(此姿态为敏感器坐标系的姿态值)
    q4 = qout(4);
    Aqout = (q4^2 - Q' * Q) * eye(3) + 2 * Q * Q' - 2 * q4 * across(Q);% 姿态转换矩阵(含敏感器系)
    Abo_view = AsbStar' * Aqout;                          % 依据 Aqout = Asb * Abo,将敏感器安装矩阵部分去掉

% 依据坐标转换矩阵表达式求解三轴姿态角
    ang1 = asin(Abo_view(2,3));
    ang2 = asin(-Abo_view(1,3)/cos(ang1));
    ang3 = asin(-Abo_view(2,1)/cos(ang1));
    Theta_view = [ang1 ang2 ang3]';
end
```

需要说明的是，上述程序中使用了一些辅助性计算函数，包括 across. m、cal_Abr. m 及 cal_Are. m 函数。其中，across. m 见程序 1.38，cal_Abr. m 见程序 1.41，cal_Are. m 见程序 1.40。

考虑到模型的复杂性，在后续的姿态确定实现过程中不再对星敏感器进行精细建模，认为星敏感器可直接获取航天器姿态角信息，观测结果是真实姿态角与随机测量误差的和。

4.4.2　MATLAB 环境下组合姿态确定过程仿真

本节以陀螺仪和星敏感器为姿态测量元件，在考虑敏感器更新频率的条件下，通过 MATLAB 的 m 文件实现航天器的组合姿态确定。程序主要包括 AttiEst_main. m 脚本文件、AttiEst_parameter. m 脚本文件、fun_attitude. m 函数文件、WholeEKF_StarGyro. m 函数文件及 DrawEKF. m 函数文件，见程序 4.3 ~ 程序 4.9。

程序 4.3　"陀螺仪 + 星敏感器" 组合姿态确定主函数 AttiEst_main. m

```
%%%%%%% 该程序用于"陀螺仪 + 星敏感器"航天器姿态确定数值仿真%%%%%%%
%%%%%%% 主函数%%%%%%%
clear all;
close all;
clc;
% 求解步骤 1:设置仿真参数
run AttiEst_parameter;
% 利用 ode45 方法进行数值积分
x0 = [w0;theta0;d0];              % 仿真系统的状态量
global Wb_es Thetab_es parameters i Time;
[t,x] = ode45(@ fun_attitude,[t0 tf],x0);


% 画图
others = [Wb_es;Thetab_es];
DrawEKF(t,x,Time,others);
```

程序 4.4　"陀螺仪 + 星敏感器" 组合姿态确定初值函数 AttiEst_parameter. m

```
%"陀螺仪 + 星敏感器"组合姿态确定初值函数,以结构体数组形式赋初值
global Wb_es Thetab_es parameters Time;


%% 仿真条件设置及航天器质惯量与控制等自身信息
parameters. t0    =0;                          % 仿真开始时间
parameters. tf    =100;                        % 仿真结束时间
parameters. mb    =800;                        % 航天器质量
parameters. Ib    = diag([700 800 900]);       % 航天器惯量


%% 基本轨道参数
orbitpara. mu =3.986005e14;                    % 地球万有引力常数
```

```matlab
orbitpara. Re = 6371e3;                          % 地球平均半径
orbitpara. r = orbitpara. Re + 1100e3;           % 轨道半径
orbitpara. omega0 = ( orbitpara. mu/orbitpara. r^3 )^0. 5;   % 轨道角速率
parameters. orbitpara = orbitpara;


w0 = [ 1;0. 5; - 0. 5 ] * pi/180;                % 角速度初值
theta0 = [ 1;0. 5; - 0. 5 ] * pi/180;            % 姿态角初值
d0 = [ 0 0 0 ]';                                 % 陀螺仪状态量初值
% 状态量的初始估计值,用于滤波
Wb_es(1:3,1) = [ 0;0;0 ] * pi/180;
Thetab_es(1:3,1) = [ 0;0;0 ] * pi/180;
d_es = [ 0 0 0 ]';
Time = 0;


% PD 控制器参数
parameters. kp           = 100;
parameters. kd           = 1000;
% 目标姿态角与目标姿态角速度
parameters. thetabs      = [ 0;0;0 ] * pi/180;
parameters. dthetabs     = [ 0;0;0 ];


%% EKF 初始化参数
EKFpara. W        = 5e - 4 * ones(3,1);          % 环境噪声的标准差为:5e - 4
EKFpara. Q        = 5e - 4^2 * eye(3);           % 环境噪声( 与 W 对应),3 * 3,无耦合项
% 陀螺仪
EKFpara. Vg       = 1e - 5 * ones(3,1);          % 陀螺仪的随机误差,标准差
EKFpara. R_gyros  = (1e - 5)^2 * eye(3);         % 陀螺仪测量噪声,3 * 3
EKFpara. H_Gyro   = eye(3);
EKFpara. tao = 36000;%  0. 1deg/hour
P_gyro = (1e - 5)^2 * eye(3);%陀螺仪 R0


%  星敏感器
EKFpara. vx_star = 1e - 5;   % x 方向噪声
EKFpara. vy_star = 1e - 5;   % y 方向噪声
EKFpara. V_star = [ EKFpara. vx_star;EKFpara. vy_star ];
EKFpara. R_star = (5e - 7) * eye(3);   % 星敏感器测量噪声,3 * 3
         P_star = (5e - 7) * eye(3);
EKFpara. tstar = 0. 1;% 更新频率
parameters. EKFpara = EKFpara;
```

程序 4.5 "陀螺仪 + 星敏感器" 组合姿态确定函数 fun_attitude. m

```
%  组合姿态确定的姿态观测姿态控制回路；
%  输入为当前仿真时刻 t,当前状态量 x；
%  输出为航天器姿态角的状态量导数 dstate
function dstate = fun_attitude(t,x)
global Wb_es Thetab_es parameters i Time;
%  提取仿真参数
    Ib     = parameters. Ib;
    kp     = parameters. kp;
    kd     = parameters. kd;
dthetabs   = parameters. dthetabs;
thetabs    = parameters. thetabs;
    W0     = parameters. EKFpara. W;
    tao    = parameters. EKFpara. tao;
    Vg0    = parameters. EKFpara. Vg;


%  积分得出的航天器状态量
wb = x(1:3);thetab = x(4:6);d = x(7:9);
%  上一步的滤波结果(用于控制器)
d_es = evalin('base','d_es');
if i < 2
        wb_es = Wb_es(1:3,1);
        thetab_es = Thetab_es(1:3,1);
    else
        wb_es = Wb_es(1:3,i-1);
    thetab_es = Thetab_es(1:3,i-1);
    end
%  将姿态角限制在正负 180° 内
    Abr1 = cal_Abr(thetab);
    thetab = invCosMat(Abr1);
    Abr2 = cal_Abr(thetab_es);
    thetab_es = invCosMat(Abr2);


%%  PD 控制
dthetab_es = kinematics([wb_es;thetab_es]);
 eb_es = thetabs – thetab_es;
 deb_es = dthetabs – dthetab_es;
 tc_es = kp * eb_es + kd * deb_es;


%%  动力学
    W = randn(1) * W0;   % 过程噪声/环境噪声
```

```
        Vg = randn(1,3) * Vg0;
    dwb = Ib\(tc_es - as(wb) * Ib * wb) + W;
    dot_d = -1/tao * d + Vg;


%% 运动学
    dthetab = kinematics([wb;thetab]);
%% EKF 滤波
[d_es,wb_es,thetab_es] = WholeEKF_StarGyro(parameters,t,Time,wb,thetab,thetab_es,d,d_es);
% 记录本次滤波的结果
assignin('base','d_es',d_es);
Wb_es(1:3,i) = wb_es;
Thetab_es(1:3,i) = thetab_es;
dstate = [dwb;dthetab;dot_d];    % 积分状态量
Time(i) = t;
i = i+1;
end
```

程序 4.6   "陀螺仪 + 星敏感器" 组合姿态确定函数 WholeEKF_StarGyro. m

```
%   组合姿态确定的 EKF 滤波;
%   输入为系统初值 parameter,当前仿真时刻 t,函数中不积分变量数据的对应仿真时刻 Time,航天器
真实角速度 wb 和姿态角 thetab,姿态角滤波值 thetab_es,陀螺仪状态量 d 及其滤波估计 d_es;
%   输出为陀螺仪状态量滤波估计 d_es,航天器姿态角速度的滤波估计 wb_es,航天器姿态角的滤波估
计 thetab_es。
function[d_es,wb_es,thetab_es] = WholeEKF_StarGyro(parameters,t,Time,wb,thetab,thetab_es,d,d_es)
    % 陀螺仪
    [d_es,wb_es] = EKF_GyrosSensor(parameters,t,Time,wb,d,d_es);
    % 星敏感器
    thetab_es = EKF_StarSensor(parameters,t,Time,thetab,wb_es,thetab_es);
end
```

程序 4.7   "陀螺仪 + 星敏感器" 组合姿态确定函数 EKF_GyrosSensor. m

```
%   陀螺仪的观测与 EKF 滤波;
%   输入为系统初值 parameter,当前仿真时刻 t,函数中不积分变量数据的对应仿真时刻 Time,当前航
天器真实角速度 wb,陀螺仪状态量 d 及其滤波估计 d_es;
%   输出为陀螺仪状态量滤波估计 d_es,航天器姿态角速度的滤波估计 wb_es。
function[d_es,wb_es] = EKF_GyrosSensor(parameters,t,Time,wb,d,d_es)
    steptime = Time(end) - t;
    EKFpara = parameters. EKFpara;
    Q = EKFpara. Q;                        % 环境噪声,3 * 3
    Vg0 = EKFpara. Vg;                     % 陀螺仪随机误差
    R = EKFpara. R_gyros;                  % 陀螺仪测量噪声,3 * 3
```

```
    H = EKFpara. H_Gyro；              % 陀螺仪的观测矩阵
    tao = EKFpara. tao；
%  * * * * * 测量值与预估测量值计算  陀螺仪  * * * * * *
    Vg = randn（3,3）* Vg0；            % 陀螺的随机误差
    w_view = wb + d + Vg；             % 陀螺的观测输出
    F = - 1/tao * eye（3）；            % 陀螺漂移的状态方程
    Phy = eye（3）+ F * steptime；
    d_pre = Phy * d_es；              % 陀螺漂移的一步预测
    w_viewpre = wb + d_pre；          % 陀螺观测的一步预测
%  * * * * * 扩展卡尔曼滤波基本方程  陀螺仪  * * * * * *
    P_est = evalin（'base','P_gyro'）；                % 提取上一步迭代的 P 矩阵
    P_pre = Phy * P_est * Phy' + Q；                 % 预测方差矩阵 3 * 3
    K = P_pre * H'/（H * P_pre * H' + R）；            % 更新增益矩阵 3 * 3
    P_est = （eye（3）- K * H）* P_pre * （eye（3）- K * H）' + K * R * K'；% 更新方差矩阵 3 * 3
    d_es = d_pre + K * （w_view - w_viewpre）；        % 陀螺漂移的滤波估计
    wb_es = wb + d_es；                               % 陀螺观测的滤波估计
%  * * * * * 更新 workplace 中的值  * * * * * *
    assignin（'base','P_gyro',P_est）；
end
```

程序 4.8　"陀螺仪 + 星敏感器" 组合姿态确定函数 EKF_StarSensor. m

```
%  星敏感器的观测与 EKF 滤波；
%  输入为系统初值 parameter,当前仿真时刻 t,函数中不积分变量数据的对应仿真时刻 Time,当前航
天器真实姿态角 thetab 及滤波估计角速度 wb_es,滤波估计姿态角 thetab_es,当前程序执行的步数 i；
%  输出为航天器姿态角的滤波估计 thetab_es。
function thetab_es = EKF_StarSensor（parameters,t,
Time,thetab,wb_es,thetab_es,i）
    omega0   = parameters. orbitpara. omega0；
    steptime = Time（end）- t；
    EKFpara  = parameters. EKFpara；
        Q   = EKFpara. Q；          % 环境噪声,3 * 3
      R_star = EKFpara. R_star；    % 星敏感器测量噪声,3 * 3
       tstar = parameters. EKFpara. tstar；
    if mod（t,tstar）<=0. 000 5      % 星敏更新频率:10 Hz,认为时间基本整除时使用一次星敏
      P_est = evalin（'base','P_star'）；% 提取上一步的 P 矩阵
      % 星敏感器观测,输出姿态观测值和视野内恒星个数
      Theta_view = thetab + sqrt（R_star）* Noise（4:6,i）；        % 对真实姿态的星敏观测
      F = Star_FMatrix（thetab_es,wb_es,omega0）；                % 状态矩阵的雅可比矩阵 F,航天
                                                                器运动学
      H = eye（3）；                                              % 观测矩阵 H
      Phy = eye（3）+ steptime. * F；
      X_pre = Phy * thetab_es；                                 % 对上一步滤波的姿态一步预测
```

```
    Theta_viewpre = X_pre + sqrt( R_star) * randn(3,1);          % 对预测姿态的星敏观测
    P_pre = Phy * P_est * Phy' + Q;                              % 一步预测方差矩阵 3 * 3
    K = P_pre * H'/( H * P_pre * H' + R_star);                   % 更新增益矩阵 3 * 3
    P_est = ( eye(3) − K * H) * P_pre * ( eye(3) − K * H)' + K * R_star * K';  % 更新方差矩阵 3 * 3
    thetab_es = X_pre + K * ( Theta_view − Theta_viewpre);       % 得出当前的滤波姿态
    % * * * * * 更新 workplace 中的值  * * * * * *
    assignin('base','P_star',P_est);                            % 更新 P_est(3 * 3)
  else
    % 星敏感器无更新
    F = Star_FMatrix( thetab_es,wb_es,omega0);
    Phy = eye(3) + steptime. * F;
    thetab_es = Phy * thetab_es;   % 仅对状态量进行一步预测,无观测校正
  end
end
```

在程序最后,通过对航天器姿态运动的真实情况和滤波估计结果进行画图,"figure(1)"直接表现出真实姿态运动信息与滤波估计值,并表现出采用滤波估计信息进行控制的效果。"figure(2)"则通过航天器真实姿态运动信息与滤波估计结果之间的差异表现对滤波估计的性能。画图函数具体见程序4.9。

程序4.9 "陀螺仪+星敏感器"组合姿态确定函数 DrawEKF. m

```
%    绘图
%  输入为仿真时刻 t,航天器状态量 x,函数中不积分变量数据的对应仿真时刻 Time,及姿态滤波估计
结果 others;
function DrawEKF( t,x,Time,others)
    state = x';% 时间矩阵 t 对应 x
    %  时间矩阵 Time 对应数据矩阵 others
    figure(1)% 角速度和姿态角的真实与滤波值
    subplot(2,2,1)
    plot( t,state(1:3,:),'linewidth',1. 2)
    title('角速度');
    xlabel('时间/s');ylabel('姿态角速度/( rad/s)');grid on
    l1 = legend('wx','wy','wz');
    set( l1,'Fontname','Times New Roman');
    subplot(2,2,2)
    plot( Time,others(1:3,:),'linewidth',1. 2)
    title('角速度滤波估计');
    xlabel('时间/s');ylabel('姿态角速度/( rad/s)');grid on
    l2 = legend('wx','wy','wz');
    set( l2,'Fontname','Times New Roman');
    subplot(2,2,3)
```

```
plot(t,state(4:6,:),'linewidth',1.2)
title('姿态角');xlabel('时间/s');ylabel('姿态角/rad');grid on
l3 = legend('\phi','\theta','\psi');
set(l3,'Fontname','Times New Roman');
subplot(2,2,4)
plot(Time,others(4:6,:),'linewidth',1.2)
title('姿态角滤波估计');xlabel('时间/s');ylabel('姿态角/rad');grid on
l4 = legend('\phi','\theta','\psi');
set(l4,'Fontname','Times New Roman');

figure(2)% 角速度和姿态角的真实与滤波值之间的差值
% 先对 state 进行插值
State1 = interp1(t',state(1,:),Time,'linear');
State2 = interp1(t',state(2,:),Time,'linear');
State3 = interp1(t',state(3,:),Time,'linear');
State4 = interp1(t',state(4,:),Time,'linear');
State5 = interp1(t',state(5,:),Time,'linear');
State6 = interp1(t',state(6,:),Time,'linear');
State = [State1;State2;State3;State4;State5;State6];

subplot(1,2,1)
plot(Time,State(1:3,:)) - others(1:3,:),'linewidth',1.2);
title('角速度滤波估计与真实值的差值');
xlabel('时间/s');ylabel('姿态角速度/(rad/s)');grid on
l1 = legend('\Deltawx','\Deltawy','\Deltawz');
set(l1,'Fontname','Times New Roman');
subplot(1,2,2)
plot(Time,State(4:6,:)) - others(4:6,:),'linewidth',1.2);
title('姿态角滤波估计与真实值的差值');
xlabel('时间/s');ylabel('姿态角/rad');grid on
l2 = legend('\Delta\phi','\Delta\theta','\Delta\psi');
set(l2,'Fontname','Times New Roman');
end
```

上述程序中的辅助性计算函数包括 across. m（程序 1.38）、cal_Abr. m（程序 1.41）、invCosMat. m（程序 1.42）、kinematics. m（程序 2.3）。

4.4.3　Simulink 方式实现组合姿态确定

在 Simulink 中搭建航天器姿态动力学与运动学回路，其程序框图如图 4.6 所示。

包含姿态确定过程的航天器姿态控制回路主要有三部分——控制器、系统模型与姿态确定。其中，姿态确定部分由观测与滤波两个环节组成。在本章中，控制器采用 PD 控制方法，控制器框图如图 4.7 所示，这里假设航天器姿态运动满足小角度条件，因此认为航天器角速度与姿态角的时间导数相等，将航天器角速度的误差量用作控制输入。

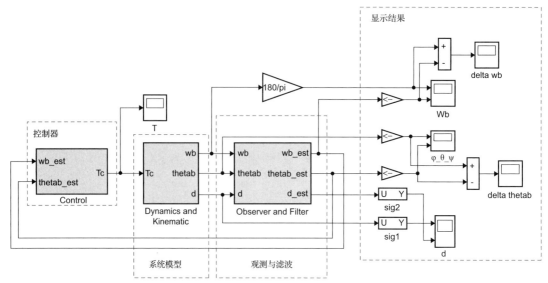

图 4.6　航天器姿态确定的 Simulink 程序框图

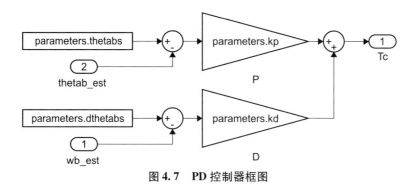

图 4.7　PD 控制器框图

在系统模型中，由于用于姿态角速度测量的陀螺仪存在测量漂移，并且漂移量 d 满足式（4.40）所描述的动力学关系，因此将 d 并入系统模型的状态量，系统模型由航天器姿态动力学、姿态运动学和陀螺漂移动力学三部分组成，如图 4.8 所示。

在不考虑姿态确定的航天器姿态控制回路中，假设航天器的姿态运动与姿态参数均能够直接获得并用于控制器计算；在考虑姿态确定环节的姿态控制回路中，则需要基于敏感器的测量，结合系统模型信息对测量参数进行滤波计算，获取参数的最优估计。在"陀螺 + 星敏感器"组合模式下，姿态确定环节的 Simulink 模型如图 4.9 所示，陀螺仪测量航天器角速度，星敏感器测量航天器姿态角信息。其中，Memory 模块将仿真过程中传递的信号滞后一步，从而能避免代数环这一模型的逻辑错误。

陀螺仪的观测与滤波程序框图如图 4.10 所示，主要包含基于系统模型的一步预测和观测校正两部分。在对航天器角速度的观测中加入观测噪声，观测的预测中则不需要加入观测噪声。基于陀螺漂移的动力学方程（式（4.40）），采用式（4.44）～式（4.49），求解用于预测的状态矩阵 $\boldsymbol{\Phi}$、协方差矩阵 $\boldsymbol{P}$ 以及卡尔曼增益矩阵 $\boldsymbol{K}$，如图 4.11 所示。

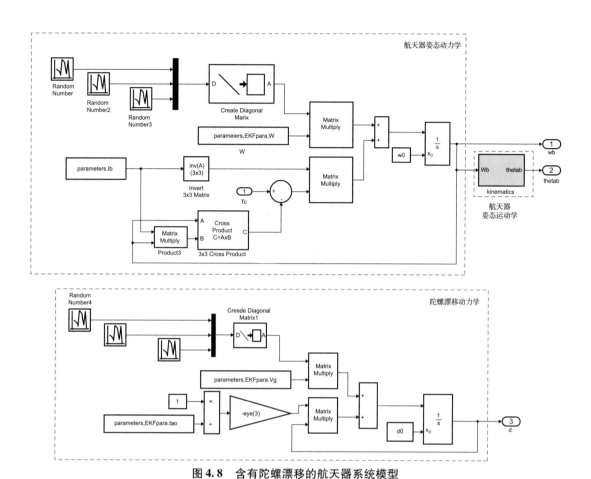

图 4.8　含有陀螺漂移的航天器系统模型

图 4.9　航天器姿态确定环节程序框图

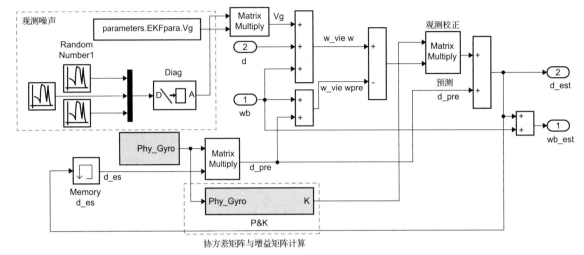

图 4.10　陀螺仪的观测与滤波程序框图

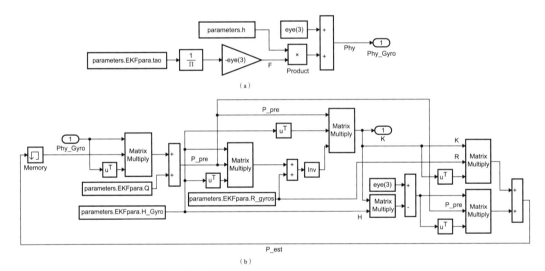

（a）

（b）

图 4.11　陀螺仪观测与滤波部分矩阵计算框图

（a）陀螺仪观测部分；（b）陀螺仪滤波部分

　　考虑到星敏感器的测量存在更新频率，采用 if 模块实现对当前时刻能否获得星敏感器测量结果的判断，如图 4.12 所示，采用两个封装模块分别实现有星敏感器观测下的测量与滤波和没有星敏感器观测值时的姿态角确定。

　　在星敏感器观测模拟中，以加入测量误差的真实姿态角为星敏感器测量结果进行后续的滤波处理，如图 4.13 所示。协方差矩阵与增益矩阵的计算与陀螺仪部分类似，可参考式（4.56）～式（4.60），这里不再赘述。在星敏感器测量未更新时，无测量校正，仅通过运动学关系对下一时刻的姿态角进行预测。

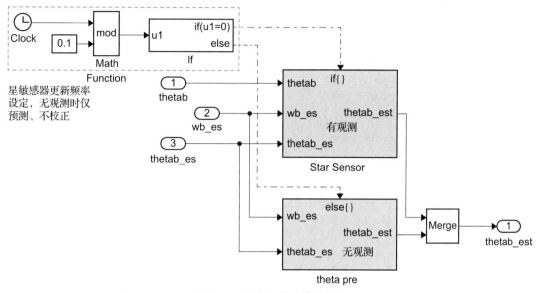

图 4.12　姿态角确定算法框图

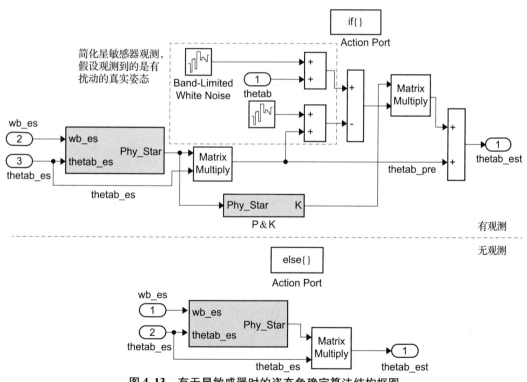

图 4.13　有无星敏感器时的姿态角确定算法结构框图

区别于陀螺仪测量漂移的动力学模型，星敏感器测量的状态方程是航天器的姿态运动学方程，相对姿态角的雅可比矩阵 F 不是常值，其与航天器当前的角速度、姿态角以及轨道角速度有关，如图 4.14 所示。F 矩阵的计算参考 m 文件中的相应函数，图 4.14 中不再重复展示。

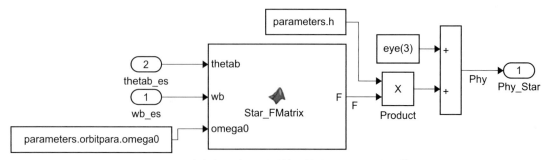

图 4.14　姿态角一步预测时的星敏感器观测矩阵计算

图 4.15 和图 4.16 展示了基于 Simulink 模块建立的航天器姿态确定结果，采用 scope 输出观测结果，并与真实值进行误差对比。

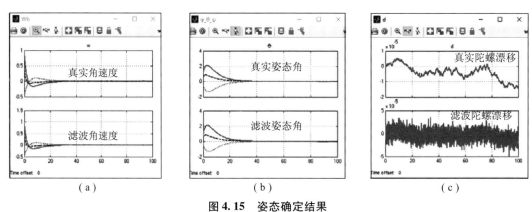

图 4.15　姿态确定结果

（a）角速度；（b）姿态角；（c）陀螺漂移

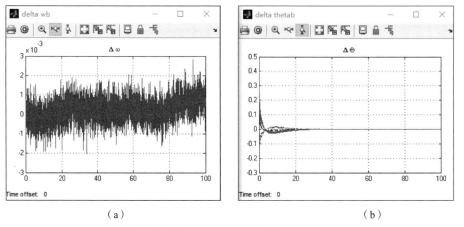

图 4.16　真实值与滤波值之间的误差

（a）真实与滤波角速度之差；（b）真实与滤波姿态角之差

4.5　基于 MATLAB – GUI 界面的航天器姿态确定过程仿真

本节主要基于本章中前述关于航天器姿态确定过程的介绍，采用 MATLAB 的 GUI 功能对包括姿态动力学、运动学、控制律以及姿态确定过程在内的航天器姿态确定与控制回路仿真的人机交互界面进行设计与实现。

如前所述，航天器姿态确定过程中所使用的敏感器模式主要有五种：全陀螺仪模式、陀螺仪 + 太阳敏感器模式、陀螺仪 + 星敏感器模式、陀螺仪 + 太阳敏感器 + 磁强计模式、星敏感器 + 动力学模式。本节中所设计实现的界面中选取陀螺仪 + 星敏感器的方式来进行航天器的姿态确定，所选取的姿态控制律为 PD 控制。考虑到其中涉及的参数较多，因此本节基于 GUIDE 进行人机交互界面的设计，其具体设计步骤如下。

1. 界面设计

航天器姿态确定过程仿真的 GUIDE 布局如图 4.17 所示。

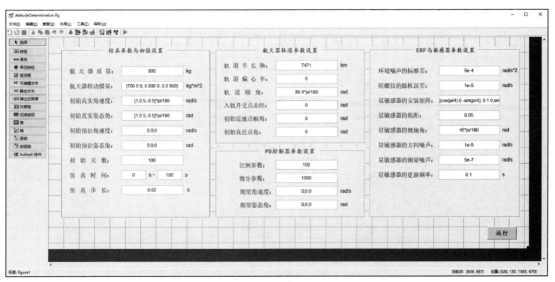

图 4.17　航天器姿态确定过程仿真的 GUIDE 布局

设计界面主要包括以下元素：

（1）1 个窗口对象：作为航天器姿态确定过程仿真界面主窗口。

（2）4 个面板对象：用来分区域放置所需控件。

（3）49 个静态文本控件：用来显示参数名称与信息。

（4）28 个可编辑文本控件：用来输入所需参数的值。

（5）1 个"运行"按钮：用来开始仿真进程并显示结果图像。

所有元素与控件的 Tag 值以及其属性设置如表 4.2 所示。

表 4.2 控件 Tag 值及其属性设置

控件类型	控件 Tag 值	控件属性设置
窗口对象	figure1	Name→航天器姿态确定过程仿真；Visible→off
面板对象	uipanel1	String→仿真参数与初值设置；FontName→楷体；FontSize→14；FontWeight→bold；ForegroundColor→[0，0.45，0.74]
	uipanel2	String→航天器轨道参数设置；FontName→楷体；FontSize→14；FontWeight→bold；ForegroundColor→[0，0.45，0.74]
	uipanel3	String→PD 控制器参数设置；FontName→楷体；FontSize→14；FontWeight→bold；ForegroundColor→[0，0.45，0.74]
	uipanel4	String→EKF 与敏感器参数设置；FontName→楷体；FontSize→14；FontWeight→bold；ForegroundColor→[0，0.45，0.74]
静态文本控件	text1	String→航天器转动惯量：；FontSize→14
	text2	String→初始真实角速度：；FontSize→14
	text3	String→初始真实姿态角：；FontSize→14
	text4	String→kg * m^2；FontSize→12
	text5	String→rad/s；FontSize→12
	text6	String→rad；FontSize→12
	text7	String→仿真时间：；FontSize→14
	text8	String→s ~ ；FontSize→12
	text9	String→s；FontSize→12
	text10	String→初始预估角速度：；FontSize→14
	text11	String→rad/s；FontSize→12
	text12	String→航天器质量：；FontSize→14
	text13	String→kg；FontSize→12
	text14	String→初始预估姿态角：；FontSize→14
	text15	String→rad；FontSize→12
	text16	String→初始天数：；FontSize→14
	text17	String→仿真步长：；FontSize→14
	text18	String→s；FontSize→12
	text19	String→轨道半长轴：；FontSize→14
	text20	String→轨道偏心率：；FontSize→14
	text21	String→轨道倾角：；FontSize→14
	text22	String→入轨升交点赤经：；FontSize→14
	text23	String→初始近地点幅角：；FontSize→14
	text24	String→初始真近点角：；FontSize→14

控件类型	控件 Tag 值	控件属性设置
静态文本控件	text25	String→km；FontSize→12
	text26	String→rad；FontSize→12
	text27	String→rad；FontSize→12
	text28	String→rad；FontSize→12
	text29	String→rad；FontSize→12
	text30	String→微分参数：；FontSize→14
	text31	String→比例参数：；FontSize→14
	text32	String→期望角速度：；FontSize→14
	text33	String→rad/s；FontSize→12
	text34	String→期望姿态角：；FontSize→14
	text35	String→rad；FontSize→12
	text36	String→环境噪声的标准差：；FontSize→14
	text38	String→陀螺仪的随机误差：；FontSize→14
	text40	String→星敏感器的安装矩阵：；FontSize→14
	text41	String→星敏感器的焦距：；FontSize→14
	text42	String→rad/s^2；FontSize→12
	text44	String→rad/s；FontSize→12
	text47	String→星敏感器的视场角：；FontSize→14
	text48	String→rad；FontSize→12
	text49	String→星敏感器的测量噪声：；FontSize→14
	text50	String→rad/s；FontSize→12
	text51	String→星敏感器的更新频率：；FontSize→14
	text52	String→s；FontSize→12
	text57	String→星敏感器的方向噪声：；FontSize→14
	text58	String→rad/s；FontSize→12
可编辑文本控件	edit1	String→[700 0 0；0 800 0；0 0 900]；FontSize→11；TooltipString→请输入符合 MATLAB 格式的 3×3 的矩阵
	edit2	String→[1；0.5；−0.5]＊pi/180；FontSize→11；TooltipString→请输入符合 MATLAB 格式的 3×1 的向量
	edit3	String→[1；0.5；−0.5]＊pi/180；FontSize→11；TooltipString→请输入符合 MATLAB 格式的 3×1 的向量
	edit4	String→0；FontSize→11

控件类型	控件 Tag 值	控件属性设置
可编辑文本控件	edit5	String→100；FontSize→11
	edit6	String→0；0；0；FontSize→11；TooltipString→请输入符合 MATLAB 格式的 3×1 的向量
	edit7	String→800；FontSize→11
	edit8	String→0；0；0；FontSize→11；TooltipString→请输入符合 MATLAB 格式的 3×1 的向量
	edit9	String→100；FontSize→11
	edit10	String→0.02；FontSize→11
	edit11	String→7471；FontSize→11
	edit12	String→0；FontSize→11
	edit13	String→86.4 ∗ pi/180；FontSize→11
	edit14	String→0；FontSize→11
	edit15	String→0；FontSize→11
	edit16	String→0；FontSize→11
	edit17	String→1000；FontSize→11
	edit18	String→100；FontSize→11
	edit19	String→0；0；0；FontSize→11；TooltipString→请输入符合 MATLAB 格式的 3×1 的向量
	edit20	String→0；0；0；FontSize→11；TooltipString→请输入符合 MATLAB 格式的 3×1 的向量
	edit21	String→5e－4；FontSize→11
	edit23	String→1e－5；FontSize→11
	edit25	String→[cos(pi/4) 0 －sin(pi/4);0 1 0;sin(pi/4) 0 cos(pi/4)] ∗ [1 0 0;0 cos(－pi/2) sin(－pi/2);0 －sin(－pi/2) cos(－pi/2)]；FontSize→11；TooltipString→请输入符合 MATLAB 格式的 3×3 的矩阵
	edit26	String→0.05；FontSize→11
	edit27	String→45 ∗ pi/180；FontSize→11
	edit28	String→5e－7；FontSize→11
	edit29	String→0.1；FontSize→11
	edit32	String→1e－5；FontSize→11
"运行"按钮	pushbutton1	String→ 运行；FontName → 楷体；FontSize → 16；FontWeight → bold；ForegroundColor→[0.68，0.92，1]

2. 程序设计

1）窗口 figure1 的 OutputFcn 函数

代码如下：

```
function varargout = AttitudeDetermination_OutputFcn( hObject,eventdata,handles)
% 弹出窗口时将窗口移动至屏幕中心
movegui( handles. figure1,'center');
set( handles. figure1,'Visible','on');
% 从句柄结构获取默认的命令行输出
varargout{1} = handles. output;
```

2）"运行" 按钮 pushbutton1 的 Callback 函数

代码如下：

```
function pushbutton1_Callback( hObject,eventdata,handles)
% ----------读取文件中的默认参数 ----------%
run AttiEst_parameter;
% ----------读取界面设置参数 ----------%
parameters. mb = str2num( get( handles. edit7,'string'));
parameters. Ib = str2num( get( handles. edit1,'string'));


% 仿真时间与步长,初值参数
w0 = str2num( get( handles. edit2,'string'));
theta0 = str2num( get( handles. edit3,'string'));          % 注:初始姿态值 ±1° 以内
wb_es = str2num( get( handles. edit6,'string'));
thetab_es = str2num( get( handles. edit8,'string'));
t0 = str2num( get( handles. edit4,'string'));
tf = str2num( get( handles. edit5,'string'));
steptime = str2num( get( handles. edit10,'string'));
parameters. t0_day = str2num( get( handles. edit9,'string')) * 24 * 3600;      % 春分日开始


% PD 控制器参数
parameters. kp = str2num( get( handles. edit18,'string'));
parameters. kd = str2num( get( handles. edit17,'string'));


% 目标姿态角与目标姿态角速度
parameters. thetabs = str2num( get( handles. edit20,'string'));
parameters. dthetabs = str2num( get( handles. edit19,'string'));
orbitpara. omega0 = ( orbitpara. mu/orbitpara. r^3)^0.5;       % 轨道角速率
parameters. orbitpara = orbitpara;


% EKF 初始化参数
EKFpara. W = str2num( get( handles. edit21,'string')) * ones(3,1);       % 环境噪声的标准差
```

```
EKFpara. Q = ( str2num( get( handles. edit21 ,'string' ) ) )^2 * eye( 3 ) ;        % 环境噪声( 对应 W)

% 陀螺仪 Kalman 滤波
EKFpara. Vg = str2num( get( handles. edit23 ,'string' ) ) * ones( 3,1 ) ;          % 陀螺随机误差标准差
EKFpara. R_gyros = ( str2num( get( handles. edit23 ,'string' ) ) )^2 * eye( 3 ) ;  % 陀螺仪测量噪声
P_gyro = ( str2num( get( handles. edit23 ,'string' ) ) )^2 * eye( 3 ) ;            % 陀螺仪 R0

% 恒星敏感器 Kalman 滤波
EKFpara. vx_star = str2num( get( handles. edit32 ,'string' ) ) ;                   % x 方向噪声  1e - 4
EKFpara. vy_star = str2num( get( handles. edit32 ,'string' ) ) ;                   % y 方向噪声
EKFpara. V_star = str2num( get( handles. edit32 ,'string' ) ) * ones( 2,1 ) ;
EKFpara. R_star = ( str2num( get( handles. edit28 ,'string' ) ) ) * eye( 3 ) ;     % 恒星敏感器测量噪声
P_star = ( str2num( get( handles. edit28 ,'string' ) ) ) * eye( 3 ) ;
EKFpara. tstar = str2num( get( handles. edit29 ,'string' ) ) ;                     % 更新频率
parameters. EKFpara = EKFpara ;

% 记录滤波初值到基础工作区
assignin( 'base','d_es',d_es ) ;
assignin( 'base','wb_es',wb_es ) ;
assignin( 'base','thetab_es',thetab_es ) ;
assignin( 'base','P_gyro',P_gyro ) ;
assignin( 'base','P_star',P_star ) ;

% ------ 利用 ode45 方法进行数值积分
x0 = [ w0 ;theta0 ;d0 ] ;                                                          % 仿真系统的状态量
global Wb_es Thetab_es parameters i Time ;
i = 1 ;                                                                            % 程序执行的步数,从 1 开始
k = 1 ;
t0 = parameters. t0 ;
tf = parameters. tf ;
[ t,x ] = ode45( @ fun_attitude,[ t0 tf ],x0 ) ;

% ------ 画图
others = [ Wb_es ;Thetab_es ] ;
DrawEKF( t,x,Time,others ) ;
```

其中,所使用到的函数包括 AttiEst_parameter、fun_attitude、WholeEKF_StarGyro、EKF_GyrosSensor、EKF_StarSensor、Star_FMatrix 和 DrawEKF,以及包括 across、cal_Abr、invCosMat 和 kinematics 在内的辅助计算函数,这些函数均与 4.4 节中的同名函数一致,此处不再赘述。

经过上述过程,完成了航天器姿态确定过程仿真的 GUI 设计与实现。按照 4.4 节中算例输入相关参数后,运行结果如图 4.18、图 4.19 所示。

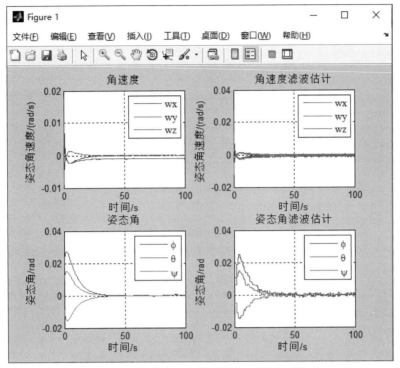

图 4.18 角速度与姿态角的真实值与预估值

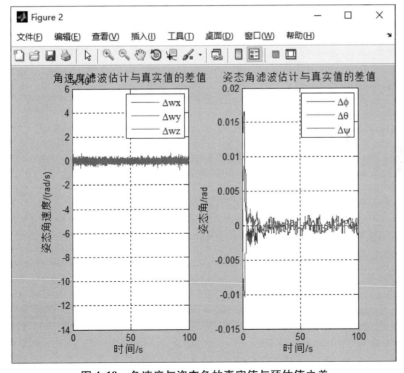

图 4.19 角速度与姿态角的真实值与预估值之差

参 考 文 献

［1］陈军．基于星敏感器/陀螺的卫星姿态确定技术研究［D］．长沙：国防科学技术大学,2013.

［2］柴毅．基于多敏感器的卫星在轨高精度姿态确定技术研究［D］．哈尔滨：哈尔滨工程大学,2018.

［3］周军．航天器控制原理［M］．西安：西北工业大学出版社,2001.

［4］柏林．三轴稳定卫星姿态确定和姿态控制系统研究［D］．西安：西北工业大学,2001.

［5］李东．皮卫星姿态确定与控制技术研究［D］．上海：中国科学院研究生院（上海微系统与信息技术研究所）,2005.

［6］屠斌杰．基于全景镜头的数字式太阳敏感器研究［D］．杭州：浙江大学,2011.

［7］ROGERS G D,SCHWINGER M R,KAIDY J T,et al. Autonomous star tracker performance［J］. Acta Astronautica,2009,65（1）:61 − 74.

［8］SUN T,XING F,YOU Z. Optical system error analysis and calibration method of high − accuracy star trackers［J］. Sensors,2013,13（4）:4598 − 4623.

［9］STANTON R H,HILL R E. CCD star sensor for fine pointing control of spaceborne telescopes［J］. Journal of Guidance Control & Dynamics,1979,3（2）:179 − 185.

［10］梁斌,朱海龙,张涛,等．星敏感器技术研究现状及发展趋势［J］．中国光学,2016（1）:16 − 29.

［11］王喧文．地磁场模型研究［J］．国际地震动态,2001（4）:1 − 4.

［12］林玉荣,邓正隆．基于矢量观测确定飞行器姿态的算法综述［J］．哈尔滨工业大学学报,2003（1）:39 − 46.

［13］WAHBA G. A least squares estimate of satellite attitude［J］. SIAM Review,1965,7（3）:409.

［14］张力军．基于多视场星敏感器的航天器姿态确定方法研究［D］．长沙：国防科学技术大学,2011.

［15］林玉荣．基于星敏感器确定卫星姿态的滤波算法研究［D］．哈尔滨：哈尔滨工业大学,2001.

［16］KALMAN R E. A new approach to linear filtering and prediction problems［J］. Journal of Basic Engineering Transactions,1960,82（1）:35 − 45.

［17］AUGER F,HILAIRET M,GUERRERO J M,et al. Industrial applications of the Kalman filter:a review［J］. IEEE Transactions on Industrial Electronics,2013,60（12）:5458 − 5471.

［18］BAR − ITZHACK I Y,DEUTSCHMANN J,MARKLEY F L. Quaternion normalization in additive EKF for spacecraft attitude determination［C］∥Navigation and Control Conference,1991.

［19］QI J,KAI S,WANG J,et al. Dynamic state estimation for multi − machine power system by unscented Kalman filter with enhanced numerical stability［J］. IEEE Transactions on Smart Grid,2018,9（2）:1184 − 1196.

［20］魏喜庆,宋申民．基于容积卡尔曼滤波的卫星姿态估计［J］．宇航学报,2013,34（2）:193 −

200.

[21]万莉,刘焰春,皮亦鸣. EKF、UKF、PF 目标跟踪性能的比较[J]. 雷达科学与技术,2007
(1):13－16.

[22] IWATA T, HOSHINO H, YOSHIZAWA T, et al. Precision attitude determination for the
advanced land observing satellite(ALOS):design,verification,and on－orbit calibration[C]//
AIAA Guidance,Navigation and Control Conference,Hilton Head, 2007:1－7.

[23]卢欣,武延鹏,钟红军,等. 星敏感器低频误差分析[J]. 空间控制技术与应用,2014,40
(2):1－7.

[24]BLARRE L,OUAKNINE J,ODDOS－MARCEL L,et al. High accuracy Sodern star trackers:
recent improvements proposed on SED36 and HYDRA star trackers[C]// AIAA Guidance,
Navigation,and Control Conference and Exhibit,2006:6046.

[25]SCHMIDT U,ELSTNER C,MICHEL K. ASTRO 15 star tracker flight experience and further
improvements towards the ASTRO APS star tracker[C]// AIAA Guidance,Navigation and
Control Conf. and Exhibit,Hawaii,2008:1－8.

[26]矫媛媛. 基于星敏感器/陀螺组合测量的卫星姿态确定方法研究[D]. 长沙:国防科学技
术大学,2007.

第5章

姿态控制执行机构的原理及仿真

目前，绝大多数航天器都采用主动姿态控制方式。主动姿态控制系统由敏感器、控制器和执行机构组成。敏感器的作用是测量航天器的姿态角和姿态角速度，可利用红外地平仪、太阳敏感器、陀螺仪等实现；控制器综合敏感器的测量信息，产生执行机构工作所遵循的控制规律，以保证系统的稳定性；执行机构根据控制器输出的指令控制信息产生控制航天器姿态运动的外力矩或内力矩，以控制调节航天器姿态到达要求给定姿态。

5.1　姿态控制执行机构

根据所采用执行机构的不同，主动姿态控制系统主要包括喷气式、角动量交换式和磁力矩式。喷气推力器通过喷出高速气体产生反作用力实现姿态控制。角动量交换装置包括飞轮和控制力矩陀螺，其利用角动量守恒原理，分别调整高速转子的转速和高速转子的框架角来产生控制力矩，以实现姿态控制。地磁力矩器通过改变自身磁矩，在地磁场的作用下产生控制力矩，以实现姿态控制。

推力器、飞轮和控制力矩陀螺是实际的航天器姿态控制应用中常用的执行机构。本章重点针对推力器、飞轮和控制力矩陀螺三种执行机构进行介绍；然后，设计各自的操纵律；最后，结合第2章介绍的姿态控制内容实现上述三种执行机构的姿态控制系统仿真。

5.1.1　推力器的特点与工作原理

推力器是目前航天器控制领域使用最广泛的执行机构之一[1]。根据牛顿第二定律，航天器在喷出高速气体时，会受到相应的反作用推力作用。若推力器安装使得推力方向通过航天器质心，则可以作为轨道控制执行机构；若推力方向不通过质心，就会产生力矩作用于航天器，则可以作为姿态控制执行机构。

根据产生推力所需能源的形式不同，质量排出型推力器可以分为化学推力器和电推力器。其中，化学推力器消耗的工质需由航天器从地面携带，有限且无法在轨补充；电推力器消耗电能，虽然电推力器相比化学推力器产生的推力较小，但其可以通过太阳能电池在轨补充，大大减少工质消耗量。因此，电推力器成为今后长寿命、高精度航天器推力器的一个重要发展方向[2]。

推力器有如下优点：

（1）推力器可以在任何轨道位置上工作，不受外界其他因素影响，因而推力器控制在航天器姿态控制系统中得到广泛应用。

（2）推力器可以实现三轴解耦姿态控制，控制逻辑简单灵活。

（3）喷气产生的力矩大，过渡过程时间短。相比之下，外部干扰力矩和内部干扰力矩比喷气反作用力矩小得多。因此，在姿态控制系统初步设计时，可以忽略干扰力矩的影响。

（4）推力器特别适用于非周期大干扰力矩的场合和工作寿命较短的低轨道航天器。

虽然推力器控制精度较低，而且化学推进存在消耗工质的缺点，但考虑到上述优点，推力器仍是姿态控制系统中的重要执行机构，适用于在各种轨道上运行的有各种指向要求的航天器，可用于航天器刚入轨后的消除初始姿态偏差、速率阻尼、姿态捕获、姿态机动，以及正常轨道运行期间和变轨发动机工作期间的姿态控制。对于长期任务的航天器来说，推力器常用作辅助系统，如飞轮或控制力矩陀螺的卸载。

推力器的喷嘴安装在与航天器质心有一定距离的位置，能够以相对喷气速度 v_e 排出工质流，若在 Δt 时间内喷出了质量为 Δm 的气体，便可产生推力 $F = \dfrac{\Delta m}{\Delta t} v_e$，并形成力矩 $T_c = Fl$ 作用于航天器，其中 l 是力臂。为了避免反作用喷气推力对航天器质心的轨道运动产生影响，推力器必须对称于质心成对安装。要想控制航天器对某一轴的姿态，就必须配备产生正向力矩与反向力矩的两对推力器。因此，对航天器进行三轴姿态控制，至少应对称安装 6 对喷嘴，如图 5.1 所示。

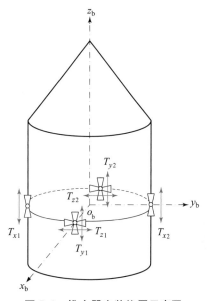

图 5.1　推力器安装位置示意图

5.1.2　飞轮的工作原理与输出力矩

本节假定航天器系统由高速转动部件与航天器本体组成，根据角动量守恒原理，若改变安装在航天器上的高速旋转部件的角动量（对于飞轮是改变转速），就会产生与刚体动量矩变化率成正比的力矩，作用于航天器本体上使其角动量相应变化，这一过程称为角动量交换[1]。依照这一原理所设计的角动量交换装置可用于航天器的姿态控制。

飞轮是一种通过轴承与卫星本体相连接的角动量交换装置，其转速可以通过电机控制，如图 5.2 所示。如果飞轮的转速可以正负改变，且平均动量矩为零，则称为反作用轮；如果飞轮的平均角动量是一个不为零的常值——偏置值，也就是说飞轮储存了较大的角动量，则称为动量轮或偏置动量轮。

假定一个刚体航天器上装有 n 个飞轮，则整个系统的角动量在本体坐标系 f_b 中可以写为

$$\boldsymbol{H} = \boldsymbol{I}_b \boldsymbol{\omega}_b + \boldsymbol{h}_w = \boldsymbol{I}_b \boldsymbol{\omega}_b + \sum_{j=1}^{n} \boldsymbol{h}_{wj} \quad (5.1)$$

式中，$\boldsymbol{I}_b$——计入飞轮惯量后的航天器常值惯量矩阵；

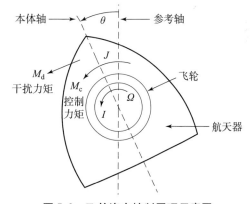

图 5.2　飞轮姿态控制原理示意图

$\boldsymbol{\omega}_{\mathrm{b}}$——航天器在本体坐标系 f_{b} 下表示的角速度分量列阵；

$\boldsymbol{h}_{\mathrm{w}}$——在本体坐标系 f_{b} 下表示的飞轮角动量。

将飞轮转子的横向转动惯量归并到航天器本体内，则反作用飞轮的绝对角动量写为

$$\sum_{j=1}^{n} \boldsymbol{h}_{wj} = \boldsymbol{C}\boldsymbol{I}_{\mathrm{w}}\boldsymbol{C}^{\mathrm{T}}\boldsymbol{\omega}_{\mathrm{b}} + \boldsymbol{C}\boldsymbol{I}_{\mathrm{w}}\boldsymbol{\Omega} \tag{5.2}$$

式中，$\boldsymbol{C}$——飞轮组的安装定常矩阵，表示了飞轮在本体坐标系中的安装方位，$\boldsymbol{C} = \begin{bmatrix} \boldsymbol{c}_1 & \boldsymbol{c}_2 & \cdots & \boldsymbol{c}_n \end{bmatrix}$，其中 $\boldsymbol{c}_j$ 表示第 j 个飞轮转速方向单位矢量在 f_{b} 中的分量列阵；

$\boldsymbol{I}_{\mathrm{w}}$——飞轮轴向转动惯量对角阵，$\boldsymbol{I}_{\mathrm{w}} = \mathrm{diag}(I_{\mathrm{w}1}, I_{\mathrm{w}2}, \cdots, I_{\mathrm{w}n})$；

$\boldsymbol{\Omega}$—— n 个反作用飞轮的转速列向量，$\boldsymbol{\Omega} = \begin{bmatrix} \Omega_1 & \Omega_2 & \cdots & \Omega_n \end{bmatrix}^{\mathrm{T}}$。

将式（5.2）代入式（5.1），可得系统绝对总角动量为

$$\boldsymbol{H} = \boldsymbol{I}_{\mathrm{t}}\boldsymbol{\omega}_{\mathrm{b}} + \boldsymbol{C}\boldsymbol{I}_{\mathrm{w}}\boldsymbol{\Omega} \tag{5.3}$$

式中，$\boldsymbol{I}_{\mathrm{t}}$——系统惯量矩阵，为常值，

$$\boldsymbol{I}_{\mathrm{t}} = \boldsymbol{I}_{\mathrm{b}} + \boldsymbol{C}\boldsymbol{I}_{\mathrm{w}}\boldsymbol{C}^{\mathrm{T}} \tag{5.4}$$

参考第 2 章介绍的单刚体航天器动力学建模过程，可得系统动力学方程为

$$\boldsymbol{I}_{\mathrm{t}}\dot{\boldsymbol{\omega}}_{\mathrm{b}} + \boldsymbol{C}\boldsymbol{I}_{\mathrm{w}}\dot{\boldsymbol{\Omega}} + \boldsymbol{\omega}_{\mathrm{b}}^{\times}(\boldsymbol{I}_{\mathrm{t}}\boldsymbol{\omega}_{\mathrm{b}} + \boldsymbol{C}\boldsymbol{I}_{\mathrm{w}}\boldsymbol{\Omega}) = \boldsymbol{T}_{\mathrm{d}} \tag{5.5}$$

式（5.5）还可写为

$$\boldsymbol{I}_{\mathrm{t}}\dot{\boldsymbol{\omega}}_{\mathrm{b}} + \boldsymbol{\omega}_{\mathrm{b}}^{\times}(\boldsymbol{I}_{\mathrm{t}}\boldsymbol{\omega}_{\mathrm{b}} + \boldsymbol{C}\boldsymbol{I}_{\mathrm{w}}\boldsymbol{\Omega}) = \boldsymbol{T}_{\mathrm{w}} + \boldsymbol{T}_{\mathrm{d}} \tag{5.6}$$

式中，$\boldsymbol{T}_{\mathrm{d}}$——外干扰力矩；

$\boldsymbol{T}_{\mathrm{w}}$——反作用飞轮输出的控制力矩，表达式为

$$\boldsymbol{T}_{\mathrm{w}} = -\boldsymbol{C}\boldsymbol{I}_{\mathrm{w}}\dot{\boldsymbol{\Omega}} \tag{5.7}$$

式（5.7）为带有 n 个反作用飞轮的刚体航天器姿态动力学方程。

5.1.3 控制力矩陀螺的工作原理与输出力矩

如果把恒速旋转的轮子装在框架上，而框架又可以相对于航天器本体转动，那么就得到了角动量的大小恒定不变而方向可变的角动量交换装置，这种装置称为控制力矩陀螺[1]。根据支承轮子的框架数量不同，控制力矩陀螺分为单框架控制力矩陀螺和双框架控制力矩陀螺。前者角动量的方向在一个平面内变化，后者角动量的方向可在三维空间中变化。

如果在控制力矩陀螺的基础上，轮子旋转的速度也可变化，即角动量的大小和方向均可变，这种飞轮称为框架动量轮，其也有单框架和双框架之分。

本节以对单框架控制力矩陀螺（single gimbal control moment gyroscope，SGCMG）为例，对控制力矩陀螺的工作原理进行简单说明，并推导其动力学方程。

SGCMG 一般由一个恒速转动的转子和支承转子的框架组成，其机械机构如图 5.3 所示。其中，$\vec{s}$ 为转子自旋轴方向，$\vec{g}$ 为框架轴转速方向，$\vec{t}$ 与输出力矩方向相反。转子自旋轴与框架轴正交安装，分别由转子电机和框架电机驱动。转子电机驱动转子绕自旋轴匀速旋转。框架电机根据控制指令，使框架绕固连于星体的框架轴以角速度 $\dot{\delta}$ 转动。框架轴的转动导致转子自旋轴方向改变，沿自旋轴的角动量方向发生改变，从而输出陀螺力矩。单个 SGCMG 只在与其框架轴垂直的平面内输出力矩，而为了实现三轴姿态控制，一般需要不少于 3 个 SGCMG 组成的陀螺群，通过调整各 SGCMG 的框架角来输出期望的控制力矩。

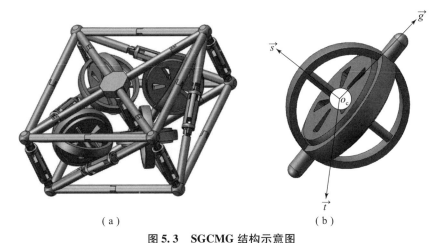

图 5.3　SGCMG 结构示意图

（a）机械结构；（b）单个 CMG 坐标系示意图

考虑内部装有 n 个单框架控制力矩陀螺的航天器，下面将利用动量矩定理得到系统的姿态动力学方程。如图 5.4 所示，单框架控制力矩陀螺的转子以正交方式安装在单轴框架上，框架轴与转子轴垂直，框架相对基座可以转动，提供一个控制自由度。定义第 i 个 SGCMG 的框架坐标系为 $f_{ci}(o_{ci}\,\vec{g_i}\;\vec{s_i}\;\vec{t_i})$，假设转子质心、框架质心和 SGCMG 形心重合，则认为原点在 SGCMG 质心处，坐标系各方向单位矢量分别为沿框架轴方向的 $\vec{g_i}$、沿转子自旋轴方向的 $\vec{s_i}$ 以及沿陀螺输出力矩反方向的 $\vec{t_i}$，且满足 $\vec{g_i} = \vec{s_i} \times \vec{t_i}$。以 $\dot{\delta_i}$ 和 $\varOmega_i$ 分别表示第 i 个 SGCMG 的框架角速度和转子转速，其中 $\dot{\delta_i}$ 为变量，$\varOmega_i$ 为常值。

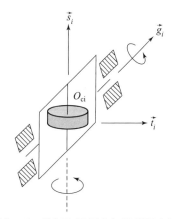

图 5.4　单框架控制力矩陀螺示意图

1. 转子角动量

定义 $\boldsymbol{I}_{wi}$ 为第 i 个 SGCMG 的转子相对 SGCMG 质心的惯量矩阵，且假设 $\boldsymbol{I}_{wi}$ 具有如下对角形式：

$$\boldsymbol{I}_{wi} = \mathrm{diag}(I_{wgi},I_{wsi},I_{wti}) \tag{5.8}$$

记转子相对惯性坐标系的角速度为 $\boldsymbol{\omega}_{wi}$，其在框架坐标系 $f_{ci}(o_{ci}\vec{g_i}\;\vec{s_i}\;\vec{t_i})$ 中可以写为

$$\boldsymbol{\omega}_{wi} = \begin{bmatrix} \omega_{wig} \\ \omega_{wis} \\ \omega_{wit} \end{bmatrix} = \begin{bmatrix} \dot{\delta_i} + \boldsymbol{g}_i^{\mathrm{T}}\boldsymbol{\omega}_{\mathrm{b}} \\ \varOmega_i + \boldsymbol{s}_i^{\mathrm{T}}\boldsymbol{\omega}_{\mathrm{b}} \\ \boldsymbol{t}_i^{\mathrm{T}}\boldsymbol{\omega}_{\mathrm{b}} \end{bmatrix} \tag{5.9}$$

式中，$\boldsymbol{\omega}_{\mathrm{b}}$——航天器相对惯性坐标系的角速度，在航天器本体坐标系 f_{b} 中表示，$\boldsymbol{\omega}_{\mathrm{b}} = \begin{bmatrix} \omega_{\mathrm{bx}} & \omega_{\mathrm{by}} & \omega_{\mathrm{bz}} \end{bmatrix}^{\mathrm{T}}$；

$\boldsymbol{g}_i,\boldsymbol{s}_i,\boldsymbol{t}_i$——单位矢量 $\vec{g_i}$、$\vec{s_i}$ 和 $\vec{t_i}$ 在航天器本体坐标系 f_{b} 中的列阵表示式。其中，$\boldsymbol{g}_i$ 为定常值，取决于第 i 个 SGCMG 的框架轴在本体坐标系 f_{b} 中的安装方位；$\boldsymbol{s}_i$ 和 $\boldsymbol{t}_i$ 为变量，可分别计算如下：

$$s_i = s_{i0} \cos \delta_i + t_{i0} \sin \delta_i \tag{5.10}$$

$$t_i = t_{i0} \cos \delta_i - s_{i0} \sin \delta_i \tag{5.11}$$

式中，s_{i0}, t_{i0} —— s_i 和 t_i 的初始值。

由式（5.10）和式（5.11）可知，转子 i 相对惯性坐标系的角动量可在框架坐标系 f_{ci} 中写为

$$\boldsymbol{h}_{\mathrm{w}i}^{\mathrm{c}} = \boldsymbol{I}_{\mathrm{w}i} \boldsymbol{\omega}_{\mathrm{w}i} = \begin{bmatrix} I_{\mathrm{w}gi}(\dot{\delta}_i + \boldsymbol{g}_i^{\mathrm{T}} \boldsymbol{\omega}_{\mathrm{b}}) \\ I_{\mathrm{w}si}(\Omega_i + \boldsymbol{s}_i^{\mathrm{T}} \boldsymbol{\omega}_{\mathrm{b}}) \\ I_{\mathrm{w}ti} \boldsymbol{t}_i^{\mathrm{T}} \boldsymbol{\omega}_{\mathrm{b}} \end{bmatrix} \tag{5.12}$$

2. 框架角动量

定义 $\boldsymbol{I}_{gi}$ 为第 i 个 SGCMG 的框架相对陀螺质心的惯量矩阵，且假设 $\boldsymbol{I}_{gi}$ 具有如下对角形式：

$$\boldsymbol{I}_{gi} = \mathrm{diag}(I_{ggi}, I_{gsi}, I_{gti}) \tag{5.13}$$

记框架相对惯性系的角速度为 $\boldsymbol{\omega}_{gi}$，其在框架坐标系 f_{ci} 中可以写为

$$\boldsymbol{\omega}_{gi} = \begin{bmatrix} \omega_{ggi} \\ \omega_{gsi} \\ \omega_{gti} \end{bmatrix} = \begin{bmatrix} \dot{\delta}_i + \boldsymbol{g}_i^{\mathrm{T}} \boldsymbol{\omega}_{\mathrm{b}} \\ \boldsymbol{s}_i^{\mathrm{T}} \boldsymbol{\omega}_{\mathrm{b}} \\ \boldsymbol{t}_i^{\mathrm{T}} \boldsymbol{\omega}_{\mathrm{b}} \end{bmatrix} \tag{5.14}$$

因此，框架相对陀螺质心的绝对角动量可在框架坐标系中写为

$$\boldsymbol{h}_{gi}^{\mathrm{c}} = \boldsymbol{I}_{gi} \boldsymbol{\omega}_{gi} = \begin{bmatrix} I_{ggi}(\dot{\delta}_i + \boldsymbol{g}_i^{\mathrm{T}} \boldsymbol{\omega}_{\mathrm{b}}) \\ I_{gsi} \boldsymbol{s}_i^{\mathrm{T}} \boldsymbol{\omega}_{\mathrm{b}} \\ I_{gti} \boldsymbol{t}_i^{\mathrm{T}} \boldsymbol{\omega}_{\mathrm{b}} \end{bmatrix} \tag{5.15}$$

3. 陀螺角动量

SGCMG 角动量即转子和框架角动量之和，由于两者均在框架坐标系中描述，因此第 i 个 SGCMG 的角动量可以写为

$$\boldsymbol{h}_{ci}^{\mathrm{c}} = \boldsymbol{h}_{\mathrm{w}i}^{\mathrm{c}} + \boldsymbol{h}_{gi}^{\mathrm{c}} = \begin{bmatrix} I_{cgi}(\dot{\delta}_i + \boldsymbol{g}_i^{\mathrm{T}} \boldsymbol{\omega}_{\mathrm{b}}) \\ I_{csi} \boldsymbol{s}_i^{\mathrm{T}} \boldsymbol{\omega}_{\mathrm{b}} + I_{\mathrm{w}si} \Omega_i \\ I_{cti} \boldsymbol{t}_i^{\mathrm{T}} \boldsymbol{\omega}_{\mathrm{b}} \end{bmatrix} = \begin{bmatrix} h_{cgi} \\ h_{csi} \\ h_{cti} \end{bmatrix} \tag{5.16}$$

式中，$I_{cgi}, I_{csi}, I_{cti}$ —— 惯量矩阵 $\boldsymbol{I}_{ci}$ 中的相应分量，也就是整个陀螺（包括框架和转子）绕陀螺体坐标系三轴的转动惯量，$\boldsymbol{I}_{ci} = \boldsymbol{I}_{gi} + \boldsymbol{I}_{\mathrm{w}i} = \mathrm{diag}(I_{cgi} \quad I_{csi} \quad I_{cti})$。

上述陀螺角动量是在框架坐标系中描述的，将其转换到航天器本体坐标系中为

$$\begin{aligned} \boldsymbol{h}_{ci} &= \boldsymbol{g}_i h_{cgi} + \boldsymbol{s}_i h_{csi} + \boldsymbol{t}_i h_{cti} \\ &= \boldsymbol{g}_i I_{cgi}(\dot{\delta}_i + \boldsymbol{g}_i^{\mathrm{T}} \boldsymbol{\omega}_{\mathrm{b}}) + \boldsymbol{s}_i I_{csi} \boldsymbol{s}_i^{\mathrm{T}} \boldsymbol{\omega}_{\mathrm{b}} + \boldsymbol{s}_i I_{\mathrm{w}si} \Omega_i + \boldsymbol{t}_i I_{cti} \boldsymbol{t}_i^{\mathrm{T}} \boldsymbol{\omega}_{\mathrm{b}} \end{aligned} \tag{5.17}$$

整个陀螺群由 n 个陀螺构成，则陀螺群的总角动量为

$$\boldsymbol{h}_{\mathrm{c}} = \sum_{i=1}^{n} \boldsymbol{h}_{ci} = \boldsymbol{A}_g \boldsymbol{I}_{cg} \boldsymbol{A}_g^{\mathrm{T}} \boldsymbol{\omega}_{\mathrm{b}} + \boldsymbol{A}_s \boldsymbol{I}_{cs} \boldsymbol{A}_s^{\mathrm{T}} \boldsymbol{\omega}_{\mathrm{b}} + \boldsymbol{A}_t \boldsymbol{I}_{ct} \boldsymbol{A}_t^{\mathrm{T}} \boldsymbol{\omega}_{\mathrm{b}} + \boldsymbol{A}_g \boldsymbol{I}_{cg} \dot{\boldsymbol{\delta}} + \boldsymbol{A}_s \boldsymbol{I}_{\mathrm{w}s} \boldsymbol{\Omega} \tag{5.18}$$

式中，$\dot{\boldsymbol{\delta}}$ —— 框架角速度向量，$\dot{\boldsymbol{\delta}} = \begin{bmatrix} \dot{\delta}_1 & \dot{\delta}_2 & \cdots & \dot{\delta}_n \end{bmatrix}^{\mathrm{T}}$；

$\boldsymbol{\Omega}$ —— 转子转速向量，$\boldsymbol{\Omega} = \begin{bmatrix} \Omega_1 & \Omega_2 & \cdots & \Omega_n \end{bmatrix}^{\mathrm{T}}$；

I_{c*}——SGCMGs（包括框架和转子）的转动惯量对角阵，$I_{c*} = \mathrm{diag}(I_{c*1}, I_{c*2}, \cdots, I_{c*n})$（$* = g, s, t$），其下标 g、s、t 分别代表框架角速度方向、转子转速方向和输出力矩反方向；

I_{ws}——SGCMGs 转子轴向转动惯量的对角阵，$I_{ws} = \mathrm{diag}(I_{ws1}, I_{ws2}, \cdots, I_{wsn})$；

A_g, A_s, A_t——SGCMGs 的框架角速度方向矩阵、转子转速方向矩阵和横向矩阵，$A_g = \begin{bmatrix} g_1 & g_2 & \cdots & g_n \end{bmatrix}$，$A_s = \begin{bmatrix} s_1 & s_2 & \cdots & s_n \end{bmatrix}$，$A_t = \begin{bmatrix} t_1 & t_2 & \cdots & t_n \end{bmatrix}$。其中，$A_g$ 为常值矩阵，A_s 和 A_t 是变量，随框架角变化而变化。

下面讨论 $\dot{A}_s$ 的表达式。

A_s 和 A_t 中的第 i 列分别表示 $\vec{s}_i$ 和 $\vec{t}_i$ 在航天器本体坐标系 f_b 中的列阵表示式，其具体形式如式（5.10）和式（5.11）所示，则对这两式求导可得

$$\begin{cases} \dot{s}_i = \dot{\delta}_i t_i \\ \dot{t}_i = -\dot{\delta}_i s_i \end{cases} \tag{5.19}$$

由此可得

$$\begin{cases} \dot{A}_s = A_t d[\dot{\delta}] \\ \dot{A}_t = -A_s d[\dot{\delta}] \end{cases} \tag{5.20}$$

算子 $d[x]$ 定义为如下对角阵：

$$d[x] = \mathrm{diag}(x_1, x_2, \cdots, x_n) \tag{5.21}$$

4. 系统动力学方程

整个系统的角动量在 f_b 中可以写为

$$H = I_b \omega_b + h_c = I_t \omega_b + A_g I_{cg} \dot{\delta} + A_s I_{ws} \Omega \tag{5.22}$$

式中，I_b——计入 SGCMGs 质量后的航天器常值惯量矩阵；

I_t——整个系统惯量矩阵，其随陀螺框架角变化而变化，可表示为

$$I_t = I_b + A_g I_{cg} A_g^T + A_s I_{cs} A_s^T + A_t I_{ct} A_t^T \tag{5.23}$$

假设航天器本体坐标系 f_b 的原点取在系统质心，则根据角动量定理可得系统动力学方程为

$$\dot{I}_t \omega_b + I_t \dot{\omega}_b + A_g I_{cg} \ddot{\delta} + A_t I_{ws} d[\Omega] \dot{\delta} + \omega_b^\times (I_t \omega_b + A_g I_{cg} \dot{\delta} + A_s I_{ws} \Omega) = T_d \tag{5.24}$$

而 $\dot{I}_t \omega_b$ 可以表示为

$$\dot{I}_t \omega_b = R_c(\omega_b) \dot{\delta} \tag{5.25}$$

式中，

$$R_c(\omega_b) = A_t(I_{cs} - I_{ct}) d[A_s^T \omega_b] + A_s(I_{cs} - I_{ct}) d[A_t^T \omega_b] \tag{5.26}$$

则带 n 个 SGCMGs 的刚体航天器系统动力学方程又可写为

$$I_t \dot{\omega}_b + \omega_b^\times (I_t \omega_b + A_s I_{ws} \Omega) = T_c + T_d \tag{5.27}$$

式中，T_c——SGCMGs 输出的控制力矩，表达式为

$$T_c = -(B\ddot{\delta} + C_1 \dot{\delta}) \tag{5.28}$$

式中，$B = A_g I_{cg}$；

$C_1 = C + R_c(\omega_b) + \omega_b^\times A_g I_{cg}$；

$C = A_t I_{ws} d[\Omega]$。

SGCMGs 的力矩方程如式（5.28）所示。其中，由 $\ddot{\delta}$ 产生的力矩通常远远小于由 $\dot{\delta}$ 产生

的力矩，而 C_1 中 ω_b 相比 Ω 也是小量。因此，忽略其中的小量，并假设陀螺群中各陀螺转子的标称角动量均为 h_0，得到简化后的 SGCMGs 力矩方程为

$$T_c = -h_0 A_t \dot{\boldsymbol{\delta}} \qquad (5.29)$$

5.2　推力器操纵律设计

5.2.1　推力器的工作原理

当航天器处于三轴稳定控制时，其三轴姿态角与三轴姿态角速度可视为小量，同时设参考坐标系的角速度远小于推力器的响应速度，因此在初步设计时，近似认为参考坐标系的角速度为零。在上述简化假设下，可近似认为航天器的角速度与姿态角对时间的导数相等，角速度的二次项可以忽略。在这种情况下，系统的动力学方程与运动学方程可写为

$$\begin{cases} I_x \dot{\omega}_{bx} = T_x, & \omega_{bx} = \dot{\varphi} \\ I_y \dot{\omega}_{by} = T_y, & \omega_{by} = \dot{\theta} \\ I_z \dot{\omega}_{bz} = T_z, & \omega_{bz} = \dot{\psi} \end{cases} \qquad (5.30)$$

由图 5.1 可见，系统三通道是完全解耦的，而且方程形式完全相同，因此三通道的控制方法也相同。为此，只需研究如下模型的控制律问题：

$$\begin{cases} \dot{\varphi} = \omega \\ \dot{\omega} = a \end{cases} \qquad (5.31)$$

式（5.31）是最简单的二阶系统。其中，φ 和 ω 是状态量，$a = a(t)$ 是控制量。于是姿态稳定问题可归结为：对任意给定的初始状态 φ_0 和 ω_0（均为小量），选择适当的控制量 $a = a(t)$，使 φ 和 ω 均趋于零。

如果控制量的选择不受任何限制，敏感器测得的 φ 和 ω 值也是准确的，则最方便的控制律可选为

$$a = -k(c\dot{\varphi} + \varphi) \qquad (5.32)$$

式中，k, c ——增益，是待定常数。

将式（5.32）代入式（5.31），可得

$$\ddot{\varphi} + kc\dot{\varphi} + k\varphi = 0 \qquad (5.33)$$

式（5.33）是典型的二阶线性系统，适当选择增益 k 和 c，便可使 φ 和 $\dot{\varphi}$ 趋于零。但是这种控制律要求控制量 $a(t)$ 是随时间 t 连续变化的量，即要求推力器能产生连续变化的推力。变推力推力器的研制与应用目前已有一定基础，文献［3］、［4］开展了 10 cm 口径连续变推离子推力器的工程产品研制，针对推力器的连续变推力特性及整星的高可靠、长寿命应用需求，对推力器的宽范围高精度推力调节特性、空间环境适应性及寿命特性进行了研究分析。当状态 φ 和 $\dot{\varphi}$ 的值很小时，要求推力器产生很小的推力，即很小的喷气量。然而，这样容易造成喷口的污染，影响阀门的气密性，加重泄漏问题。当前工程中使用的是开关型推力器，将控制量 $a(t)$ 近似为常值开关型的量。下面简单介绍开关型推力器的工作原理。

图 5.5 所示是推力器阀门结构原理。推力器不工作时，挡板在弹簧拉力作用下挡住气路。当航天器姿态有偏差时，测量得到的误差信息转换为控制信号 u，电磁铁对衔铁产生吸

引力。当吸引力超过弹簧拉力时，衔铁带动挡板把气路打开，推力器向外喷气并对航天器产生推力。当控制信号减至一定值时，电磁力小于弹簧拉力，衔铁回到原来的位置，气路被切断，推力器停止喷气，推力便为零。设阀门在控制信号的作用下是全开或全关的，衔铁的运动时间近似为零，推力仅取零值或额定的常值。由于阀门是一个电磁元件，因此开关信号 u 与作用力 F 之间的关系是非线性的，如图 5.6 所示。

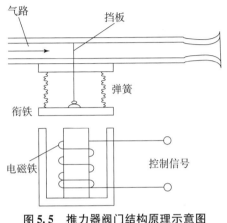

图 5.5 推力器阀门结构原理示意图

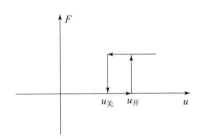

图 5.6 F 与 u 的非线性关系

（1）当控制信息 u 增至某一值 $u_开$ 时，阀门才能打开并产生推力。因此 $u < u_开$ 时，系统不工作。$u_开$ 称为电磁阀的门限信号。

（2）当控制信号 u 减至 $u_开$ 时，由于电磁铁的剩磁作用，衔铁并不立即释放；信号继续减至某一值 $u_关$ 时，衔铁才释放，把气路断开。这种开与关的信号不一致称为磁滞现象。$u_开$ 与 $u_关$ 之差称为滞宽。

产生正负方向控制力矩的两对推力器，其力矩 T_c 与控制信号 u 的关系如图 5.7 所示。如果用于反馈的信号仅是姿态角误差，即控制信号 u 正比于误差角 φ，则控制量 a 与误差角的关系如图 5.8 所示，相应的表达式为

$$a(t) = \begin{cases} -a_0, & \varphi \geqslant \varphi_开, \dot{\varphi} > 0 \text{ 或 } \varphi \geqslant \varphi_关, \dot{\varphi} < 0 \\ 0, & -\varphi_关 < \varphi < \varphi_开, \dot{\varphi} > 0 \text{ 或 } -\varphi_开 < \varphi < \varphi_关, \dot{\varphi} < 0 \\ a_0, & \varphi \leqslant -\varphi_开, \dot{\varphi} < 0 \text{ 或 } \varphi \leqslant -\varphi_关, \dot{\varphi} > 0 \end{cases} \quad (5.34)$$

式中，a_0——推力器工作时航天器产生的角加速度，为常值，$a_0 = \dfrac{|T_c|}{I}$。

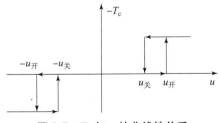

图 5.7 T_c 与 u 的非线性关系

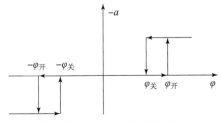

图 5.8 a 与 φ 的非线性关系

式（5.34）表明，推力器产生的控制量是一个开关函数，共有三挡——负开、关闭、正开。

5.2.2　相平面方法

研究非线性控制系统的常用分析方法是相平面图解法和描述函数法[5]。相平面是由姿态角和姿态角速度所组成的平面，相平面图解法就是研究系统在相平面中的运动轨迹。这种方法对于研究较简单的低阶非线性系统具有简单和直观的优点。

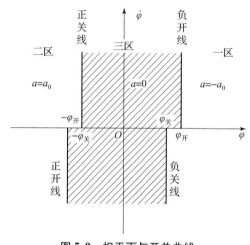

图 5.9　相平面与开关曲线

对于两个状态量的开关控制律，用相平面方法可以得到非常直观的效果。相平面以 φ 为横坐标，$\dot{\varphi}$ 为纵坐标。相平面内任一相点（φ，$\dot{\varphi}$）表示航天器姿态的一种状态。下面先用相平面方法来表示式（5.34）的开关控制。

如图 5.9 所示，式（5.34）把相平面分为 3 个区：

一区：$a = -a_0$，表示状态量（$\varphi,\dot{\varphi}$）进入该区时，产生负向力矩的推力器打开。

二区：$a = a_0$，表示状态量（$\varphi,\dot{\varphi}$）进入该区时，产生正向力矩的推力器打开。

三区：$a = 0$，表示状态量（$\varphi,\dot{\varphi}$）进入该区时，系统不工作。

3 个区的交界线是 4 条半直线，分别称为负开线、负关线、正开线和正关线。当相点经过负开线进入一区时，产生负向力矩的推力器打开；当相点经过负关线进入三区时，产生负向力矩的推力器关闭。正开线与正关线也有相同的含义。因此，4 条半直线又称为开关曲线。

在控制作用下，可对各区内相点的运动轨迹作如下分析：

（1）一区，$a = -a_0$。由式（5.31）可得

$$\begin{cases} \ddot{\varphi} = -a_0 \\ \dot{\varphi}^2 = -2a_0\varphi + c \end{cases} \tag{5.35}$$

式（5.35）表示相点轨迹是一族抛物线，各抛物线形状相同，且对称于 φ 轴，如图 5.10 所示。在相平面内任一点（$\varphi,\dot{\varphi}$），必有一条且只有一条抛物线通过，此抛物线对应于式（5.35）中参数 c 为某一值。相点在轨线上的走向是从上而下。

（2）二区，$a = a_0$。由式（5.31）可得

$$\begin{cases} \ddot{\varphi} = a_0 \\ \dot{\varphi}^2 = 2a_0\varphi + c \end{cases} \tag{5.36}$$

其抛物线族如图 5.11 所示。相点在轨迹上的走向是从下而上。

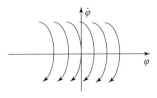

图 5.10　一区相点轨迹

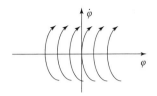

图 5.11　二区相点轨迹

（3）三区，$a = 0$。同理，可得

$$\begin{cases} \ddot{\varphi} = 0 \\ \dot{\varphi} = c \end{cases} \tag{5.37}$$

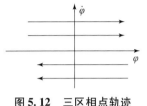

图 5.12　三区相点轨迹

轨线如图 5.12 所示，为平行于 φ 轴的直线族。相点在轨线上的走向，上半平面是由左向右，下半平面是由右向左。

根据上述分析的各区中相点运动的规律及开关曲线的性质，现在考虑任一初始相点 $(\varphi_0, \dot{\varphi}_0)$，式（5.34）的控制作用下的运动轨线。图 5.13 的初始相点 $(\varphi_0, \dot{\varphi}_0)$ 任意设在一区。相点先沿一区的轨线到达负关线的点 A_1 后进入三区，接着沿三区的轨线到达正开线的点 A_2 后进入二区，然后沿二区的轨线到达正关线的点 A_3 后又进入三区。在控制作用下，相点沿着一个弧段接着一个弧段地向前推进。

由图 5.13 可知，相点在式（5.34）的控制作用下，轨线是向外发散的，即每循环一周相点 $(\varphi, \dot{\varphi})$ 距原点 O 更远，因此用这样的控制律达不到消除状态偏差的目的。轨线发散是推力器阀门的滞宽造成的，使得 I 和 III 象限的加速时间短于 II 和 IV 象限的加速时间。不难看出，要使轨线收敛，必须减少 II 和 IV 象限的加速时间。

为了使轨线收敛，可对上述控制律加以简单的修改。把图 5.9 所示的开关曲线按逆时针方向旋转一个角度，如图 5.14 所示。

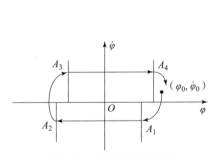

图 5.13　受控相点的轨迹

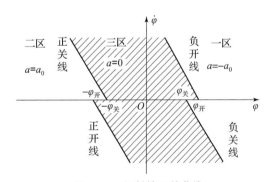

图 5.14　倾斜的开关曲线

相应的开关曲线方程变为

$$\varphi + \tau\dot{\varphi} = \begin{cases} d, & \text{负开线} \\ d - \delta, & \text{负关线} \\ -d, & \text{正开线} \\ -(d - \delta), & \text{正关线} \end{cases} \tag{5.38}$$

式中，τ——开关曲线的斜率，是一个可供设计选择的参数；

d, δ——电磁阀的门限值、滞宽，

$$\begin{cases} d = \varphi_{\text{开}} \\ \delta = \varphi_{\text{开}} - \varphi_{\text{关}} \end{cases} \tag{5.39}$$

各区内的轨线方程与式（5.35）～式（5.37）相同。

图 5.14 对应的控制律为

$$a(t) = \begin{cases} -a_0, & \varphi + \tau\dot{\varphi} \geqslant d, \dot{\varphi} > 0 \text{ 或 } \varphi + \tau\dot{\varphi} \geqslant d - \delta, \dot{\varphi} < 0 \\ 0, & -(d - \delta) < \varphi + \tau\dot{\varphi} < d, \dot{\varphi} > 0 \text{ 或 } -d < \varphi + \tau\dot{\varphi} < d - \delta, \dot{\varphi} < 0 \\ a_0, & \varphi + \tau\dot{\varphi} \leqslant -d, \dot{\varphi} < 0 \text{ 或 } \varphi + \tau\dot{\varphi} \leqslant -(d - \delta), \dot{\varphi} > 0 \end{cases} \tag{5.40}$$

对于任一给定的初始相点 $(\varphi_0, \dot{\varphi}_0)$，易得相点在式（5.40）控制下的轨线图，如图 5.15 所示。由图 5.15 可以看出，在倾斜开关曲线的相平面内，相点的轨线是收敛的。但是受电磁阀的门限与滞宽的影响，轨线最后不是收敛于原点，而是收敛于一条闭合曲线，即极限环，如图 5.16 所示。这是因为，相点在各区之间循环运动的过程中，在各象限的加速时间的差别越来越小，最后趋于相等，轨线逐渐闭合成极限环。

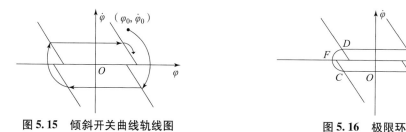

图 5.15　倾斜开关曲线轨线图　　　　图 5.16　极限环

图 5.16 中的极限环 $AEBCFD$ 具有对轴 φ 与轴 $\dot{\varphi}$ 的对称性，即

$$\begin{cases} \varphi_A = \varphi_B = -\varphi_C = -\varphi_D = \varphi_R \\ \dot{\varphi}_A = -\dot{\varphi}_B = -\dot{\varphi}_C = \dot{\varphi}_D = \dot{\varphi}_R \end{cases} \tag{5.41}$$

极限环参数 $(\varphi_R, \dot{\varphi}_R)$ 取决于电磁阀参数 d 和 δ，以及开关曲线的斜率 τ。将图 5.16 中点 A 和点 B 的坐标代入式（5.38），即得 φ_R 和 $\dot{\varphi}_R$ 满足如下方程：

$$\begin{cases} \varphi_R + \tau\dot{\varphi}_R = d \\ \varphi_R - \tau\dot{\varphi}_R = d - \delta \end{cases} \tag{5.42}$$

解得

$$\begin{cases} \varphi_R = d - \dfrac{\delta}{2} \\ \dot{\varphi}_R = \dfrac{\delta}{2\tau} \end{cases} \tag{5.43}$$

极限环的另一个重要参数是 $\varphi_E (= -\varphi_F)$，由于点 E 是在一区内，其轨线方程为 $\dot{\varphi}^2 = -2a_0\varphi + c$，如以点 A 的坐标 $(\varphi_R, \dot{\varphi}_R)$ 代入，得

$$\dot{\varphi}^2 = -2a_0\varphi + \dot{\varphi}_R^2 + 2a_0\varphi_R \tag{5.44}$$

由于 $\dot{\varphi}_E = 0$，故得

$$\varphi_E = \varphi_R + \frac{\dot{\varphi}_R^2}{2a_0} = d + \frac{\delta}{2}\left(\frac{\delta}{4a_0\tau^2} - 1\right) \tag{5.45}$$

如果考虑到 δ 是很小值，可近似得 $\varphi_E = d$。因此，极限环可近似表示为如下长方形：

$$\begin{cases} \varphi_E = d \\ \dot{\varphi}_R = \dfrac{\delta}{2\tau} \end{cases} \tag{5.46}$$

由以上分析可知，当初始相点（$\varphi_0, \dot{\varphi}_0$）位于极限环外部时，在推力器的控制作用下，可将相点最后控制到极限环上，但不能进入极限环内部。当初始相点位于极限环内部时，推力器不工作。因此极限环内部是无控区，可称为死区。死区的范围可近似用式（5.46）表示，φ_E 称为死区宽度，$\dot{\varphi}_R$ 称为死区高度。

由于极限环是描述相点在开关控制作用下的稳态过程，因此如何选择与设计极限环的大小与形状是非常重要的。对式（5.40）的控制律来说，则是要合理选择死区的范围。

要提高控制精度就要减小死区范围，为此必须减小门限值 d 和滞宽 δ，并增大开关曲线斜率 τ 的值。此外，考虑到要维持相点在极限环上的运动，推力器系统还需间断地工作，因此还希望维持极限环的推进剂最省。节省推进剂的方法是增加停机的时间。由图 5.16 可看出，要想极限环有狭长的形状，即加大死区宽度与减小死区高度。因此，必须依据精度与推进剂的相应指标对门限值 d 进行折中选择。

5.3　飞轮的操纵律设计

5.3.1　飞轮组的构型

目前经常采用的飞轮组构型有三正交构型、三正交加一斜装构型、四斜装构型、五斜装构型等。

三正交构型通常是在航天器的 3 个主惯量轴上各安装 1 个反作用飞轮，且 3 个飞轮相互正交，其构型如图 5.17 所示。在这种构型下，3 个飞轮的角动量分别与航天器的 3 个主惯量轴平行，由此 3 个飞轮分别独立地吸收滚转轴、俯仰轴和偏航轴上的外扰角动量。三正交飞轮组的安装矩阵 $\boldsymbol{C}$ 表示为

$$\boldsymbol{C} = \begin{bmatrix} 1 & 0 & 0 \\ 0 & 1 & 0 \\ 0 & 0 & 1 \end{bmatrix} \tag{5.47}$$

在三正交飞轮系统中，如果其中一个飞轮出现故障，系统将转变为欠驱动系统，无法实现三轴姿态控制。最简单的备份方法是在与航天器的 3 个主惯量轴成等角的方向上安装第 4 个飞轮，构成三正交加一斜装构型，如图 5.18 所示。此时，一旦 3 个正交轮中有一个失效，

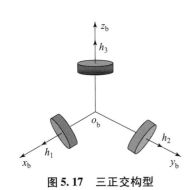

图 5.17　三正交构型　　　　　图 5.18　三正交加一斜装构型

便启动斜装轮。在三正交加一斜装构型中，第 4 个飞轮的角动量 h_4 在 3 个坐标轴上的分量都应相等，即 $h_{4x} = h_{4y} = h_{4z} = \dfrac{1}{\sqrt{3}} \cdot h_4$，因此斜装角 $\alpha = \arccos \dfrac{1}{\sqrt{3}} = 54.74°$。该飞轮组的安装矩阵 $\boldsymbol{C}$ 表示为

$$\boldsymbol{C} = \begin{bmatrix} 1 & 0 & 0 & \dfrac{1}{\sqrt{3}} \\ 0 & 1 & 0 & \dfrac{1}{\sqrt{3}} \\ 0 & 0 & 1 & \dfrac{1}{\sqrt{3}} \end{bmatrix} \tag{5.48}$$

另一种更一般且合理的备份方法是将 4 个飞轮都斜装[6]，其结构安装如图 5.19 所示。各飞轮角动量与俯仰轴夹角都是 α。角动量 h_1 和 h_3 在同一平面内，h_2 和 h_4 在同一平面内，这两个平面与滚转偏航平面的交线分别与滚转轴 x_b 和偏航轴 z_b 的夹角都为 β。根据上述安装情况，这种飞轮组的安装矩阵 $\boldsymbol{C}$ 可表示为

$$\boldsymbol{C} = \begin{bmatrix} \sin\alpha\cos\beta & \sin\alpha\sin\beta & -\sin\alpha\cos\beta & -\sin\alpha\sin\beta \\ \cos\alpha & \cos\alpha & \cos\alpha & \cos\alpha \\ -\sin\alpha\sin\beta & \sin\alpha\cos\beta & \sin\alpha\sin\beta & -\sin\alpha\cos\beta \end{bmatrix} \tag{5.49}$$

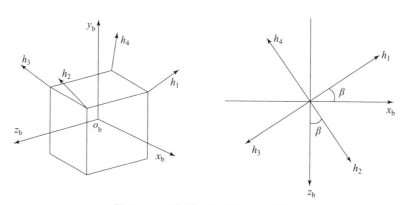

图 5.19　四斜装反作用飞轮构型图

对于三正交飞轮组，由于其 3 个飞轮分别沿航天器的 3 个主惯量轴安装，因此如果任意失效一个飞轮，系统便失去三轴控制能力，由此可知，其冗余度 $R = 0$。对于三正交加一斜装飞轮组，一旦 3 个正交轮中有一个失效，便启动斜装飞轮，因此其冗余度 $R = 1$。同理，四斜装飞轮组的冗余度也为 $R = 1$。

5.3.2　操纵律设计分析

对于使用反作用飞轮作为姿态控制执行机构的航天器，通过姿态控制律得到航天器三轴期望的控制力矩需由飞轮组实现。飞轮操纵律要解决的就是将指令控制力矩分配给飞轮组中的每个飞轮，实际上也就是要解算得到每个飞轮的指令角加速度，从而使得当驱动各个飞轮按指令运转时，飞轮组输出的合成力矩能等于期望的控制力矩。

式（5.7）给出了飞轮组的控制力矩方程，可将其改写为

$$T_c = -C_w \dot{\Omega} \tag{5.50}$$

式中，$\dot{\Omega}$——飞轮组中各个飞轮角加速度组成的列向量，$\dot{\Omega} = \begin{bmatrix} \dot{\Omega}_1 & \dot{\Omega}_2 & \cdots & \dot{\Omega}_n \end{bmatrix}^T$；

C_w——安装矩阵，$C_w = CI_w$。

在得到所需的指令控制力矩 T_c 后，操纵律的设计就是要根据飞轮组的构型（即安装矩阵 C_w），从力矩方程（式（5.50））中解算出每个飞轮的指令角加速度。以下将针对飞轮组的不同安装方式进行具体操纵律的设计。

对于三正交构型，有

$$C_w = CI_w = \begin{bmatrix} I_{w1} & 0 & 0 \\ 0 & I_{w2} & 0 \\ 0 & 0 & I_{w3} \end{bmatrix} \tag{5.51}$$

此时安装矩阵为 3×3 的满秩矩阵，则通过对其求逆就可以直接得到飞轮的指令角加速度，由此得到操纵律为

$$\dot{\Omega} = -C_w^{-1} T_c \tag{5.52}$$

将其展开可得

$$\dot{\Omega}_1 = -\frac{T_{cx}}{I_{w1}}, \quad \dot{\Omega}_2 = -\frac{T_{cy}}{I_{w2}}, \quad \dot{\Omega}_3 = -\frac{T_{cz}}{I_{w3}} \tag{5.53}$$

由式（5.53）可知，对于三正交飞轮组，由于 3 个飞轮分别沿航天器的 3 个主惯量轴安装，因此 3 个飞轮完全可以根据各自轴上的指令力矩，相互独立地改变转速，从而实现对各自轴的姿态控制。

当飞轮组中飞轮的个数 $n \geq 4$ 时，由于此时安装矩阵为 $3 \times n$，控制量的维数大于控制维数，因此满足力矩方程（式（5.50））的解有多组，也就是说，将指令力矩分配到 n 个飞轮的分配方式有多种。但如果要求分配方式使某个指标达到最优值（如使能耗最小），则在数学上就归结为在满足式（5.7）的约束条件下，使指标函数 J 极小，即

$$J = \dot{\Omega}^T \dot{\Omega} \tag{5.54}$$

J 取式（5.54）的形式是因为能耗与转速的平方成正比。这是一个有约束条件的函数极值问题，实际上是求最小范数解。其求解方法同式（5.50）的求解，根据伪逆（广义逆定理），可得上述问题的解为

$$\dot{\Omega} = -C_w^+ T_c = -C_w^T (C_w C_w^T)^{-1} T_c \tag{5.55}$$

式（5.55）即采取 $n \geq 4$ 个飞轮时能耗最小的操纵律。

当飞轮的个数 $n \geq 4$ 时，上述操纵律还可进一步写成

$$\dot{\Omega} = -C_w^T (C_w C_w^T)^{-1} T_c + S_1 u_1 \tag{5.56}$$

式中，u_1——n 维待定矢量；

$$S_1 = I_n - C_w^T (C_w C_w^T)^{-1} C_w \tag{5.57}$$

将式（5.57）代入 $C_w S_1 u_1$ 可知，$C_w S_1 u_1 = 0$，因此 $S_1 u_1$ 不产生控制力矩，可将其称为零运动。零运动的作用是通过调节飞轮组中各飞轮的转速变化，重新合理地分配各飞轮的角动量，而不影响总的控制力矩输出，这种操作称为动量管理。

5.3.3 飞轮的卸载

对于在轨飞行的航天器，最有效的卸载办法是采用喷气卸载。一方面，磁力矩器仅能提

供与当地磁场垂直的控制力矩，可能无法彻底对反作用轮进行卸载；另一方面，磁力矩器输出力矩的幅值较小，若反作用轮在短时间内达到饱和，就很难用磁力矩器对飞轮进行卸载[7]。由于喷气卸载具有卸载效率高、输出力矩自由的优点，因此接下来将对喷气卸载控制律进行介绍。

进行喷气卸载时，航天器的姿态动力学方程可由式（5.6）改写为

$$I_t\dot{\boldsymbol{\omega}}_b + \boldsymbol{\omega}_b^{\times}(I_t\boldsymbol{\omega}_b + CI_w\boldsymbol{\Omega}) = \boldsymbol{T}_w + \boldsymbol{T}_j + \boldsymbol{T}_d \tag{5.58}$$

由于此时执行机构包括喷气发动机与飞轮组，因此由式（5.58）可见，控制力矩包括飞轮组的输出力矩 $\boldsymbol{T}_w$ 和喷气卸载力矩 $\boldsymbol{T}_j$。

某一时刻，当任一飞轮的转速达到饱和值或者任一轴的角动量达到饱和值时，喷气系统开始工作，提供卸载力矩，直到三轴角动量达到标称角动量时停止喷气。考虑到在卸载过程中航天器处于稳定状态，而且外干扰力矩远小于喷气力矩，因此式（5.58）可以简化为

$$\dot{\boldsymbol{h}} = \boldsymbol{T}_j \tag{5.59}$$

式中，$\boldsymbol{h}$——飞轮组相对于航天器本体的相对角动量，$\boldsymbol{h} = \begin{bmatrix} h_x & h_y & h_z \end{bmatrix}^T = CI_w\boldsymbol{\Omega}$。

航天器在进行三轴姿态控制时，需要将飞轮组的某一饱和状态的角动量 $\begin{bmatrix} h_x & h_y & h_z \end{bmatrix}$ 卸载到标称角动量 $\begin{bmatrix} h_{x0} & h_{y0} & h_{z0} \end{bmatrix}^T$，三轴所需的喷气时间为

$$\begin{cases} t_x = \dfrac{|h_{x0} - h_x|}{T_{jx}} \\[3mm] t_y = \dfrac{|h_{y0} - h_y|}{T_{jy}} \\[3mm] t_z = \dfrac{|h_{z0} - h_z|}{T_{jz}} \end{cases} \tag{5.60}$$

式中，T_{jx}, T_{jy}, T_{jz}——喷气执行机构在三轴所能提供的力矩。三轴喷气的正负向分别由 $-h_{x0} + h_x$，$-h_{y0} + h_y$，$-h_{z0} + h_z$ 的正负号来确定。

在喷气卸载过程中，由于飞轮组的角动量需要卸载到标称角动量，而且喷气发动机的工作将对航天器姿态造成一定扰动，因此航天器姿态会出现偏差。由式（5.56）所求出的时间为各轴需要喷气的总时间，具体进行卸载时，可以采用脉冲信号进行卸载，并根据实际系统调节脉冲周期与脉宽比。

5.4　SGCMGs 的操纵律设计

5.4.1　SGCMGs 的构型分析

分析评价常见的单框架控制力矩陀螺系统的构型要有指标依据，现在最常见的判定构型设计是否合理的定量指标为效益指标[8]。

对于成对安装形式，主要有 4 个 SGCMG 的双平行构型、6 个 SGCMG 的三平行构型。对于非成对对称安装形式，主要有 4 个 SGCMG 金字塔构型、4 个 SGCMG 四面体构型、5 个 SGCMG 五面锥构型、5 个 SGCMG 四棱锥构型和 6 个 SGCMG 五棱锥构型等。以下对几种主要构型进行具体介绍。

双平行构型设置 4 个陀螺，陀螺框架轴两两平行，又分别与星体轴 $\vec{y}_b$、$\vec{z}_b$ 轴平行，如图

5.20 所示。

三平行构型共设置 6 个陀螺，陀螺框架轴两两平行，分别与星体的 $\vec{x}_b$、$\vec{y}_b$、$\vec{z}_b$ 轴平行，如图 5.21 所示。

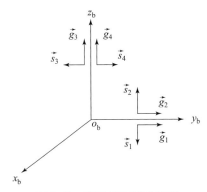

图 5.20　双平行构型示意图

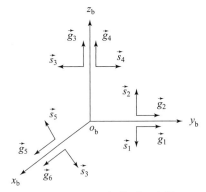

图 5.21　三平行构型示意图

四面体构型设置 4 个控制陀螺，这 4 个陀螺的框架轴垂直于正四面体的 4 个面，为保证三轴的角动量相等，可得到四面体的各个面倾角为 $\beta = 70.53°$。

金字塔构型设置 4 个控制陀螺，其框架轴分别垂直于金字塔的 4 个侧面，为保证三轴的角动量相等，可得到金字塔面的倾角为 $\beta = 53.1°$。具体安装如图 5.22 所示。

四棱锥构型设置 5 个控制陀螺，其构型是在金字塔构型中增加一个 SGCMG，其框架轴平行于塔顶轴，与塔底面垂直。为获得对称的动量体包络，金字塔面的倾角为 $\beta = 68.7°$。

五面锥构型设置 5 个控制陀螺，这 5 个陀螺的框架轴垂直于正五面锥的 5 个侧面，为获得对称的动量体包络，五面锥的锥体边与底面之间的夹角为 $60.42°$。

五棱锥构型由 6 个控制陀螺组成，它们被分别安装在正十二面体相邻的 6 个侧面上，任意相邻两面的夹角为 $116.51°$，各陀螺的框架轴对称分布，分别垂直于其所在的侧面。系统构型如图 5.23 所示。

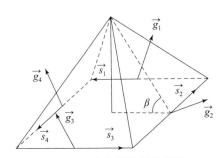

图 5.22　金字塔构型示意图

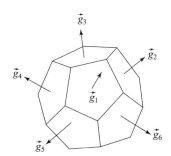

图 5.23　五棱锥构型示意图

根据上述分析，可以得到以下结论：

（1）一般来说，对于成对安装形式和非成对对称安装形式，随着 SGCMG 数量的增多，系统的构型效率提升，而奇异面的复杂程度随之增加，从而增加了操纵律设计的困难。

（2）在选择 SGCMG 数量相同的情况下，SGCMG 系统构型中成对安装形式较非成对对称安装形式的各种构型效益都略低，但是其奇异面的复杂程度较小，操纵方便。

5.4.2　SGCMGs 的操纵律设计

SGCMGs 的操纵律设计目的是根据各框架转角的现有状态，通过合理分配各框架转速指令，使陀螺群的输出力矩与航天器姿态控制系统要求的指令力矩相等。由于框架角速度 $\dot{\boldsymbol{\delta}}$ 的维数大于控制自由度数，且受到构型的约束，因此框架角速度的求解不是唯一的。而且，在进行操纵律设计（即求解 $\dot{\boldsymbol{\delta}}$）的过程中，还必须考虑 SGCMGs 的奇异问题，以避免在操纵过程中，SGCMGs 陷入奇异框架角组合[8]。

SGCMGs 的力矩方程如式（5.28）所示，而为了方便奇异分析和操纵律的设计，在进行操纵律设计时采用简化后的力矩方程（式（5.29））。根据式（5.29）中输出力矩系数 $\boldsymbol{A}_t$ 的几何意义，框架构型奇异相应于矩阵 $\boldsymbol{A}_t$ 的秩小于 3 的情况，即 $\mathrm{rank}(\boldsymbol{A}_t) < 3$，或者行列式 $\det(\boldsymbol{A}_t\boldsymbol{A}_t^{\mathrm{T}}) = 0$。因此可以定义 SGCMGs 的奇异度量为

$$D = \det(\boldsymbol{A}_t\boldsymbol{A}_t^{\mathrm{T}}) \tag{5.61}$$

可以证明，仅在所有奇异点处，$D = 0$；对于其他任意框架角的组合，D 恒为正值。D 的值越大，表明框架构型越远离奇异状态。由此在实际控制中可根据 D 值实时地对框架构型进行评估，判断其是否处于、接近或远离奇异状态。

以下介绍常用的 SGCMGs 操纵律伪逆加零运动操纵律。

力矩方程（式（5.29））的解有两部分：

$$\dot{\boldsymbol{\delta}} = \dot{\boldsymbol{\delta}}_{\mathrm{T}} + \dot{\boldsymbol{\delta}}_{\mathrm{N}} \tag{5.62}$$

式中，$\dot{\boldsymbol{\delta}}_{\mathrm{T}}$ ——有控制力矩输出的框架转速指令；

$\dot{\boldsymbol{\delta}}_{\mathrm{N}}$ ——空转指令。

$\dot{\boldsymbol{\delta}}_{\mathrm{T}}$ 和 $\dot{\boldsymbol{\delta}}_{\mathrm{N}}$ 满足以下方程：

$$\begin{cases} \boldsymbol{A}_t\dot{\boldsymbol{\delta}}_{\mathrm{T}} = -\boldsymbol{T}_c/h_0 \\ \boldsymbol{A}_t\dot{\boldsymbol{\delta}}_{\mathrm{N}} = \boldsymbol{0} \end{cases} \tag{5.63}$$

（1）求解 $\dot{\boldsymbol{\delta}}_{\mathrm{T}}$。

由于控制量的维数大于控制的自由度数，其解不唯一，因此可以根据需要确定性能指标，然后求得相应的最优解。优化指标为

$$\begin{aligned} &\min = Q \\ &\mathrm{s.\,t.\ } \frac{1}{2}\dot{\boldsymbol{\delta}}_{\mathrm{T}}^{\mathrm{T}}\dot{\boldsymbol{\delta}}_{\mathrm{T}} \end{aligned} \tag{5.64}$$

式（5.29）所示的力矩方程在这里相当于约束条件。为求得满足以上两式的 $\dot{\boldsymbol{\delta}}_{\mathrm{T}}$ 的解，在此引入乘子 $\boldsymbol{\lambda}$，可将上述具有等式约束的最优问题转化为指标函数的极值问题，即

$$J(\dot{\boldsymbol{\delta}}_{\mathrm{T}}) = \frac{1}{2}\dot{\boldsymbol{\delta}}_{\mathrm{T}}^{\mathrm{T}}\dot{\boldsymbol{\delta}}_{\mathrm{T}} + \boldsymbol{\lambda}^{\mathrm{T}}\left(\frac{\boldsymbol{T}_c}{h_0} + \boldsymbol{A}_t\dot{\boldsymbol{\delta}}_{\mathrm{T}}\right) \tag{5.65}$$

对指标函数取偏导数，可得

$$\frac{\partial J(\dot{\boldsymbol{\delta}}_{\mathrm{T}})}{\partial \dot{\boldsymbol{\delta}}_{\mathrm{T}}} = \dot{\boldsymbol{\delta}}_{\mathrm{T}} + \boldsymbol{A}_t^{\mathrm{T}}\boldsymbol{\lambda} = \boldsymbol{0}$$

$$\frac{\partial J(\dot{\boldsymbol{\delta}}_{\mathrm{T}})}{\partial \lambda} = \frac{\boldsymbol{T}_c}{h_0} + \boldsymbol{A}_t\dot{\boldsymbol{\delta}}_{\mathrm{T}} = \boldsymbol{0}$$

由以上两式消去乘子 $\boldsymbol{\lambda}$，即可得到满足力矩方程的最优解：

$$\dot{\boldsymbol{\delta}}_{\mathrm{T}} = - \boldsymbol{A}_t^{\mathrm{T}}(\boldsymbol{A}_t\boldsymbol{A}_t^{\mathrm{T}})^{-1}\frac{\boldsymbol{T}_{\mathrm{c}}}{h_0} \tag{5.66}$$

显然，式（5.66）的解是伪逆解。当行列式 $\det(\boldsymbol{A}_t\boldsymbol{A}_t^{\mathrm{T}}) = 0$ 时，即陀螺群框架陷入奇异时，伪逆解不存在。因此，需要在控制过程中加入零运动，以防框架进入奇异状态。

（2）构建零运动，求解 $\dot{\boldsymbol{\delta}}_{\mathrm{N}}$。

由式（5.63）第二式有解：

$$\dot{\boldsymbol{\delta}}_{\mathrm{N}} = \alpha(\boldsymbol{I}_{n\times n} - \boldsymbol{A}_t^{\mathrm{T}}(\boldsymbol{A}_t\boldsymbol{A}_t^{\mathrm{T}})^{-1}\boldsymbol{A}_t)\boldsymbol{x} \tag{5.67}$$

式中，α——正的待定标量系数；

$\boldsymbol{x}$——待定的 n 维列阵。

将式（5.67）代入式（5.63）第二式，可得

$$\boldsymbol{A}_t\dot{\boldsymbol{\delta}}_{\mathrm{N}} = \alpha\boldsymbol{A}_t(\boldsymbol{I}_{n\times n} - \boldsymbol{A}_t^{\mathrm{T}}(\boldsymbol{A}_t\boldsymbol{A}_t^{\mathrm{T}})^{-1}\boldsymbol{A}_t)\boldsymbol{x} = \boldsymbol{0} \tag{5.68}$$

即验证了其零运动的性质。

对于 $D(\boldsymbol{\delta})$，期望通过再构型使其值有所增大。可以利用优化理论中的梯度法设计零运动，即

$$\dot{D}(\boldsymbol{\delta}) = \left(\frac{\partial D(\boldsymbol{\delta})}{\partial \boldsymbol{\delta}}\right)^{\mathrm{T}}\dot{\boldsymbol{\delta}}(t) = \left(\frac{\partial D(\boldsymbol{\delta})}{\partial \boldsymbol{\delta}}\right)^{\mathrm{T}}\dot{\boldsymbol{\delta}}_{\mathrm{T}}(t) + \left(\frac{\partial D(\boldsymbol{\delta})}{\partial \boldsymbol{\delta}}\right)^{\mathrm{T}}\dot{\boldsymbol{\delta}}_{\mathrm{N}}(t) \tag{5.69}$$

式中，

$$\left(\frac{\partial D(\boldsymbol{\delta})}{\partial \boldsymbol{\delta}}\right)^{\mathrm{T}} = \left(\frac{\partial D(\boldsymbol{\delta})}{\partial \boldsymbol{\delta}_1} \quad \frac{\partial D(\boldsymbol{\delta})}{\partial \boldsymbol{\delta}_2} \quad \cdots \quad \frac{\partial D(\boldsymbol{\delta})}{\partial \boldsymbol{\delta}_n}\right) \tag{5.70}$$

式（5.69）为框架构型奇异度量的梯度。显然，零运动仅能够影响式（5.69）右端的第二项。为使构型尽快脱离奇异，该项应取正值。记

$$\left(\frac{\partial D(\boldsymbol{\delta})}{\partial \boldsymbol{\delta}}\right)^{\mathrm{T}}\dot{\boldsymbol{\delta}}_{\mathrm{N}} = \alpha\left(\frac{\partial D(\boldsymbol{\delta})}{\partial \boldsymbol{\delta}}\right)^{\mathrm{T}}(\boldsymbol{I}_{n\times n} - \boldsymbol{A}_t^{\mathrm{T}}(\boldsymbol{A}_t\boldsymbol{A}_t^{\mathrm{T}})^{-1}\boldsymbol{A}_t)\boldsymbol{x} \equiv \alpha\boldsymbol{y}^{\mathrm{T}}\boldsymbol{x} \tag{5.71}$$

当列向量 $\boldsymbol{y}$ 与 $\boldsymbol{x}$ 表示的方向相同时，式（5.71）取最大正投影值。因此，$\boldsymbol{x}$ 可取为

$$\boldsymbol{x} = (\boldsymbol{I}_{n\times n} - \boldsymbol{A}_t^{\mathrm{T}}(\boldsymbol{A}_t\boldsymbol{A}_t^{\mathrm{T}})^{-1}\boldsymbol{A}_t)\frac{\partial D(\boldsymbol{\delta})}{\partial \boldsymbol{\delta}} \tag{5.72}$$

将式（5.72）代入式（5.67），注意 $(\boldsymbol{I}_{n\times n} - \boldsymbol{A}_t^{\mathrm{T}}(\boldsymbol{A}_t\boldsymbol{A}_t^{\mathrm{T}})^{-1}\boldsymbol{A}_t)$ 是幂等矩阵，得到具体的空转指令为

$$\dot{\boldsymbol{\delta}}_{\mathrm{N}} = \alpha(\boldsymbol{I}_{n\times n} - \boldsymbol{A}_t^{\mathrm{T}}(\boldsymbol{A}_t\boldsymbol{A}_t^{\mathrm{T}})^{-1}\boldsymbol{A}_t)\frac{\partial D(\boldsymbol{\delta})}{\partial \boldsymbol{\delta}} \tag{5.73}$$

综上所述，单框架控制力矩陀螺群的伪逆加零运动操纵律可归纳为

$$\dot{\boldsymbol{\delta}} = \dot{\boldsymbol{\delta}}_{\mathrm{T}} + \dot{\boldsymbol{\delta}}_{\mathrm{N}}$$

$$= - \boldsymbol{A}_t^{\mathrm{T}}(\boldsymbol{A}_t\boldsymbol{A}_t^{\mathrm{T}})^{-1}\frac{\boldsymbol{T}_{\mathrm{c}}}{h_0} + \alpha(\boldsymbol{I}_{n\times n} - \boldsymbol{A}_t^{\mathrm{T}}(\boldsymbol{A}_t\boldsymbol{A}_t^{\mathrm{T}})^{-1}\boldsymbol{A}_t)\frac{\partial D(\boldsymbol{\delta})}{\partial \boldsymbol{\delta}} \tag{5.74}$$

需要注意的是，以上伪逆加零运动操纵律只对隐奇异点有效。对于显奇异点，由于其不存在零运动，因此当 SGCMGs 遭遇显奇异点时，利用此操纵律无法使其脱离显奇异点。

5.5　执行机构的扰动

执行机构是卫星姿态控制环节中不可或缺的执行部件，然而其中高速运动的转子在研制

和装备的过程中，不可避免地会因为质量不均匀而产生动静不平衡，其中静不平衡表示转子的形心与质心不重合，动不平衡表示转子惯性坐标系与几何坐标系不重合[9]，如图5.24所示。

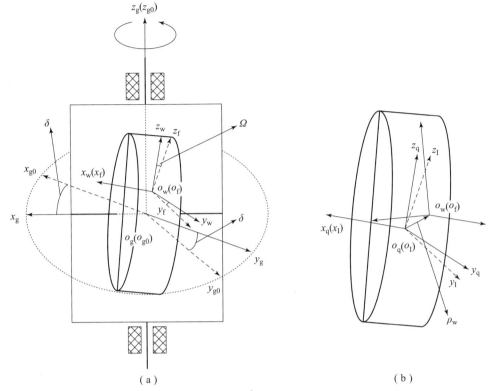

（a）   （b）

图5.24 动静不平衡飞轮转子惯性坐标系和几何坐标系示意图

（a）飞轮动不平衡坐标系建立示意图；（b）飞轮静不平衡坐标系建立示意图

其中，Ω 为飞轮转子角速率，δ 为框架角速率。

（1）框架初始坐标系 $f_{g0}(o_{g0}x_{g0}y_{g0}z_{g0})$：非自旋坐标系，$o_{g0}$ 为框架质心，z_{g0} 沿框架轴方向，x_{g0}、y_{g0} 位于框架旋转平面内，该坐标系不随框架转动。

（2）框架坐标系 $f_g(o_gx_gy_gz_g)$：框架固连坐标系，该坐标系随框架转动。o_g 为框架质心，z_g 沿框架轴方向，初始时刻 f_g 与 f_{g0} 重合。

（3）转子准几何体坐标系 $f_f(o_fx_fy_fz_f)$：o_f 为转子几何中心，x_f 沿转子转轴方向，y_f 和 z_f 位于转子旋转平面内，该坐标系不随转子转动。

（4）转子几何体坐标系 $f_w(o_wx_wy_wz_w)$：该坐标系随转子转动，o_w 为转子几何中心，x_w 与 x_f 重合，初始时刻 f_w 与 f_f 重合。

（5）转子惯量主轴坐标系 $f_I(o_Ix_Iy_Iz_I)$：与转子固连，随转子高速转动，原点 o_I 为转子质心，x_I 沿自旋方向的惯量主轴，o_f 到 o_I 的矢径 $\vec{\rho}_w$ 表征了转子的静不平衡，f_I 和 f_w 之间的旋转角度表征了转子的动不平衡。

（6）转子准惯量主轴坐标系 $f_q(o_qx_qy_qz_q)$：与转子固连，随转子高速转动，原点 o_q 为转子质心，x_q 沿自旋方向的惯量主轴，y_q 与惯量主轴 y_I 存在一定角度偏差。

在角动量交换装置工作时，高速转子会因为动静不平衡而产生干扰力和干扰力矩，影响卫星的高精度姿态控制[10]。本节以飞轮为例，对动静不平衡所引起的干扰力与干扰力矩进行建模，并分析其动力学特性。

5.5.1　不平衡飞轮构型

在分析过程中，可将飞轮动静不平衡简化为图 5.25 所示的形式，图中坐标系原点在飞轮的几何中心，z 轴与自转轴重合，x 轴与 y 轴在 z 轴的垂直平面内，并与 z 轴构成右手坐标系。其中，将静不平衡质量等效为质量为 m 的质点，其相对于形心的位置矢量为 $\boldsymbol{r}_s$，在 x 方向的分量为 r_s。将动不平衡质量等效为两个质量为 m_d 的质点，其相对于形心的位置矢量分别为 $\boldsymbol{r}_d$ 和 $-\boldsymbol{r}_d$，在 x_i 方向的分量分别为 r_d 和 $-r_d$，在 z_i 方向上的大小为 h。

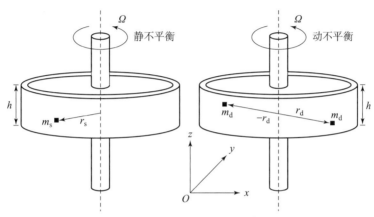

图 5.25　飞轮动静不平衡量表征

5.5.2　不平衡飞轮的动静不平衡质量的相位差

飞轮转动时，静不平衡质量 m_s 对卫星本体所产生的离心力沿 x、y 轴的分量表达式为

$$\begin{cases} F_x = U_s\Omega^2\cos(\Omega t + \alpha_0) \\ F_y = U_s\Omega^2\sin(\Omega t + \alpha_0) \end{cases} \tag{5.75}$$

式中，$U_s = m_s r_s$，r_s 为静不平衡所产生的离心力对系统质心作用的力臂的臂长。

从式（5.71）可以看出，由于飞轮静不平衡引起的扰动大小与转速的平方成正比，频率与转子转速相同。

飞轮转动时，动不平衡质量 m_d 对卫星本体所产生的力矩沿 x、y 轴的分量表达式为

$$\begin{cases} T_{xd} = U_d\Omega^2\cos(\Omega t + \beta_0) \\ T_{yd} = U_d\Omega^2\sin(\Omega t + \beta_0) \end{cases} \tag{5.76}$$

式中，$U_d = 2m_d r_d h$。

两个动不平衡质量 m_d 旋转产生的力矩以及静不平衡质量所产生的离心力对系统质心产生的力矩之和为

$$\begin{cases} T_x = U_d\Omega^2\cos(\Omega t + \beta_0) + U_s r_{sc}\Omega^2\cos(\Omega t + \alpha_0) \\ T_y = U_d\Omega^2\sin(\Omega t + \beta_0) + U_s r_{sc}\Omega^2\sin(\Omega t + \alpha_0) \end{cases} \tag{5.77}$$

式中，α_0 与 β_0 为初始相位。

5.5.3 不平衡飞轮的转动惯量

如图 5.26 所示，$\tilde{O}_i$ 为第 i 个惯性轮的形心，O_i 为其质心，x_i 指向其静不平衡点，z_i 为其转轴方向，d 为其偏心距。

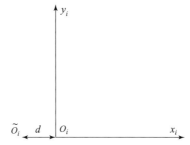

图 5.26　不平衡飞轮质心与形心的相对位置

第 i 个飞轮相对于其形心转动的惯量矩阵为

$$\boldsymbol{J}_i^{\tilde{O}} = \begin{bmatrix} J_x + 2m_\mathrm{d}h^2 & 0 & -2m_\mathrm{d}Rh \\ 0 & J_y + m_\mathrm{s}R^2 + 2m_\mathrm{d}(R^2 + h^2) & 0 \\ -2m_\mathrm{d}Rh & 0 & J_z + m_\mathrm{s}R^2 + 2m_\mathrm{d}R^2 \end{bmatrix} \quad (5.78)$$

式中，R——飞轮半径；

　　　h——飞轮厚度。

根据平行移轴定理，相对其质心的转动惯量矩阵为（偏心距离为 d，沿轮系的 $+x$ 轴方向）

$$\boldsymbol{J}_i^{O} = \begin{bmatrix} J_x + 2m_\mathrm{d}h^2 & 0 & -2m_\mathrm{d}Rh \\ 0 & J_y + m_\mathrm{s}R^2 + 2m_\mathrm{d}(R^2 + h^2) - md^2 & 0 \\ -2m_\mathrm{d}Rh & 0 & J_z + m_\mathrm{s}R^2 + 2m_\mathrm{d}R^2 - md^2 \end{bmatrix}$$

$$(5.79)$$

式中，d——飞轮的静不平衡量，$d = m_\mathrm{s}R/m$。

将扰动转换到航天器本体坐标系下，有

$$\boldsymbol{J}_i^{\mathrm{b}} = \boldsymbol{C}_i \begin{bmatrix} J_x + 2m_\mathrm{d}h^2 & 0 & -2m_\mathrm{d}Rh \\ 0 & J_y + m_\mathrm{s}R^2 + 2m_\mathrm{d}(R^2 + h^2) - md^2 & 0 \\ -2m_\mathrm{d}Rh & 0 & J_z + m_\mathrm{s}R^2 + 2m_\mathrm{d}R^2 - md^2 \end{bmatrix} \boldsymbol{C}_i^{\mathrm{T}}$$

$$(5.80)$$

5.6　考虑执行机构特性的姿态控制回路的 MATLAB 仿真

本节通过编写 MATLAB 的 m 文件，对上述 3 种执行机构进行航天器姿态稳定控制仿真分析。

5.6.1　MATLAB 环境下喷气控制系统仿真

利用推力器对一刚体航天器进行对地三轴稳定控制。控制精度（粗控）的要求：滚转角和俯仰角小于 1.5°，偏航角小于 2°；姿态三轴稳定度小于 0.1°/s。主要的仿真参数如表 5.1 所示。

表 5.1　基于推力器的姿态控制仿真参数

参数名称	参数取值
转动惯量 I_b/$(kg \cdot m^2)$	$diag(700, 800, 900)$
发动机额定推力/N	5
初始姿态角/(°)	$[6 \quad -5 \quad 4]$
初始姿态角速率/$[(°) \cdot s^{-1}]$	$[-3 \quad 2.5 \quad 2]$
推力器电磁阀门限值 d	0.01
推力器电磁阀滞宽 δ	0.003
推力器相平面控制中开关曲线斜率 τ	6.25

对地定向三轴稳定控制的情况下，姿态角是小量，且姿态角速度也远小于轨道角速度，由此可忽略二阶以上小量和扰动力矩，姿态动力学方程可以进一步简化。于是，三轴的动力学方程可以完全解耦。

对于这种典型的二阶系统，常常利用由姿态角和姿态角速率组成的相平面进行控制律设计，在此采用图 5.14 所示的相平面控制规律。

仿真程序包括 main. m、JetController. m、odefun. m、res2omega. m 和 plotfunc. m，见程序 5.1 ~ 程序 5.4，仿真结果如图 5.27 所示。plotfunc. m 文件内容已在第 2 章中给出，此处不再赘述。

程序 5.1　喷气控制系统仿真主程序 main. m

```
%%%%%%%该程序用于对喷气控制系统进行数值仿真%%%%%%%
clc;clear

global Ib Tc omega_orbit
global tau d delta

% 设置仿真参数
Ib = diag([700,800,900]);              % 航天器三个主轴的惯量
Tc = [5,5,5]';                         % 喷气发动机三轴控制力矩
d = 1e - 2;
delta = 3e - 3;
tau = 6. 25;
omega_orbit = 5e - 4;                  % 航天器轨道角速度(rad/s)
atti0 = [6; -5;4] * pi/180;            % 航天器初始姿态角(rad)
```

```
dot_atti0 = [ -3;2.5;2 ] * pi/180;          % 航天器初始姿态角速度(rad/s)
r0 = [ atti0;dot_atti0 ];                    % 积分器初始值
tspan = 0:0.1:60;                            % 仿真时间

% 仿真计算
options = odeset('RelTol',1e - 8,'AbsTol',1e - 8 * zeros(6,1));
[ t,y ] = ode45( @ odefun,tspan,r0);

% 对仿真结果进行处理
omega = res2omega(y( :,1:3),y( :,4:6));      % 计算航天器三轴角速度 omega

% 调用画图函数
plotfunc( t,[ y( :,1:3),omega])

% % main. m 内容结束
```

程序 5.2　喷气控制系统相平面控制律函数 JetController. m

```
function[ out ] = JetController( u1 ,u2)
% 该函数为三个通道的相平面控制规律(相同)
% 输入为某一通道的角度和角速度,(2,1)
% 输出为某一通道的轴喷气指令开关状态,(1,1)

global tau d delta

atti = u1 * 180/pi;
dot_atti = u2 * 180/pi;

if(( atti + tau * dot_atti >= d && dot_atti > 0) || ( atti + tau * dot_atti >= d - delta && dot_atti < 0))
    out = - 1;
    elseif(( atti + tau * dot_atti > - d + delta && atti + tau * dot_atti < d && dot_atti > 0) || ( atti + tau *
dot_atti > - d && atti + tau * dot_atti < d - delta && dot_atti < 0))
    out = 0;
    elseif(( atti + tau * dot_atti <= - d && dot_atti < 0) || ( atti + tau * dot_atti <= - d + delta && dot_atti
> 0))
    out = 1;
    else
    out = 0;
    end


    end
% % JetController. m 内容结束
```

程序 5.3　喷气控制系统数值积分模型函数 odefun. m

```
function[ dy] = odefun( t,y)
%  ode 积分函数
%  输入 t 为时间
%  输入 y 为航天器姿态角、姿态角速度 phi,theta,psi,dot_phi,dot_theta,dot_psi
%  输出为航天器姿态角速度、姿态角加速度 dot_phi,dot_theta,dot_psi,ddot_phi,ddot_theta,ddot_psi

global Ib Tc

ddot_atti = zeros( 3,1) ;

for i = 1:3
    ddot_atti( i) = JetController( y( i) ,y( i +3) ) ∗ Tc( i) / Ib( i,i) ;
end

dy = [ y( 4:6) ;ddot_atti] ;
end
%% odefun. m 内容结束
```

程序 5.4　航天器三轴角速度计算函数 res2omega. m

```
function[ out] = res2omega( atti,dot_atti)
%  在航天器姿态控制中,一般输入变量为初始时刻的航天器姿态角、姿态角速度
%  在计算分析中,需要航天器三轴角速度进行分析
%  此函数用于仿真结束后,计算各个时刻下的航天器三轴角速度

global omega_orbit

omega = zeros( length( atti) ,3) ;

for i = 1:length( atti)
    Jv = [ cos( atti( i,2) )    0    − cos( atti( i,1) ) ∗ sin( atti( i,2) );
        0                       1    sin( atti( i,1) );
        sin( atti( i,2) )       0    cos( atti( i,1) ) ∗ cos( atti( i,2) ) ];

    Jomega_orbit = [ sin( atti( i,3) ) ∗ cos( atti( i,2) ) + sin( atti( i,1) ) ∗ sin( atti( i,2) ) ∗ sin( atti( i,3) );
        cos( atti( i,3) ) ∗ cos( atti( i,1) );
        sin( atti( i,2) ) ∗ sin( atti( i,3) ) − sin( atti( i,1) ) ∗ cos( atti( i,2) ) ∗ cos( atti( i,3) ) ];

    omega( i,:) = ( Jv ∗ dot_atti( i,:)' − Jomega_orbit ∗ omega_orbit)' ;

end
```

```
out = omega;

end
%% res2omega.m 内容结束
```

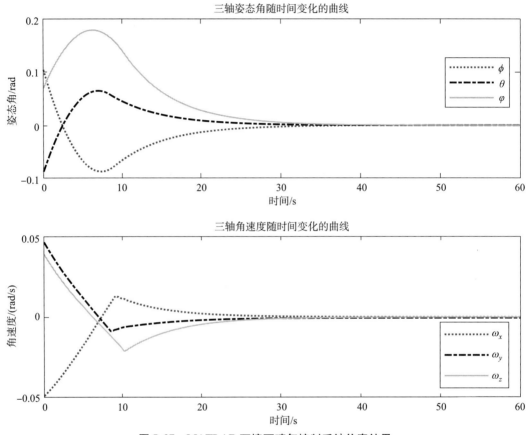

图 5.27　MATLAB 环境下喷气控制系统仿真结果

5.6.2　MATLAB 环境下反作用飞轮控制系统仿真

本仿真使用三正交反作用飞轮组对刚体航天器进行对地三轴稳定控制，采用 PD 控制方法。主要的仿真参数如表 5.2 所示。

表 5.2　基于三正交反作用飞轮的姿态控制仿真参数

参数名称		参数取值
航天器参数	转动惯量 $I_b/(\mathrm{kg \cdot m^2})$	$\mathrm{diag}(700,800,900)$
飞轮 主要参数	轴向转动惯量 $I_w/(\mathrm{kg \cdot m^2})$	4.113×10^{-4}
	初始转速 $\Omega_0/(\mathrm{rad \cdot s^{-1}})$	$[\begin{matrix}0 & 0 & 0\end{matrix}]^{\mathrm{T}}$

参数名称		参数取值
PD 控制器参数	K_p	$\mathrm{diag}(0.5,1,1)$
	K_d	$\mathrm{diag}(32,40,40)$
初始姿态角/(°)		$\begin{bmatrix} 6 & -5 & 4 \end{bmatrix}$
初始姿态角速率/$[(°)\cdot s^{-1}]$		$\begin{bmatrix} -3 & 2.5 & 2 \end{bmatrix}$

仿真程序包括 main. m、unbalance. m、odefun. m、atti_kinematic. m、dot_inv_atti_kinematic. m、res2omega. m 和 plotfunc. m，见程序 5.5 ~ 程序 5.9。plotfunc. m 文件内容已在第 2 章中给出，res2omega. m 文件内容已在 5.6.1 节中给出，此处不再赘述。仿真结果如图 5.28 所示。

程序 5.5　反作用飞轮控制系统仿真主程序 main. m

```
%%%%%%%该程序用于对反作用飞轮控制系统进行数值仿真%%%%%%%
clc;clear

global It omega_orbit Iw C
global Kp Kd
global ms rs rsc md rd h

% 设置仿真参数
C = eye(3);                              % 飞轮安装矩阵(三正交构型)
Ib = diag([700,800,900]);                % 航天器系统转动惯量
Iw = diag([4.113e - 1,4.113e - 1,4.113e - 1]);   % 飞轮轴向转动惯量对角阵
It = Ib + C * Iw * C';                    % 系统惯量矩阵
ms = [0.01,0.015,0.02]';                 % 转子静不平衡参数
rs = [0.001,0.0015,0.002]';
rsc = [0.003,0.004,0.005]';
md = [0.02,0.03,0.04]';                  % 转子动不平衡参数
rd = [0.002,0.003,0.004]';
h = [0.003,0.004,0.005]';
Kp1 = 0.5;Kd1 = 32;                      % PD 控制器参数
Kp2 = 1;Kd2 = 40;
Kp3 = 1;Kd3 = 40;
Kp = diag([Kp1,Kp2,Kp3]);
Kd = diag([Kd1,Kd2,Kd3]);
omega_orbit = 5e - 4;                    % 航天器轨道角速度(rad/s)
atti0 = [6; -5;4] * pi/180;              % 航天器初始姿态角(rad)
dot_atti0 = [ -3;2.5;2] * pi/180;        % 航天器初始姿态角速度(rad/s)
r0 = [atti0;dot_atti0;zeros(3,1)];       % 积分器初始值
```

```
tspan = 0:0.01:400;                                    % 仿真时间


% 仿真计算
options = odeset('RelTol',1e-8,'AbsTol',1e-8 * zeros(9,1));
[t,y] = ode113(@ode_fun,tspan,r0);


% 对仿真结果进行处理
omega = res2omega(y(:,1:3),y(:,4:6));        % 计算航天器三轴角速度 omega


% 调用画图函数
plotfunc(t,[y(:,1:3),omega])
% % main.m 内容结束
```

程序 5.6   飞轮动静不平衡模型函数 unbalance.m

```
function[out] = unbalance(u)
% 该函数用来计算飞轮动静不平衡
% 假设 3 个飞轮的初始相位都为零,1、2、3 号飞轮分别安装在航天器本体坐标系下的 x、y、z 三轴上

global ms rs rsc md rd h

t = u(1);
OMEGA = [u(2);u(3);u(4)];

Us = ms.*rs;
Ud = 2*md.*rd.*h;

Tx = Ud.*OMEGA.^2.*cos(OMEGA.*t) + Us.*rsc.*OMEGA.^2.*cos(OMEGA.*t);
Ty = Ud.*OMEGA.^2.*sin(OMEGA.*t) + Us.*rsc.*OMEGA.^2.*sin(OMEGA.*t);

T_ubx = Ty(1) + Tx(3);
T_uby = Tx(2) + Ty(3);
T_ubz = Tx(1) + Ty(2);

out = [T_ubx;T_uby;T_ubz];
end
% % unbalance.m 内容结束
```

程序 5.7   反作用飞轮控制系统数值积分模型函数 ode_fun.m

```
function[dy] = ode_fun(t,y)
% ode 积分迭代函数
% 输入 t 为时间
```

```
%  输入 y 为航天器姿态角、姿态角速度 phi,theta,psi,dot_phi,dot_theta,dot_psi
%  输出为航天器姿态角速度、姿态角加速度 dot_phi,dot_theta,dot_psi,ddot_phi,ddot_theta,ddot_psi

global It Iw C
global Kp Kd

atti = y(1:3);
dot_atti = y(4:6);
OMEGA = y(7:9);

%  飞轮输出力矩
Tc = - Kp * atti - Kd * dot_atti;

%  对应飞轮输出力矩的飞轮转动角加速度
dot_OMEGA = -(C * Iw)\Tc;

%  飞轮动静不平衡干扰力矩
T_ub = unbalance([t;OMEGA]);

%  总控制力矩
T = Tc + T_ub;

%  姿态运动学模型
omegab = atti_kinematic(atti,dot_atti);

%  刚体姿态动力学模型
dot_omegab = It\(T - cross(omegab,It * omegab));

%  姿态逆运动学
ddot_atti = dot_inv_atti_kinematic(atti,dot_atti,dot_omegab);

dy = [dot_atti;ddot_atti;dot_OMEGA];

end
%%  ode_fun. m 内容结束
```

程序 5.8　航天器姿态运动学函数 atti_kinematic.m

```
function[out] = atti_kinematic(atti,dot_atti)
%  航天器姿态运动学
%  航天器的姿态为本体坐标系相对轨道坐标系的姿态,采用偏航 - 滚动 - 俯仰旋转顺序的欧拉角描
述航天器的姿态
```

```
%  输入为航天器姿态角和姿态角速度
%  输出为航天器三轴转动角速度

global omega_orbit
```

$$Jv = [\cos(atti(2)) \quad 0 \quad -\cos(atti(1))*\sin(atti(2));$$
$$0 \quad 1 \quad \sin(atti(1));$$
$$\sin(atti(2)) \quad 0 \quad \cos(atti(1))*\cos(atti(2))];$$

$$Jomega\_orbit = [\sin(atti(3))*\cos(atti(2)) + \sin(atti(1))*\sin(atti(2))*\cos(atti(3));$$
$$\cos(atti(3))*\cos(atti(1));$$
$$\sin(atti(2))*\sin(atti(3)) - \sin(atti(1))*\cos(atti(2))*\cos(atti(3))];$$

$$omegab = Jv*dot\_atti - Jomega\_orbit*omega\_orbit;$$

$$out = omegab;$$

```
end
%%  atti_kinematic. m 内容结束
```

程序 5.9 航天器姿态逆运动学的导数函数 dot_inv_atti_kinematic. m

```
function[out] = dot_inv_atti_kinematic(atti,dot_atti,dot_omegab)
%  航天器姿态逆运动学,并同时对两端求导
%  航天器的姿态为本体坐标系相对轨道坐标系的姿态,采用偏航 - 滚动 - 俯仰旋转顺序的欧拉角描
述航天器的姿态
%  输入为航天器姿态角、姿态角速度和航天器三轴转动角速度
%  输出为航天器姿态角加速度

global omega_orbit
```

$$Jv = [\cos(atti(2)) \quad 0 \quad -\cos(atti(1))*\sin(atti(2));$$
$$0 \quad 1 \quad \sin(atti(1));$$
$$\sin(atti(2)) \quad 0 \quad \cos(atti(1))*\cos(atti(2))];$$

$$dot\_Jv = [-\sin(atti(2))*dot\_atti(2) \quad 0$$
$$\sin(atti(1))*\sin(atti(2))*dot\_atti(1) - \cos(atti(1))*\cos(atti(2))*dot\_atti(2);$$
$$0 \quad 0 \quad \cos(atti(1))*dot\_atti(1);$$
$$\cos(atti(2))*dot\_atti(2) \quad 0$$
$$-\sin(atti(1))*\cos(atti(2))*dot\_atti(1) - \cos(atti(1))*\sin(atti(2))*dot\_atti(2)];$$

$$dot\_Jomega\_orbit = [\cos(atti(1))*\sin(atti(2))*\cos(atti(3))*dot\_atti(1) + (-\sin(atti(3))*\sin(atti(2)) + \sin(atti(1))*\cos(atti(2))*\cos(atti(3)))*dot\_atti(2) + (\cos(atti(3))*\cos(atti(2)) - \sin(atti(1))*\sin(atti(2))*\sin(atti(3)))*dot\_atti(3);$$

$$-\cos(\text{atti}(3)) * \sin(\text{atti}(1)) * \text{dot\_atti}(1) - \sin(\text{atti}(3)) * \cos(\text{atti}(1)) * \text{dot\_atti}(3);$$
$$-\cos(\text{atti}(1)) * \cos(\text{atti}(2)) * \cos(\text{atti}(3)) * \text{dot\_atti}(1) + (\cos(\text{atti}(2)) * \sin(\text{atti}(3)) +$$
$$\sin(\text{atti}(1)) * \sin(\text{atti}(2)) * \cos(\text{atti}(3))) * \text{dot\_atti}(2) + (\sin(\text{atti}(2)) * \cos(\text{atti}(3)) + \sin(\text{atti}(1)) *$$
$$\cos(\text{atti}(2)) * \sin(\text{atti}(3))) * \text{dot\_atti}(3)];$$

ddot_atti = Jv\(dot_omegab − dot_Jv * dot_atti + dot_Jomega_orbit * omega_orbit);

out = ddot_atti;

end
%% dot_inv_atti_kinematic. m 内容结束

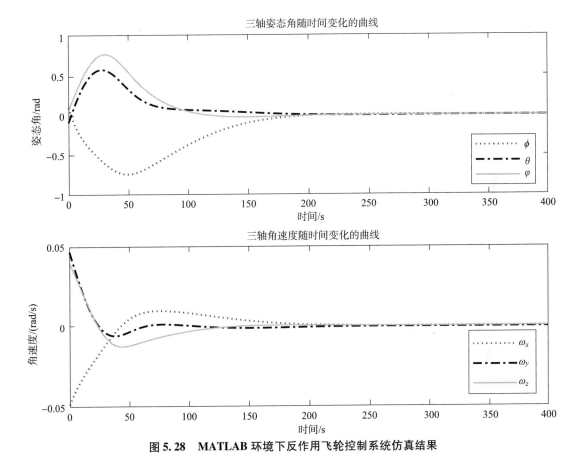

图 5.28 MATLAB 环境下反作用飞轮控制系统仿真结果

5.6.3 MATLAB 环境下 SGCMGs 控制系统仿真

本节将金字塔构型 SGCMGs（图 5.29）作为姿态控制的执行机构，采用 PD 三轴稳定控制律，对一刚体航天器的姿态控制系统进行数值仿真。其中，金字塔构型由 4 个 CMG 组成，每个 CMG 在四棱锥底边中点，框架轴垂直于四棱锥侧面，安装倾角 $\varphi = \arccos(\sqrt{3}/3)$。主要的仿真参数如表 5.3 所示。

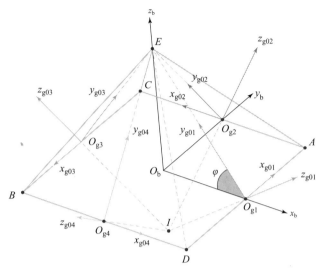

图 5.29　金字塔构型 SGCMGs 示意图（附彩图）

表 5.3　基于 SGCMGs 的姿态控制仿真参数表

参数名称		参数取值
航天器质量特性	转动惯量 I_b/(kg·m²)	diag(700,800,900)
	最大框架角速度/(r·min⁻¹)	±1.43
PD 控制器参数	K_p	diag(0.5,1,1)
	K_d	diag(30,50,50)
初始姿态角/(°)		[6　−5　4]
初始姿态角速率/[(°)·s⁻¹]		[−3　2.5　2]

仿真程序包括 main. m、TransMatrixAgb. m、odefun. m、atti_kinematic. m、dot_inv_atti_kinematic. m、res2omega. m 和 plotfunc. m，见程序 5.10 ~ 程序 5.12。plotfunc. m 文件内容已在第 2 章中给出，res2omega. m 文件内容已在 5.6.1 节中给出，atti_kinematic. m 和 dot_inv_atti_kinematic. m 文件内容已在 5.6.2 中给出，此处不再赘述。仿真结果如图 5.30 所示。

程序 5.10　SGCMGs 控制系统仿真主程序 main. m

```
%%%%%%%该程序用于对 SGCMGs 控制系统进行数值仿真%%%%%%%
clc;clear

global Ib omega_orbit OMEGA Ag Ics Ict Icg Iw dot_delta_max
global Kp Kd
global s10 s20 s30 s40 t10 t20 t30 t40 instal_phi

% 设置仿真参数
```

```
instal_phi = acos( sqrt(3)/3 );              % 金字塔构型 SGCMGs 安装倾角
Iw = [ 0. 0318,0. 0125,0. 0125 ]';            % 转子惯量
Ics = diag( [ Iw(1) ,Iw(1) ,Iw(1) ,Iw(1) ] );% 转子轴线惯量(忽略框架惯量,将转子惯量视为单框架
陀螺的惯量)
Ict = diag( [ Iw(2) ,Iw(2) ,Iw(2) ,Iw(2) ] );% 力矩轴线惯量
Icg = diag( [ Iw(3) ,Iw(3) ,Iw(3) ,Iw(3) ] );% 框架转轴线惯量
Ib = diag( [ 700,800,900 ] );                % 航天器本体惯量
OMEGA = 6000 * 2 * pi/60;                     % 转子转速(rad/s)
dot_delta_max = 1. 43 * 2 * pi/60;           % 最大框架角速度
delta0 = 0  * ones(4,1);                     % 初值计算,4 个金字塔构型陀螺的三轴初始指向
[ Agb10,Agb20,Agb30,Agb40 ] = TransMatrixAgb( delta0 );
g10 = Agb10 * [ 0,0,1 ]';
g20 = Agb20 * [ 0,0,1 ]';
g30 = Agb30 * [ 0,0,1 ]';
g40 = Agb40 * [ 0,0,1 ]';
t10 = Agb10 * [ 0,1,0 ]';
t20 = Agb20 * [ 0,1,0 ]';
t30 = Agb30 * [ 0,1,0 ]';
t40 = Agb40 * [ 0,1,0 ]';
s10 = Agb10 * [ 1,0,0 ]';
s20 = Agb20 * [ 1,0,0 ]';
s30 = Agb30 * [ 1,0,0 ]';
s40 = Agb40 * [ 1,0,0 ]';
Ag = [ g10;g20;g30;g40 ];
Ag = reshape( Ag,[ 3,4 ] );
Kp1 = 0. 5;Kd1 = 30;                         % PD 控制器参数
Kp2 = 1;Kd2 = 50;
Kp3 = 1;Kd3 = 50;
Kp = diag( [ Kp1,Kp2,Kp3 ] );
Kd = diag( [ Kd1,Kd2,Kd3 ] );
omega_orbit = 5e - 4;                        % 航天器轨道角速度(rad/s)
atti0 = [ 6; - 5;4 ] * pi/180;               % 航天器初始姿态角(rad)
dot_atti0 = [ - 3;2. 5;2 ] * pi/180;         % 航天器初始姿态角速度(rad/s)
r0 = [ atti0;dot_atti0;delta0 ];             % 积分器初始值
tspan = 0:0. 01:400;                         % 仿真时间

% 仿真计算
options = odeset('RelTol',1e - 8,'AbsTol',1e - 8 * zeros(10,1));
[ t,y ] = ode113( @ ode_fun,tspan,r0 );

% 对仿真结果进行处理
omega = res2omega( y( :,1:3),y( :,4:6));     % 计算航天器三轴角速度 omega
```

```
% 调用画图函数
plotfunc(t,[y(:,1:3),omega])
%% main.m 内容结束
```

程序 5.11　SGCMGs 控制系统数值积分模型函数 ode_fun.m

```
function[dy] = ode_fun(t,y)
% ode 积分函数
% 输入 t 为时间
% 输入 y 为航天器姿态角、姿态角速度 phi,theta,psi,dot_phi,dot_theta,dot_psi
% 输出为航天器姿态角速度、姿态角加速度 dot_phi,dot_theta,dot_psi,ddot_phi,ddot_theta,ddot_psi

global Ib omega_orbit OMEGA Ag Ics Ict Icg Iw dot_delta_max
global Kp Kd
global s10 s20 s30 s40 t10 t20 t30 t40 instal_phi


atti = y(1:3);
dot_atti = y(4:6);
delta = y(7:10);


% 陀螺输出力矩
T = - Kp * atti - Kd * dot_atti;


% 求解雅可比矩阵
J = [ - cos(delta(1)) * cos(instal_phi)        sin(delta(2))
    cos(delta(3)) * cos(instal_phi)        - sin(delta(4));
    - sin(delta(1))      - cos(delta(2)) * sin(instal_phi)
    sin(delta(3))          cos(delta(4)) * sin(instal_phi);
    cos(delta(1)) * sin(instal_phi)        cos(delta(2)) * sin(instal_phi)
    cos(delta(3)) * sin(instal_phi)        cos(delta(4)) * sin(instal_phi)];
% 求解框架转动角速度、角度
Jacobi_plus = J' /(J * J');
dot_delta = - Jacobi_plus * T / OMEGA / Iw(1);
for j = 1:4 % 框架转动角速度应满足阈值
    if(dot_delta(j) >= dot_delta_max)
        dot_delta(j) = dot_delta_max;
    end
    if(dot_delta(j) <= - dot_delta_max)
        dot_delta(j) = - dot_delta_max;
    end
end
```

```
%  姿态运动学模型
omegab = atti_kinematic(atti,dot_atti);


%  求解4个金字塔构型陀螺的三轴指向
s1 = s10 * cos(delta(1)) + t10 * sin(delta(1));
s2 = s20 * cos(delta(2)) + t20 * sin(delta(2));
s3 = s30 * cos(delta(3)) + t30 * sin(delta(3));
s4 = s40 * cos(delta(4)) + t40 * sin(delta(4));
t1 = t10 * cos(delta(1)) - s10 * sin(delta(1));
t2 = t20 * cos(delta(2)) - s20 * sin(delta(2));
t3 = t30 * cos(delta(3)) - s30 * sin(delta(3));
t4 = t40 * cos(delta(4)) - s40 * sin(delta(4));
As = [s1,s2,s3,s4];
At = [t1,t2,t3,t4];


%  求解4个金字塔构型陀螺的转动惯量
Iws = [Ics(1,1),Ics(1,1),Ics(1,1),Ics(1,1)]';
h = Ag * Icg * Ag' * omegab +...
    As * Ics * As' * omegab +...
    At * Ict * At' * omegab +...
    Ag * Icg * dot_delta +...
    As * Iws * OMEGA;
It = Ib + diag(h);


%  刚体姿态动力学模型
dot_omegab = It\(T - cross(omegab,It * omegab));


%  姿态逆运动学
ddot_atti = dot_inv_atti_kinematic(atti,dot_atti,dot_omegab);
dy = [dot_atti;ddot_atti;dot_delta];


end
%%  ode_fun. m 内容结束
```

程序 5.12　SGCMGs 控制系统金字塔构型坐标转换函数 TransMatrixAgb. m

```
function[Agb1,Agb2,Agb3,Agb4] = TransMatrixAgb(u)
%  该函数用来求解金字塔构型下的,
%  第1~4个陀螺的框架轴方向到航天器本体坐标系的转换矩阵
%  输入为第1~4个陀螺的框架角度
%  输出为第1~4个陀螺的框架轴方向到航天器本体坐标系的转换矩阵
```

```matlab
global instal_phi

% Agb1
Agb1 = zeros(3,3);
Agb1(1,1) = - sin(u(1)) * cos(instal_phi);
Agb1(1,2) = cos(u(1));
Agb1(1,3) = sin(u(1)) * sin(instal_phi);
Agb1(2,1) = - cos(u(1)) * cos(instal_phi);
Agb1(2,2) = - sin(u(1));
Agb1(2,3) = cos(u(1)) * sin(instal_phi);
Agb1(3,1) = sin(instal_phi);
Agb1(3,2) = 0;
Agb1(3,3) = cos(instal_phi);


% Agb2
Agb2 = zeros(3,3);
Agb2(1,1) = cos(u(2));
Agb2(1,2) = - sin(u(2)) * cos(instal_phi);
Agb2(1,3) = sin(u(2)) * sin(instal_phi);
Agb2(2,1) = sin(u(2));
Agb2(2,2) = - cos(u(2)) * sin(instal_phi);
Agb2(2,3) = cos(u(2)) * sin(instal_phi);
Agb2(3,1) = 0;
Agb2(3,2) = sin(instal_phi);
Agb2(3,3) = cos(instal_phi);


% Agb3
Agb3 = zeros(3,3);
Agb3(1,1) = sin(u(3)) * cos(u(3));
Agb3(1,2) = - cos(u(3));
Agb3(1,3) = sin(u(3)) * sin(instal_phi);
Agb3(2,1) = cos(u(3)) * cos(instal_phi);
Agb3(2,2) = sin(u(3));
Agb3(2,3) = cos(u(3)) * sin(instal_phi);
Agb3(3,1) = - sin(instal_phi);
Agb3(3,2) = 0;
Agb3(3,3) = cos(instal_phi);

% Agb4
Agb4 = zeros(3,3);
Agb4(1,1) = cos(u(4));
Agb4(1,2) = sin(u(4)) * cos(instal_phi);
```

```
Agb4(1,3) = sin(u(4)) * sin(instal_phi);
Agb4(2,1) = - sin(u(4));
Agb4(2,2) = cos(u(4)) * cos(instal_phi);
Agb4(2,3) = cos(u(4)) * sin(instal_phi);
Agb4(3,1) = 0;
Agb4(3,2) = - sin(instal_phi);
Agb4(3,3) = cos(instal_phi);

end
%% TransMatrixAgb. m 内容结束
```

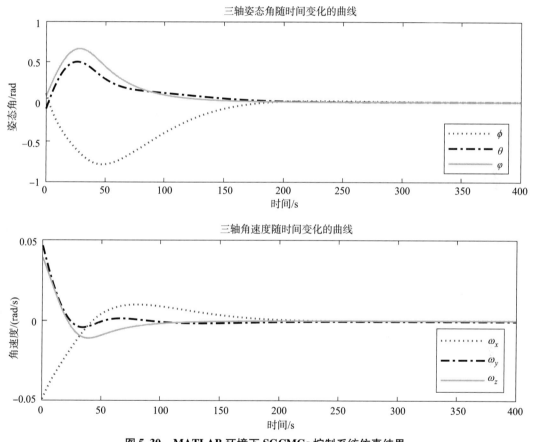

图 5.30　MATLAB 环境下 SGCMGs 控制系统仿真结果

5.7　考虑执行机构特性的姿态控制回路的 Simulink 仿真

本节通过搭建 MATLAB 内嵌的 Simulink 模型，对 5.6 节介绍的 3 种执行机构进行航天器姿态稳定控制仿真分析。Simulink 可以把各个模块间的关系清晰地表现出来，但是对于某一个子模块中的具体内容，其表现形式不如 m 文件直观。

5.7.1 Simulink 环境下喷气控制系统仿真

喷气控制系统仿真案例与 5.6.1 节中的案例一致。在 Simulink 中搭建航天器姿态动力学与控制回路，三通道解耦分别设计。Simulink 程序框图如图 5.31 所示，其由控制器和动力学两个模块构成。

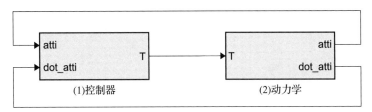

图 5.31 喷气控制系统 Simulink 程序框图

下面分别介绍程序中的各子模块。

（1）控制器模块，如图 5.32 所示。

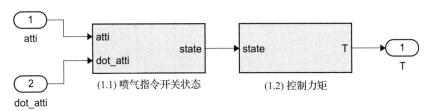

图 5.32 控制器模块

（1.1）喷气指令开关状态模块，如图 5.33 所示。

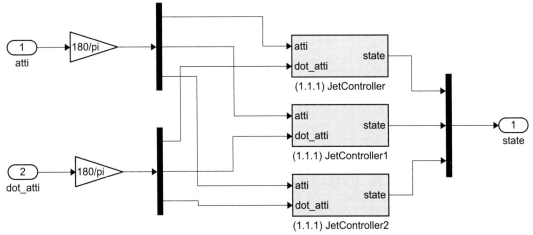

图 5.33 喷气指令开关状态模块

（1.1.1）JetController 模块，如图 5.34 所示。其中，JetController 模块内容对应 5.6.1 节中的相平面控制规律和 JetController.m 文件中的内容。由此可以发现，对于复杂内容，通过 Simulink 模块搭建较为复杂，可以通过 Simulink 中 "Library Browser" → "Simulink" → "Use-

Defined Functions"中的"Interpreted MATLAB Function"模块，选择插入用户定义的函数 JetController. m，即可实现图 5.34 中的复杂 Simulink 结构。

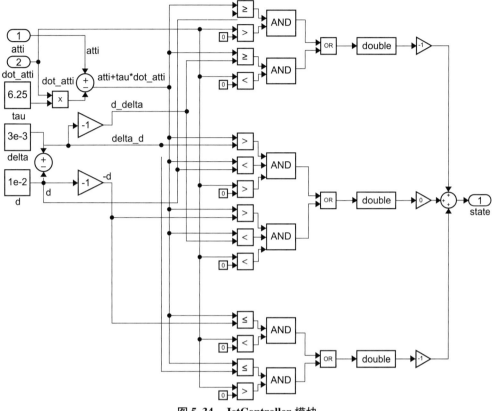

图 5.34 JetController 模块

（1.2）控制力矩模块，如图 5.35 所示。

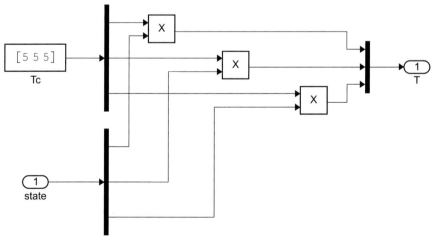

图 5.35 控制力矩模块

（2）动力学模块，如图 5.36 所示。

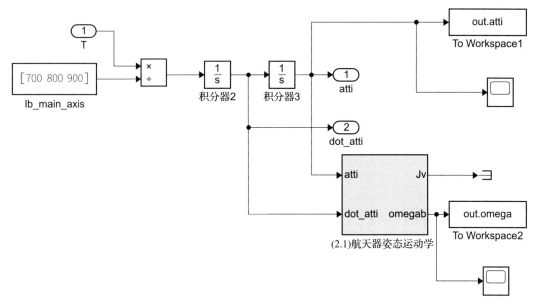

图 5.36　动力学模块

在动力学模块中，积分器 2 和积分器 3 的积分初值设置为 $[-3;2.5;2]*pi/180$ 和 $[6;-5;4]*pi/180$，对应 5.6.1 节中的初值条件。

（2.1）航天器姿态运动学模块，如图 5.37 所示。

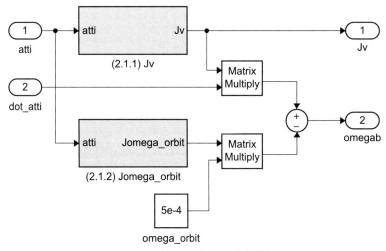

图 5.37　航天器姿态运动学模块

（2.1.1）Jv 模块，如图 5.38 所示。

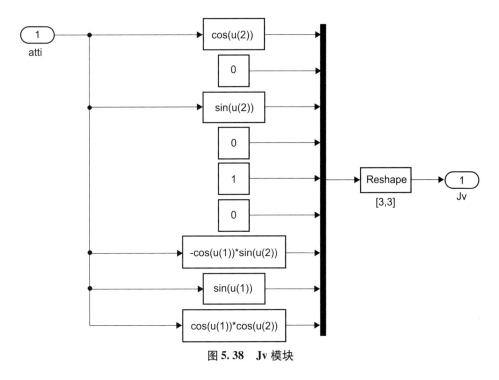

图 5.38　**Jv 模块**

（2.1.2）Jomega_orbit 模块，如图 5.39 所示。

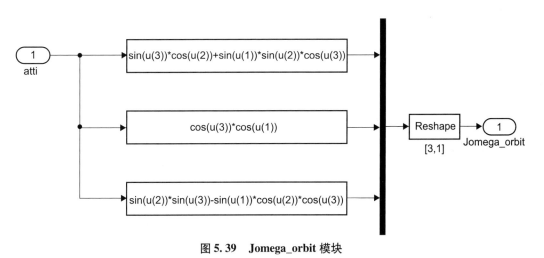

图 5.39　**Jomega_orbit 模块**

Simulink 仿真结果如图 5.40 所示。

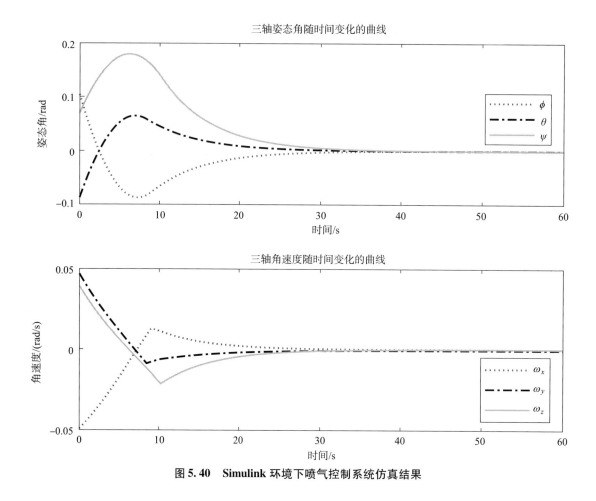

图 5.40　Simulink 环境下喷气控制系统仿真结果

5.7.2　Simulink 环境下反作用飞轮控制系统仿真

反作用飞轮控制系统仿真案例与 5.6.2 节中的案例一致。在 Simulink 中搭建航天器姿态动力学与控制回路，程序框图如图 5.41 所示。

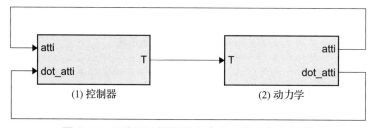

图 5.41　反作用飞轮控制系统 Simulink 程序框图

（1）控制器模块，如图 5.42 所示。

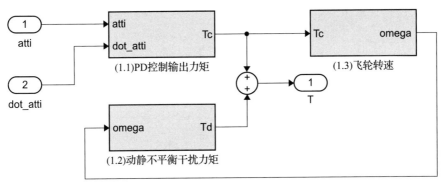

图 5.42　控制器模块

（1.1）PD 控制输出力矩模块，如图 5.43 所示。

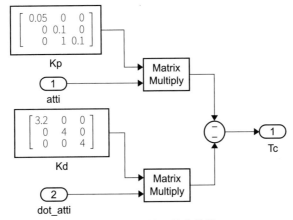

图 5.43　PD 控制输出模块

（1.2）动静不平衡干扰力矩模块，如图 5.44 所示。

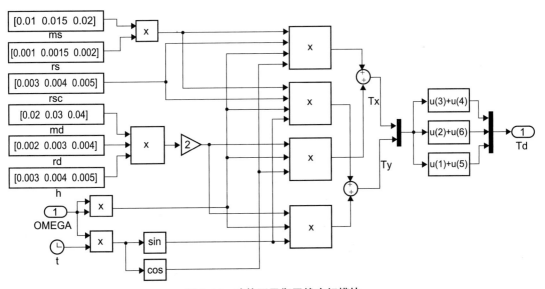

图 5.44　动静不平衡干扰力矩模块

（1.3）飞轮转速模块，如图 5.45 所示。

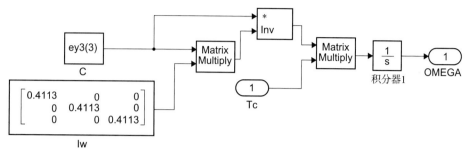

图 5.45　飞轮转速模块

其中，积分器 1 的积分初始值设置为［0；0；0］，对应飞轮角速度在初始时刻全为零。

（2）动力学模块，如图 5.46 所示。

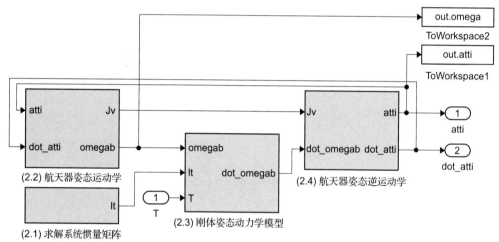

图 5.46　动力学模块

（2.1）求解系统惯量矩阵模块，如图 5.47 所示。

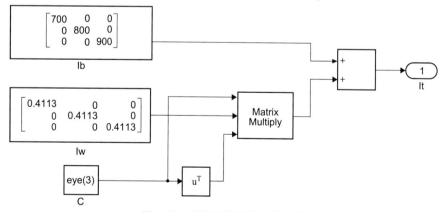

图 5.47　求解系统惯量矩阵模块

（2.2）航天器姿态运动学模块，如图 5.48 所示。

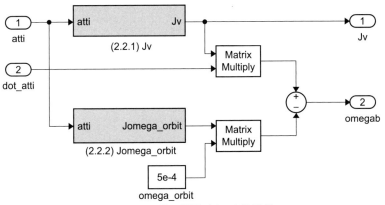

图 5.48　航天器姿态运动学模块

（2.2.1）Jv 模块的内容与 5.7.1 节中的图 5.38 一致，需注意在参数选择上的变化。

（2.2.2）Jomega_orbit 模块的内容与 5.7.1 节中的图 5.39 一致，需注意在参数选择上的变化。

（2.3）刚体姿态动力学模型模块，如图 5.49 所示。

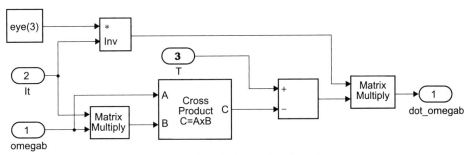

图 5.49　刚体姿态动力学模型模块

（2.4）航天器姿态逆运动学模块，如图 5.50 所示。

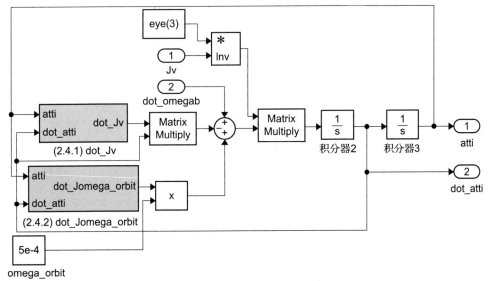

图 5.50　航天器姿态逆运动学模块

其中，积分器 2 和积分器 3 的积分初始值设置为 $[-3;2.5;2]*\mathrm{pi}/180$ 和 $[6;-5;4]*\mathrm{pi}/180$，对应 5.6.2 节仿真案例中的航天器姿态角速度和姿态角的初始值。

（2.4.1）dot_Jv 模块，如图 5.51 所示。

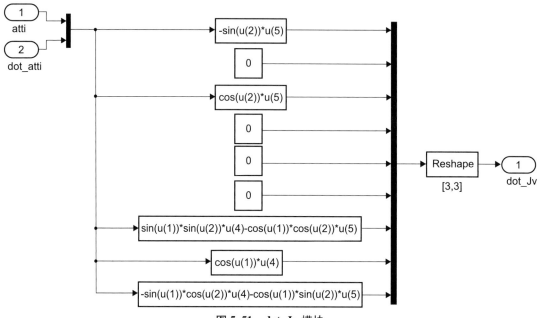

图 5.51　dot_Jv 模块

（2.4.2）dot_Jomega_orbit 模块，如图 5.52 所示。

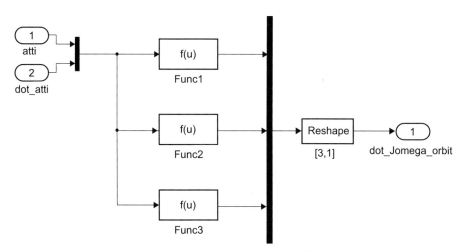

图 5.52　dot_Jomega_orbit 模块

其中，Func1、Func2 和 Func3 内容如下：

Func1：$\cos(u(1))*\sin(u(2))*\cos(u(3))*u(4)+(-\sin(u(3))*\sin(u(2))+\sin(u(1))*\cos(u(2))*\cos(u(3)))*u(5)+(\cos(u(3))*\cos(u(2))-\sin(u(1))*\sin(u(2))*\sin(u(3)))*u(6)$

Func2：$-\cos(u(3))*\sin(u(1))*u(4)-\sin(u(3))*\cos(u(1))*u(6)$

Func3：$-\cos(u(1))*\cos(u(2))*\cos(u(3))*u(4)+(\cos(u(2))*\sin(u(3))+\sin(u(1))*\sin(u(2))*\cos(u(3)))*u(5)+(\sin(u(2))*\cos(u(3))+\sin(u(1))*\cos(u(2))*\sin(u(3)))*u(6)$

仿真结果如图 5.53 所示。

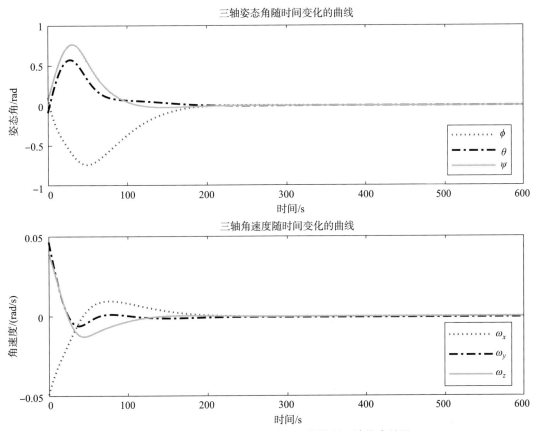

图 5.53　Simulink 环境下反作用飞轮控制系统仿真结果

5.7.3　Simulink 环境下 SGCMGs 控制系统仿真

SGCMGs 控制系统仿真案例与 5.6.3 节中的案例一致。在 Simulink 中搭建航天器姿态动力学与控制回路，程序框图如图 5.54 所示。

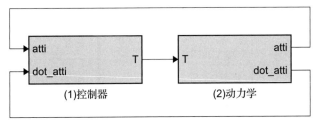

图 5.54　SGCMGs 控制系统 Simulink 程序框图

（1）控制器模块，如图 5.55 所示。

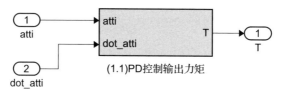

图 5.55 控制器模块

（1.1）PD 控制输出力矩模块的内容与 5.7.2 节中的图 5.43 一致，需注意在参数选择上的变化。

（2）动力学模块，如图 5.56 所示。

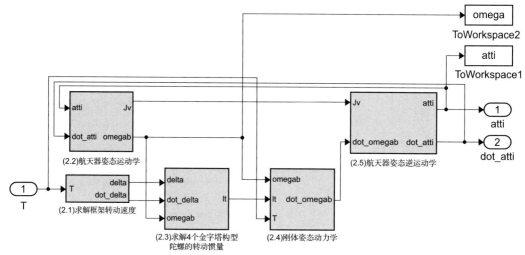

图 5.56 动力学模块

（2.1）求解框架转动速度模块，如图 5.57 所示。

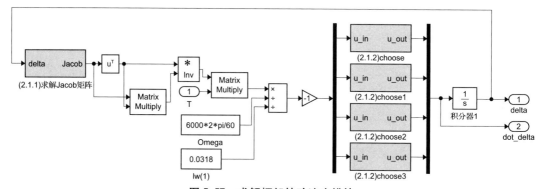

图 5.57 求解框架转动速度模块

其中，积分器 1 初始设置为 [0；0；0；0]，对应框架初始转动角度为 0。

（2.1.1）求解 Jacob 矩阵模块，如图 5.58 所示。

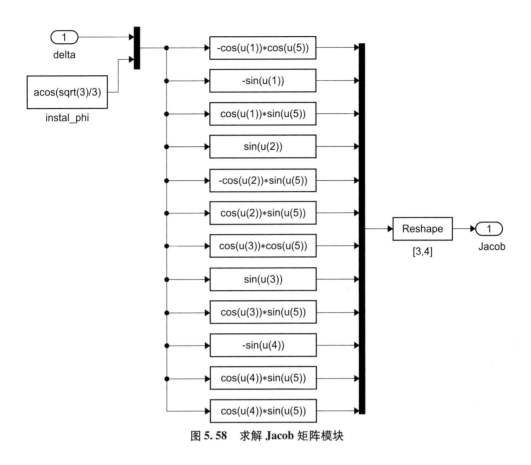

图 5.58　求解 Jacob 矩阵模块

（2.1.2）choose 模块，如图 5.59 所示。

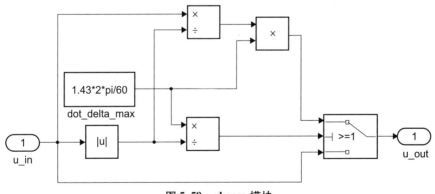

图 5.59　choose 模块

（2.2）航天器姿态运动学模块的内容与 5.7.1 节中的图 5.37 一致，需注意在超参数选择上的变化。

（2.3）求解 4 个金字塔构型陀螺的转动惯量模块，如图 5.60 所示。

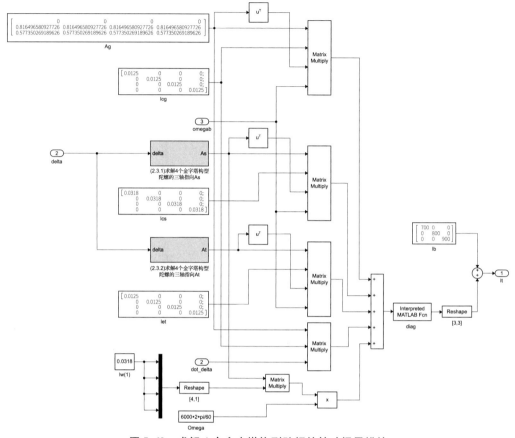

图 5.60　求解 4 个金字塔构型陀螺的转动惯量模块

（2.3.1）求解 4 个金字塔构型陀螺的三轴指向 As 模块，如图 5.61 所示。

（2.3.2）求解 4 个金字塔构型陀螺的三轴指向 At 模块，如图 5.62 所示。

（2.4）刚体姿态动力学模型模块的内容与 5.7.2 节中的图 5.49 一致，需注意在参数选择上的变化。

（2.5）航天器姿态逆运动学模块的内容与 5.7.2 节中的图 5.50 一致，需注意在参数选择上的变化。

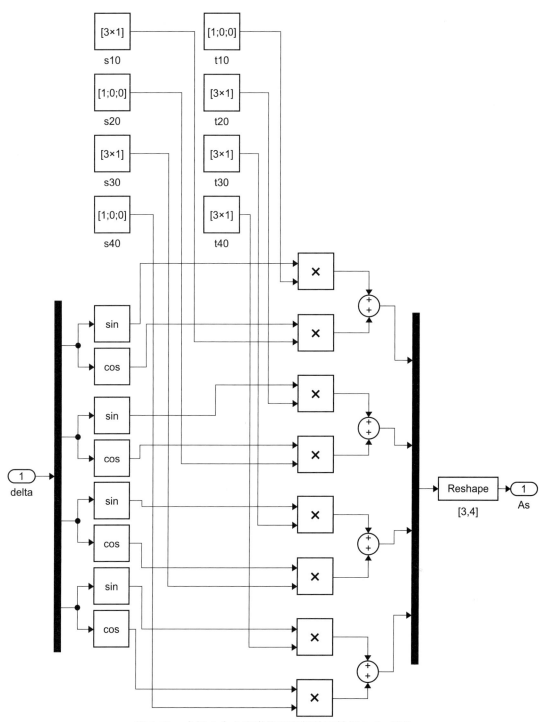

图 5.61　求解 4 个金字塔构型陀螺的三轴指向 As 模块

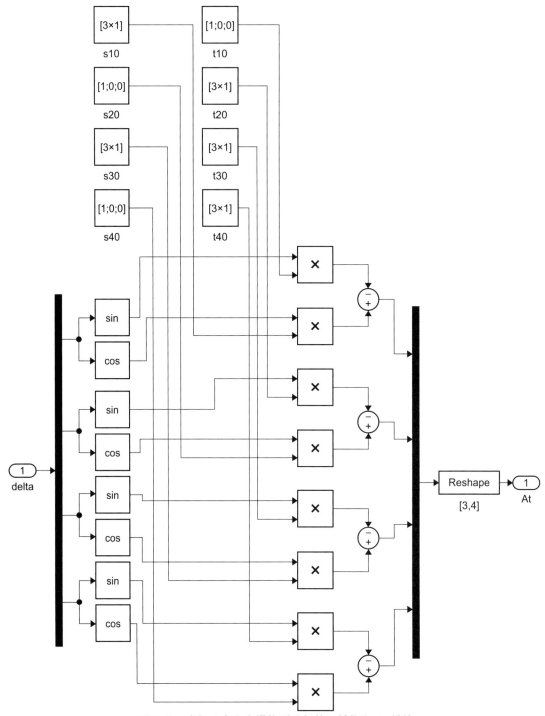

图 5.62　求解 4 个金字塔构型陀螺的三轴指向 At 模块

仿真结果如图 5.63 所示。

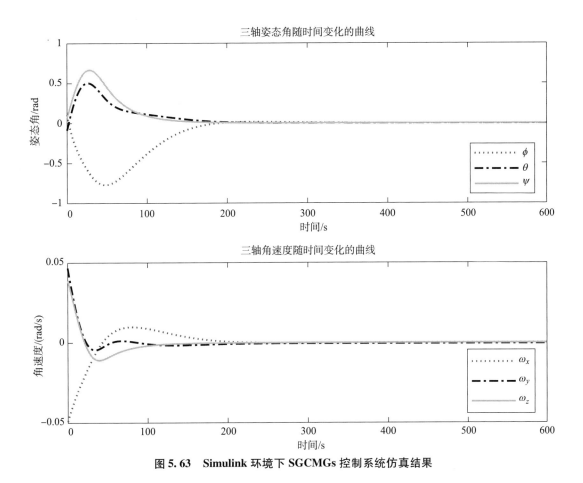

三轴姿态角随时间变化的曲线

三轴角速度随时间变化的曲线

图 5.63 Simulink 环境下 SGCMGs 控制系统仿真结果

5.8 基于 MATLAB – GUI 界面的执行机构特性设置与仿真

本节主要基于本章中前述关于航天器姿态控制执行机构的介绍，采用 MATLAB 的 GUI 功能对包括姿态动力学、运动学、控制律以及姿态执行机构特性在内的航天器姿态控制回路仿真的人机交互界面进行设计与实现。

首先，对该仿真对象进行分析可知，航天器姿态控制律生成了某一刚体航天器在其姿态控制期间所期望的控制力矩，而该控制力矩就需要航天器上所携带的姿态控制执行机构来提供。此处，将航天器上姿态控制执行机构的特性纳入考虑，对包括航天器姿态动力学、运动学、控制律以及多种执行机构在内的姿态控制回路进行人机交互界面设计与仿真实现。其中界面所实现的控制律为 PID 控制，所考虑的执行机构包括飞轮与推力器。考虑到其中涉及的参数较多，因此本节基于 GUIDE 进行人机交互界面的设计，其具体设计步骤如下。

1. 界面设计

GUIDE 布局如图 5.64 ~ 图 5.66 所示。

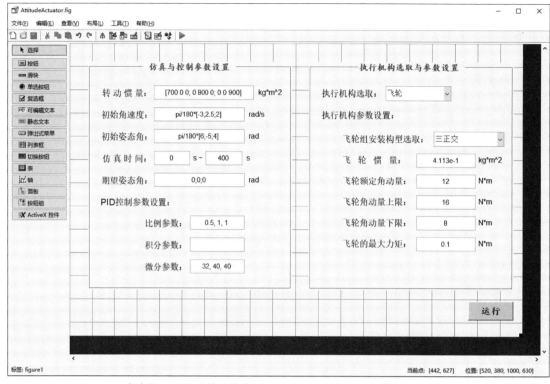

图 5.64 考虑执行机构特性的姿态控制仿真 GUIDE 布局（显示飞轮参数面板）

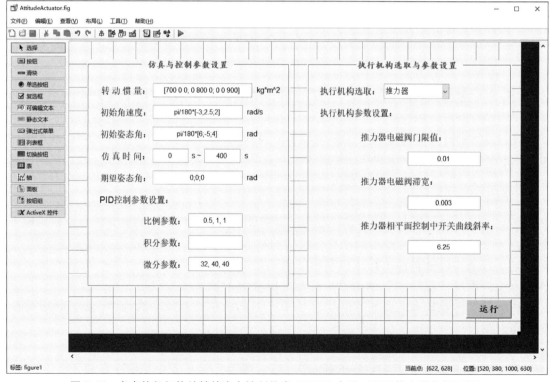

图 5.65 考虑执行机构特性的姿态控制仿真 GUIDE 布局（显示推力器参数面板）

图 5.66　**考虑执行机构特性的姿态控制仿真 GUIDE 布局（显示陀螺参数面板）**

设计界面主要包括以下元素：

①1 个窗口对象：作为考虑执行机构特性的卫星姿态控制仿真界面主窗口。

②5 个面板对象：用来分区域放置所需控件。

③37 个静态文本控件：用来显示参数名称与信息。

④20 个可编辑文本控件：用来输入所需参数的值。

⑤2 个下拉菜单控件：用来选择所使用的执行机构或飞轮组安装构型。

⑥1 个"运行"按钮：用来开始仿真进程并显示结果图像。

所有元素与控件的 Tag 值以及其属性设置如表 5.4 所示。

表 5.4　控件 Tag 值及其属性设置

控件类型	控件 Tag 值	控件属性设置
窗口对象	figure1	Name→考虑执行机构特性的航天器姿态控制仿真
面板对象	uipanel1	String→仿真与控制参数设置；FontName→楷体；FontSize→14；FontWeight→bold；ForegroundColor→[0, 0.45, 0.74]
	uipanel2	String→执行机构选取与参数设置；FontName→楷体；FontSize→14；FontWeight→bold；ForegroundColor→[0, 0.45, 0.74]
	uipanel3	String→""；BorderType→none
	uipanel4	String→""；BorderType→none
	uipanel5	String→""；BorderType→none

控件类型	控件 Tag 值	控件属性设置
静态文本控件	text1	String→转 动 惯 量:；FontSize→14
	text2	String→初始角速度:；FontSize→14
	text3	String→初始姿态角:；FontSize→14
	text4	String→kg * m^2；FontSize→12
	text5	String→rad/s；FontSize→12
	text6	String→rad；FontSize→12
	text7	String→仿 真 时 间:；FontSize→14
	text8	String→s~；FontSize→12
	text9	String→s；FontSize→12
	text10	String→期望姿态角:；FontSize→14
	text11	String→rad；FontSize→12
	text12	String→PID 控制参数设置:；FontSize→14
	text13	String→比例参数:；FontSize→14
	text14	String→积分参数:；FontSize→14
	text15	String→微分参数:；FontSize→14
	text16	String→执行机构选取:；FontSize→14
	text17	String→执行机构参数设置:；FontSize→14
	text18	String→推力器电磁阀门限值:；FontSize→14
	text19	String→推力器电磁阀滞宽:；FontSize→14
	text20	String→推力器相平面控制中开关曲线斜率:；FontSize→14
	text21	String→飞轮组安装构型选取:；FontSize→14
	text22	String→飞 轮 惯 量:；FontSize→14
	text23	String→飞轮额定角动量:；FontSize→14
	text24	String→飞轮角动量上限:；FontSize→14
	text25	String→飞轮角动量下限:；FontSize→14
	text26	String→飞轮的最大力矩:；FontSize→14
	text27	String→kg * m^2；FontSize→12
	text28	String→N * m；FontSize→12
	text29	String→N * m；FontSize→12
	text30	String→N * m；FontSize→12
	text31	String→N * m；FontSize→12
	text32	String→最大框架角速度:；FontSize→14

控件类型	控件 Tag 值	控件属性设置
静态文本控件	text33	String→转子转速:；FontSize→14
	text34	String→转子惯量:；FontSize→14
	text35	String→rad/s；FontSize→12
	text36	String→rad/s；FontSize→12
	text37	String→kg * m^2；FontSize→12
可编辑文本控件	edit1	String→［700 0 0；0 800 0；0 0 900］；FontSize→11；TooltipString→请输入符合 MATLAB 格式的 3×3 的矩阵
	edit2	String→pi/180 * ［ - 3；2. 5；2］；FontSize→11；TooltipString→请输入符合 MATLAB 格式的 3×1 的向量
	edit3	String→pi/180 * ［6； - 5；4］；FontSize→11；TooltipString→请输入符合 MATLAB 格式的 3×1 的向量
	edit4	String→0；FontSize→11
	edit5	String→400；FontSize→11
	edit6	String→0；0；0；FontSize→11；TooltipString→请输入符合 MATLAB 格式的 3×1 的向量
	edit7	String→0. 5，1，1；FontSize→11
	edit8	String→""；FontSize→11
	edit9	String→32，40，40；FontSize→11
	edit10	String→0. 01；FontSize→11
	edit11	String→0. 003；FontSize→11
	edit12	String→6. 25；FontSize→11
	edit13	String→0. 023 9；FontSize→11
	edit14	String→12；FontSize→11
	edit15	String→16；FontSize→11
	edit16	String→8；FontSize→11
	edit17	String→0. 1；FontSize→11
	edit18	String→1. 43 * 2 * pi/60；FontSize→11
	edit19	String→6 000 * 2 * pi/60；FontSize→11
	edit20	String→［0. 031 8；0. 012 5；0. 012 5］；FontSize→11
下拉菜单控件	popupmenu1	String→{'飞轮','推力器'}；FontSize→13
	popupmenu2	String→{'三正交','三正交 + 一斜装','四斜装'}；FontSize→13；Value→3
"运行"按钮	pushbutton1	String → 运行；FontName → 楷体；FontSize → 16；FontWeight → bold；ForegroundColor→[0. 68，0. 92，1]

2. 程序设计

1）窗口 figure1 的 OpeningFcn 函数

代码如下：

```
function AttitudeActuator_OpeningFcn(hObject,eventdata,handles,varargin)
% 为 AttitudeActuator 选择默认的命令行输出
handles. output = hObject;
% 调整所需的控件位置重合
set(handles. uipanel4,'Position',get(handles. uipanel3,'Position'));
% 更新句柄结构
guidata(hObject,handles);
```

2）窗口 figure1 的 OutputFcn 函数

代码如下：

```
function varargout = AttitudeActuator_OutputFcn(hObject,eventdata,handles)
% 弹出窗口时将窗口移动至屏幕中心
movegui(handles. figure1,'center');
set(handles. figure1,'Visible','on');
% 从句柄结构获取默认的命令行输出
varargout{1} = handles. output;
```

3）下拉菜单 popupmenu1 的 Callback 函数

代码如下：

```
function popupmenu1_Callback(hObject,eventdata,handles)
val1 = get(handles. popupmenu1,'Value');
% 根据当前所选的执行机构,切换对应面板控件
switch val1
    case 1
        set(handles. uipanel3,'Visible','on');
        set(handles. uipanel4,'Visible','off');
        set(handles. uipanel5,'Visible','off');
    case 2
        set(handles. uipanel4,'Visible','on');
        set(handles. uipanel3,'Visible','off');
        set(handles. uipanel5,'Visible','off');
    case 3
        set(handles. uipanel5,'Visible','on');
        set(handles. uipanel3,'Visible','off');
        set(handles. uipanel4,'Visible','off');
    otherwise
end
```

4）"运行"按钮 pushbutton1 的 Callback 函数

代码如下：

```
function pushbutton1_Callback(hObject,eventdata,handles)
if get(handles.popupmenu1,'value') == 1
    disp('正在计算中,请稍后...')
    % 该函数为飞轮主函数,用来完成仿真
    global It omega_orbit Iw C
    global Kp Kd
    global ms rs rsc md rd h
    tic
    % 设置仿真参数
    C = eye(3);                                    % 飞轮安装矩阵(三正交构型)
    Ib = str2num(get(handles.edit1,'string'));
    Iwx = str2num(get(handles.edit13,'string'));   % 三正交安装的 3 个飞轮转子的转动惯量
    Iwy = str2num(get(handles.edit13,'string'));
    Iwz = str2num(get(handles.edit13,'string'));
    Iw = diag([Iwx,Iwy,Iwz]);                      % 飞轮轴向转动惯量对角阵
    It = Ib + C * Iw * C';                          % 系统惯量矩阵
    ms = [0.01,0.015,0.02]';                       % 转子静不平衡参数
    rs = [0.001,0.0015,0.002]';
    rsc = [0.003,0.004,0.005]';
    md = [0.02,0.03,0.04]';                        % 转子动不平衡参数
    rd = [0.002,0.003,0.004]';
    h = [0.003,0.004,0.005]';
    Kp_r = str2num(get(handles.edit7,'string'));
    Kd_r = str2num(get(handles.edit9,'string'));
    Kp1 = Kp_r(1);Kd1 = Kd_r(1);                   % PD 控制参数
    Kp2 = Kp_r(2);Kd2 = Kd_r(2);
    Kp3 = Kp_r(3);Kd3 = Kd_r(3);
    Kp = diag([Kp1,Kp2,Kp3]);
    Kd = diag([Kd1,Kd2,Kd3]);
    omega_orbit = 5e-4;                            % 航天器轨道角速度(rad/s)
    atti0 = str2num(get(handles.edit3,'string'));  % 航天器初始姿态角(rad)
    dot_atti0 = str2num(get(handles.edit2,'string')); % 航天器初始姿态角速度(rad/s)
    r0 = [atti0;dot_atti0;zeros(3,1)];             % 积分器初始值
    t_start = str2num(get(handles.edit4,'string'));
    t_end = str2num(get(handles.edit5,'string'));  % 仿真时间为 400 s
    tspan = t_start:0.01:t_end;
    % 仿真计算
    options = odeset('RelTol',1e-8,'AbsTol',1e-8 * zeros(9,1));
    [t,y] = ode113(@ ode_fun_feilun,tspan,r0);
```

```
    toc;
    % 对仿真结果进行处理
    omega = res2omega(y(:,1:3),y(:,4:6));              % 计算航天器三轴角速度 omega
    % 调用画图函数
    figure('numbertitle','off','name','执行机构:飞轮');
    plotfunc(t,[y(:,1:3),omega])
    clear global It omega_orbit Iw C
    clear global Kp Kd
    clear global ms rs rsc md rd h
elseif get(handles.popupmenu1,'value') == 2
    disp('正在计算中,请稍后...')
    % 该函数为喷气主函数,用来完成仿真
    tic
    global Ib Tc omega_orbit
    global tau d delta
    % 设置仿真参数
    Ib = str2num(get(handles.edit1,'string'));         % 航天器三个主轴的惯量
    Tc = [5,5,5]';                                     % 喷气发动机三轴控制力矩
    d = str2num(get(handles.edit10,'string'));         % 推力器电磁阀门限值
    delta = str2num(get(handles.edit11,'string'));     % 推力器电磁阀滞宽
    tau = str2num(get(handles.edit12,'string'));       % 推力器相平面控制中开关曲线斜率
    omega_orbit = 5e-4;                                % 航天器轨道角速度(rad/s)
    atti0 = str2num(get(handles.edit3,'string'));      % 航天器初始姿态角(rad)
    dot_atti0 = str2num(get(handles.edit2,'string'));  % 航天器初始姿态角速度(rad/s)
    r0 = [atti0;dot_atti0];                            % 积分器初始值
    t_start = str2num(get(handles.edit4,'string'));
    t_end = str2num(get(handles.edit5,'string'));
    tspan = t_start:0.01:t_end;
    % 仿真计算
    options = odeset('RelTol',1e-8,'AbsTol',1e-8 * zeros(6,1));
    [t,y] = ode45(@ odefun_penqi,tspan,r0);
    toc;
    % 对仿真结果进行处理
    omega = res2omega(y(:,1:3),y(:,4:6));              % 计算航天器三轴角速度 omega
    % 调用画图函数
    figure('numbertitle','off','name','执行机构:喷气');
    plotfunc(t,[y(:,1:3),omega])
    clear global Ib Tc omega_orbit
    clear global tau d delta
else
    disp('正在计算中,请稍后...')
    % 该函数为控制力矩陀螺主函数,用来完成仿真
```

```
tic
global Ib omega_orbit OMEGA Ag Ics Ict Icg Iw dot_delta_max
global Kp Kd
global s10 s20 s30 s40 t10 t20 t30 t40 instal_phi
% 设置仿真参数
instal_phi = acos( sqrt(3)/3) ;                      % 金字塔构型 SGCMGs 安装倾角
Iw = str2num( get( handles. edit20,'string') ) ;     % 转子惯量
Ics = diag( [ Iw(1) ,Iw(1) ,Iw(1) ,Iw(1) ] ) ;       % 转子轴线惯量(忽略框架惯量,将转子惯
                                                       量视为单框架陀螺的惯量)

Ict = diag( [ Iw(2) ,Iw(2) ,Iw(2) ,Iw(2) ] ) ;       % 力矩轴线惯量
Icg = diag( [ Iw(3) ,Iw(3) ,Iw(3) ,Iw(3) ] ) ;       % 框架转轴线惯量
Ib = str2num( get( handles. edit1,'string') ) ;      % 航天器本体惯量
OMEGA = str2num( get( handles. edit19,'string') ) ;  % 转子转速( rad/s)
dot_delta_max = str2num( get( handles. edit18,'string') ) ; % 最大框架角速度
delta0 = 0 * ones(4,1) ;                              % 初值计算,4 个金字塔构型陀螺的三轴初
                                                       始指向

[ Agb10,Agb20,Agb30,Agb40 ] = TransMatrixAgb( delta0) ;
g10 = Agb10 * [0,0,1]';
g20 = Agb20 * [0,0,1]';
g30 = Agb30 * [0,0,1]';
g40 = Agb40 * [0,0,1]';
t10 = Agb10 * [0,1,0]';
t20 = Agb20 * [0,1,0]';
t30 = Agb30 * [0,1,0]';
t40 = Agb40 * [0,1,0]';
s10 = Agb10 * [1,0,0]';
s20 = Agb20 * [1,0,0]';
s30 = Agb30 * [1,0,0]';
s40 = Agb40 * [1,0,0]';
Ag = [ g10;g20;g30;g40 ];
Ag = reshape( Ag,[3,4] );
Kp_r = str2num( get( handles. edit7,'string') ) ;
Kd_r = str2num( get( handles. edit9,'string') ) ;
Kp1 = Kp_r(1) ;Kd1 = Kd_r(1) ;                       % PD 控制器参数
Kp2 = Kp_r(2) ;Kd2 = Kd_r(2) ;
Kp3 = Kp_r(3) ;Kd3 = Kd_r(3) ;
Kp = diag( [ Kp1,Kp2,Kp3 ] );
Kd = diag( [ Kd1,Kd2,Kd3 ] );
omega_orbit = 5e - 4;                                % 航天器轨道角速度(rad/s)
atti0 = str2num( get( handles. edit3,'string') ) ;   % 航天器初始姿态角(rad)
dot_atti0 = str2num( get( handles. edit2,'string') ) ; % 航天器初始姿态角速度(rad/s)
r0 = [ atti0;dot_atti0;delta0 ] ;                    % 积分器初始值
```

```
t_start = str2num(get(handles.edit4,'string'));
t_end = str2num(get(handles.edit5,'string'));
tspan = t_start:0.01:t_end;
% 仿真计算
options = odeset('RelTol',1e-8,'AbsTol',1e-8 * zeros(10,1));
[t,y] = ode113(@ode_fun_tuoluo,tspan,r0);
toc;
% 对仿真结果进行处理
omega = res2omega(y(:,1:3),y(:,4:6));           % 计算航天器三轴角速度 omega
% 调用画图函数
figure('numbertitle','off','name','执行机构:陀螺');
plotfunc(t,[y(:,1:3),omega])
clear global Ib omega_orbit OMEGA Ag Ics Ict Icg Iw dot_delta_max
clear global Kp Kd
clear global s10 s20 s30 s40 t10 t20 t30 t40 instal_phi
end
```

其中，使用到的 atti_kinematic、dot_inv_atti_kinematic、res2omega、unbalance. m、JetController 和 TransMatrixAgb 函数分别与 5.6 节中使用到的同名函数相同，ode_fun_feilun、ode_fun_penqi 和 ode_fun_tuoluo 分别与 5.6.1 节、5.6.2 节和 5.6.3 节中各自部分的 ode_fun 函数相同，此处不再赘述。综上，就完成了考虑执行机构特性的航天器姿态控制仿真的 GUI 设计与实现。按照 5.6 各节中的算例输入相关参数后，运行结果如图 5.67 所示。

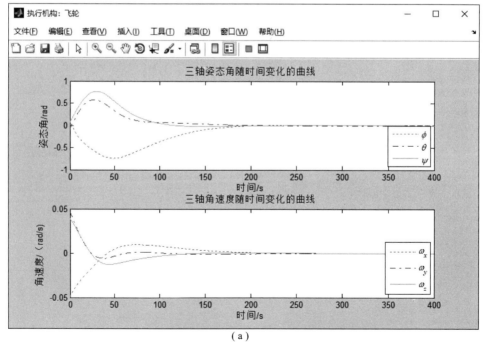

（a）

图 5.67　考虑执行机构特性的航天器姿态控制仿真界面运行结果

（a）航天器角速度与姿态角变化曲线——执行机构：飞轮

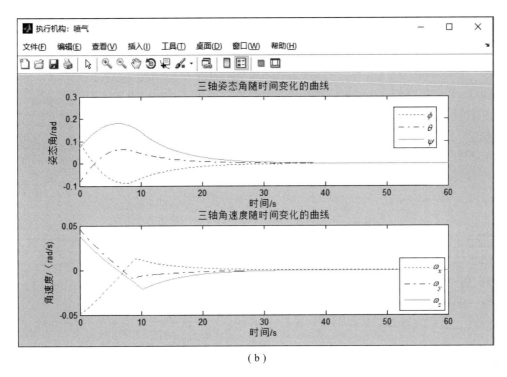

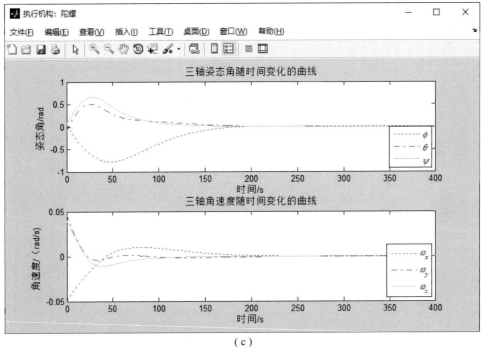

（c）

图 5.67　考虑执行机构特性的航天器姿态控制仿真界面运行结果（续）

（b）航天器角速度与姿态角变化曲线——执行机构：喷气；

（c）航天器角速度与姿态角变化曲线——执行机构：陀螺

参 考 文 献

[1] 周军. 航天器控制原理[M]. 西安:西北工业大学出版社,2001.

[2] 毛根旺,韩先伟,杨涓,等. 电推进研究的技术状态和发展前景[J]. 推进技术,2000,21(5):1-5.

[3] 杨福全,王蒙,郑茂繁,等. 10 cm 离子推力器放电室性能优化研究[J]. 推进技术,2017,38(1):235-241.

[4] 席竹君,杨福全,高俊,等. 励磁电流对离子推力器推力变化影响研究[J]. 真空与低温,2017,23(2):98-101.

[5] 宋建梅,王正杰. 自动控制原理[M]. 北京:电子工业出版社,2012.

[6] 郭延宁,马广富,李传江. 冗余飞轮构型下力矩分配策略设计与分析[J]. 航空学报,2010,31(11):2259-2265.

[7] 刘辉,伍斯宾斯基. 利用喷气装置卸载航天器积累角动量的最小工质损耗控制[J]. 航天控制,2004,22(5):4.

[8] 张锦江. 单框架控制力矩陀螺系统的构型分析和对比研究[J]. 中国空间科学技术,2003(3):54-58.

[9] 宋志强,马震岳. 考虑不平衡电磁拉力的偏心转子非线性振动分析[J]. 振动与冲击,2010,29(8):169-173.

[10] 李太平. 航天器微振动及其抑制技术研究[D]. 哈尔滨:哈尔滨工业大学,2013.

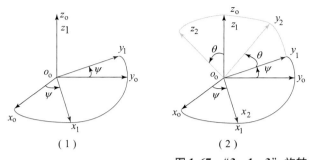
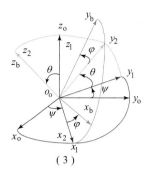

（1） （2） （3）

图 1.67 "3 - 1 - 3" 旋转

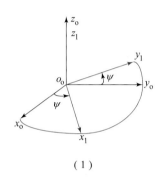
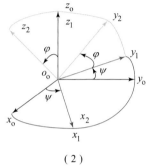

（1） （2） （3）

图 1.68 "3 - 1 - 2" 旋转

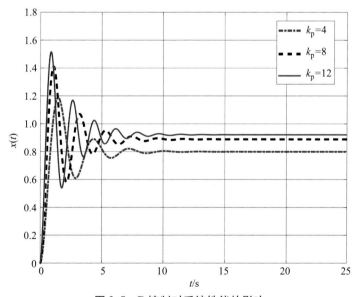

图 3.5 P 控制对系统性能的影响

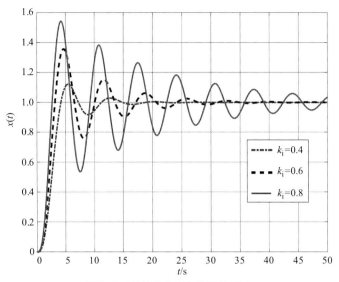

图 3.6　I 控制对系统性能的影响

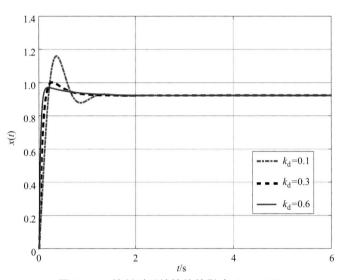

图 3.7　D 控制对系统性能的影响（$k_{\mathrm{p}}=12$）

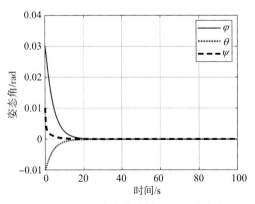

图 3.18　PID 姿态稳定控制——姿态角

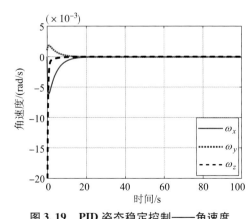

图 3.19　PID 姿态稳定控制——角速度

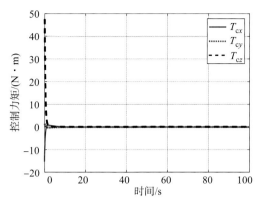

图 3.20　PID 姿态稳定控制——控制力矩

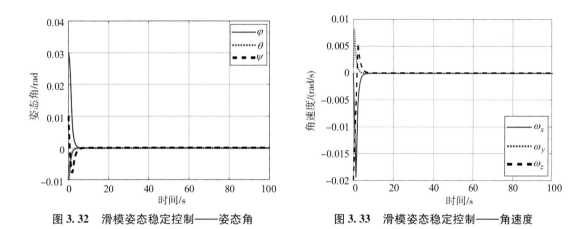

图 3.32　滑模姿态稳定控制——姿态角　　　　图 3.33　滑模姿态稳定控制——角速度

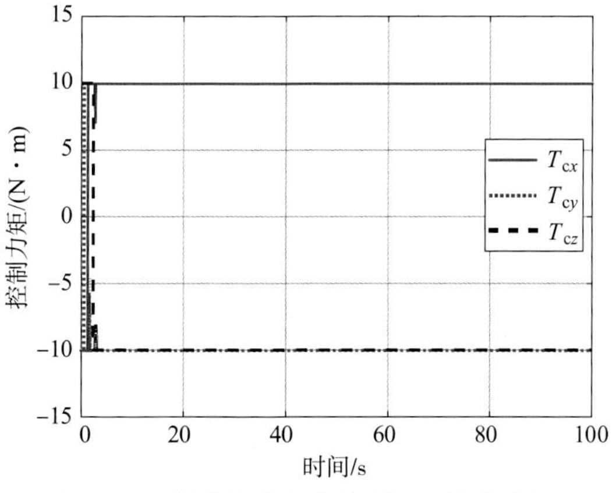

图 3.34　滑模姿态稳定控制——控制力矩

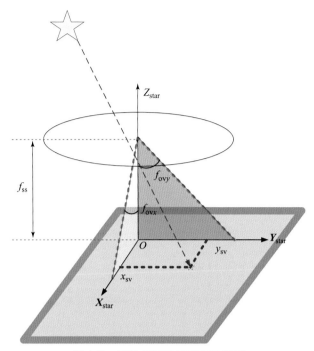

图 4.3 星敏感器测量原理示意图

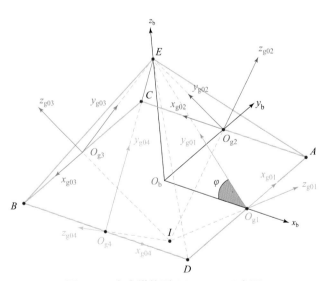

图 5.29 金字塔构型 SGCMGs 示意图